无人机系统研究与应用丛书

U0382057

无人机健康管理

Health Management of Unmanned Aerial Vehicles

刘小雄 章卫国 李广文 史静平 编著

西北工业大学出版社

西安

【内容简介】 本书以无人机健康管理的基本概念和基本技术为主线,主要介绍无人机健康管理系统的基本理论和方法,为先进无人机健康管理系统的研究和研制打下基础。本书主要内容包括无人机健康管理的基本概念、故障诊断、健康特征提取、健康评估、健康预测、故障缓和与重构,并结合实例介绍了无人机健康管理系统的设计过程。本书的主要特点是对无人机的健康管理技术进行详细的描述和说明,由基本概念到算法实现,最后结合具体实例进行分析,做到深入浅出、层层推进,所介绍的健康管理技术不仅可以应用于无人机,还可应用于各种飞行器健康管理系统的设计研究。

本书可供工程技术人员进行飞行器或者机电设备健康管理技术研究设计时参考与使用,同时也可作为高等院校高年级本科生和研究生的教材和参考书。

图书在版编目(CIP)数据

无人机健康管理/刘小雄等编著. —西安:西北
工业大学出版社,2020.1
(无人机系统研究与应用丛书)
国之重器出版工程
ISBN 978 - 7 - 5612 - 6456 - 0

Ⅰ.①无…　Ⅱ.①刘…　Ⅲ.①无人驾驶飞机-设备管
理　Ⅳ.①V279

中国版本图书馆 CIP 数据核字(2019)第 018142 号

WURENJI JIANKANG GUANLI

无 人 机 健 康 管 理

责任编辑:李阿盟		**策划编辑**:肖亚辉	
责任校对:卢颖慧　万灵芝		**装帧设计**:李　飞	

出版发行:西北工业大学出版社

通信地址:西安市友谊西路 127 号　　**邮编**:710072

电　话:(029)88491757,88493844

网　址:www.nwpup.com

印刷者:陕西向阳印务有限公司

开　本:710 mm×1 000 mm　　1/16

印　张:15.75

字　数:293 千字

版　次:2020 年 1 月第 1 版　　2020 年 1 月第 1 次印刷

定　价:78.00 元

 前　言

　　无人机是由材料、机电、计算机、飞行控制、通信链路、信息处理、传感器、导航、地面站和任务载荷等若干技术不断发展的高度集成的复杂系统。由于无人机系统越来越复杂,所以系统的故障诊断和健康维护难度不断加大。为了改善无人机的维修性和测试性,现在高性能无人机大量采用机内自检测、故障监控和申报等技术。虽然这些故障检测和申报体制可监控系统的一般行为,但不具备对深层故障进行诊断的能力,这给无人机的地面维护和正常运行带来较大的困难。基于此,在无人机系统研制中急需发展具有故障诊断、健康评估、预测、缓和与重构功能的健康管理技术,以提高无人机可靠性、可维护性和完成任务的效率。

　　无人机健康管理包括涉及无人机健康和安全的相关管理活动,即监控飞行器及其组成部分的状态,在出现功能失灵时将其恢复到正常状态,而在系统故障后将安全风险和对任务的影响降到最小,同时提供给地面维护人员相应的健康状况信息,以便进行快速的维修和维护。健康管理技术的提出拓宽了故障诊断的内容和形式,将无人机在地面进行的事后状态检查、故障诊断工作逐步转移到机上实时进行,形成地面和机上的综合系统。通过在飞行数据采集器中增加实时诊断模块实现飞机状态监测,通过地面维护专家系统实现维护支持。无人机健康管理系统能实时完成空中-地面通信,可执行地面命令,提前通报故障,使地面维护提前准备就绪。

　　笔者所在课题组长期从事飞机飞行控制系统的研究和开发,在无人机平台研制、飞行控制律设计、导航算法设计、主动控制技术等方面具有丰富的设计经验。在故障诊断和容错飞行控制技术、预测与健康管理技术的研究方面有深厚

的技术储备和研究基础。本书即是根据笔者长期在该领域的研究总结与体会，结合本领域的新成果和新进展，对无人机健康管理技术进行的系统性介绍。我们相信，本书的出版将有利于加深读者对飞行器健康管理的基本概念和关键技术的认识，对无人机健康管理系统的研究起到推动作用。

本书共分 10 章，其中第 1 章介绍无人机健康管理技术的研究现状和基本内容；第 2 章主要讨论故障诊断技术；第 3 章主要介绍健康特征提取方法；第 4 章主要研究健康评估方法；第 5 章研究健康预测方法；第 6 章主要进行故障缓和与重构的设计；第 7 章以仿真验证为手段，主要研究无人机自动驾驶仪故障诊断专家系统；第 8 章进行基于模型方法的无人机作动器健康管理设计；第 9 章进行基于数据驱动的无人机作动器健康管理设计；第 10 章对全书的研究工作做总结，阐述目前研究中存在的问题和今后的发展趋势。由于健康管理技术涉及的领域比较广泛，还有大量的研究工作需要深入开展，希望本书的内容能够为我国航空工业中无人机系统技术发展添点微薄之力。

本书由刘小雄担任主编并组织编写，是课题组多年研究工作的积累。博士尹伟、宁东方和张竞凯参与第 1 章的编写；博士李斌、张竞凯、邱岳恒和池程芝参与第 2 章的编写；博士邱岳恒、池程芝、张竞凯、朱江乐和黄志毅参与第 3～5 章的编写；博士邱岳恒、池程芝、袁燎原、硕士李鹏辉参与第 6 章的编写；博士宁东方和张竞凯参与第 7～9 章的编写；硕士王娟、徐恒、黄天鹏、赵慧、郭鑫、李煜、杨跃、余传恒等为本书的编写做了大量研究和文字校对工作，在此表示感谢。

本书的出版得到西北工业大学出版社的支持与关怀，对编辑付出的辛勤工作表示感谢。

写作本书曾参阅了大量国内外文献、资料和学位论文，在此向其作者和相关单位表示衷心的感谢。

由于经验和知识有限，书中难免有不妥之处，恳请广大读者批评指正。

编著者

2019 年 9 月

目 录

第 1 章　绪论 ……………………………………………………… 1

1.1　健康管理技术 ……………………………………………… 3

　1.1.1　研究背景 ……………………………………………… 3

　1.1.2　研究内容 ……………………………………………… 4

　1.1.3　研究现状 ……………………………………………… 7

1.2　无人机 PHM 技术 …………………………………………… 8

　1.2.1　PHM 基本概念 ……………………………………… 9

　1.2.2　PHM 系统结构 ……………………………………… 11

　1.2.3　PHM 基本方法 ……………………………………… 13

　1.2.4　PHM 关键技术 ……………………………………… 15

1.3　无人机 PHM 的发展趋势 …………………………………… 17

第 2 章　故障诊断技术 ……………………………………………… 20

2.1　基本概念 …………………………………………………… 21

2.2　基于故障树的故障诊断 …………………………………… 23

　2.2.1　构建故障树 …………………………………………… 24

　2.2.2　故障树分析 …………………………………………… 24

　2.2.3　实例分析 ……………………………………………… 27

2.3 基于案例推理的故障诊断·······································33

    2.3.1 案例检索···34

    2.3.2 案例推理···36

    2.3.3 CBR 的工作机制···36

2.4 故障诊断专家系统···41

    2.4.1 专家系统的结构··42

    2.4.2 知识库的构建···44

    2.4.3 基于案例推理的专家系统·······························46

2.5 实时故障诊断···48

    2.5.1 基于阈值逻辑的诊断····································48

    2.5.2 基于解析余度的诊断····································49

2.6 基于多模型技术的故障诊断方法研究···························55

    2.6.1 引言··55

    2.6.2 多模型自适应估计方法··································57

    2.6.3 故障隔离···60

2.7 本章小结···63

第 3 章 健康特征提取方法···64

3.1 引言··65

3.2 问题描述···67

3.3 基于参数辨识的健康特征提取···································68

    3.3.1 批处理最小二乘法··68

    3.3.2 递推最小二乘法··70

    3.3.3 遗忘因子递推最小二乘法·································71

3.4 基于神经网络辨识模型的健康特征提取·························72

    3.4.1 BP 神经网络···73

    3.4.2 改进的 BP 神经网络学习算法····························76

    3.4.3 神经网络辨识与特征提取································79

3.5 基于神经网络分类的健康特征提取·····························81

    3.5.1 改进的 BP 神经网络模式分类算法·······················81

    3.5.2 基于分类方法的健康特征提取·····························83

3.5.3　神经网络模式分类数值仿真 ················· 83

3.6　本章小结 ································· 86

第4章　健康评估方法 ························· 87

4.1　引言 ··································· 88

4.2　问题描述 ······························· 90

4.3　改进的进化模糊聚类算法 ··················· 91

4.3.1　数据聚类算法 ······················· 91

4.3.2　改进的遗传算法 ······················ 93

4.3.3　改进的进化模糊 K 均值聚类算法 ············ 96

4.3.4　数值仿真 ·························· 97

4.4　基于数据聚类的健康评估技术 ················· 101

4.4.1　数据预处理 ························· 101

4.4.2　基于聚类的健康评估 ··················· 102

4.5　本章小结 ······························· 103

第5章　健康预测方法 ························· 104

5.1　引言 ··································· 105

5.2　问题描述 ······························· 106

5.3　时间序列预测 ···························· 108

5.4　基于指数平滑技术的健康预测 ················· 109

5.4.1　指数平滑技术 ······················· 109

5.4.2　健康预测方法 ······················· 111

5.5　基于 ARMA 模型的健康预测 ················· 112

5.5.1　基于自回归滑动平均模型的预测 ············ 113

5.5.2　健康预测方法 ······················· 116

5.6　ARMA 健康预测仿真分析 ···················· 120

5.7　本章小结 ······························· 123

第6章　故障缓和与重构 ······················ 124

6.1　引言 ··································· 125

6.2　决策支持与故障缓和 ······················· 126

6.2.1　决策支持 ·································· 127

6.2.2　故障缓和 ·································· 128

6.3　信号残差分析与实时故障诊断 ·················· 129

6.3.1　问题描述 ·································· 129

6.3.2　信号重构与残差分析 ······················ 131

6.3.3　在线统计决策 ····························· 134

6.3.4　在线诊断仿真分析 ························· 137

6.4　作动器故障自适应重构 ························ 145

6.4.1　问题描述 ·································· 145

6.4.2　关键作动器故障重构算法 ················· 146

6.4.3　作动器故障的重构仿真分析 ··············· 149

6.5　飞行高度信号重构研究 ························ 154

6.5.1　扩展卡尔曼滤波 ························· 155

6.5.2　状态方程和观测方程的建立 ·············· 156

6.5.3　仿真分析 ·································· 158

6.6　本章小结 ·································· 159

第7章　无人机自动驾驶仪故障诊断专家系统 ········ 160

7.1　无人机自动驾驶仪系统特点 ·················· 161

7.2　系统结构和功能 ···························· 166

7.3　关键模块的实现 ···························· 167

7.3.1　数据接收和预处理 ······················· 167

7.3.2　知识获取 ·································· 169

7.3.3　推理机制 ·································· 172

7.3.4　解释机制 ·································· 175

7.4　本章小结 ·································· 175

第8章　基于模型方法的无人机作动器健康管理 ······ 176

8.1　基于模型方法的健康管理 ···················· 177

8.1.1　诊断和预测方法 ························· 178

8.1.2　作动器故障模式 ························· 179

8.1.3　系统建模和参数辨识 ····················· 179

8.1.4　健康预测 ………………………………………… 181
  8.2　应用算例 …………………………………………… 182
    8.2.1　作动器的仿真模型 ………………………… 182
    8.2.2　作动器的故障模式 ………………………… 184
    8.2.3　健康特征提取 ……………………………… 185
    8.2.4　健康评估 …………………………………… 188
    8.2.5　健康预测 …………………………………… 190
    8.2.6　人机界面 …………………………………… 191
  8.3　本章小结 …………………………………………… 194

第9章　基于数据驱动的无人机作动器健康管理 …………… 195

  9.1　基于数据驱动的健康管理 ………………………… 196
    9.1.1　基本结构和流程 …………………………… 197
    9.1.2　基本内容和过程 …………………………… 197
  9.2　仿真设计 …………………………………………… 201
    9.2.1　作动器的仿真模型 ………………………… 201
    9.2.2　健康特征提取 ……………………………… 202
    9.2.3　基于数据聚类的健康评估 ………………… 206
    9.2.4　指数平滑健康预测 ………………………… 212
  9.3　本章小结 …………………………………………… 215

第10章　总结 ………………………………………………… 216

参考文献 ……………………………………………………… 220

第 1 章

绪 论

近几年来,随着各种新技术的不断应用,无人机系统自动化程度逐渐提高。作战环境的高度动态化、不确定和飞行任务的复杂性,使得规划与决策成为无人机系统面临的新技术挑战,各种基于程序化的自动控制策略已经不能满足未来先进多功能无人机对复杂环境下的多任务的需求,自主飞行控制能力的提高成为未来无人机系统发展的主要目标。实时故障诊断、故障自修复和飞行环境自适应能力是衡量无人机自主飞行水平的重要指标。在具备实时故障诊断功能的基础上,无人机可以完成预编程任务,可以对自身的状态进行健康管理,并把状态报告给无人机操纵人员或者地面监控人员;在具备故障自修复和飞行环境自适应功能的基础上,无人机飞行器可以适应自身一定程度的故障,并可在外界飞行条件变化时,完成既定的任务。

预测与健康管理(Prognostic and Health Management,PHM)技术的提出和应用大大提高了无人机自主飞行的等级和水平。无人机健康管理包括涉及无人机健康和安全的相关管理活动,即监控无人机及其组成部分的功能和状态,在出现功能失灵时将其恢复到正常状态,而在系统故障后将风险和对任务的影响降到最小,同时提供给地面维护人员无人机及其子系统相应的健康状况信息,以便进行快速的诊断、维修和维护。

目前,针对无人机的维修体制主要是事后维修,损失较大;针对预防的定期维修,维修过剩导致费用高昂,且过多拆卸使得系统性能下降。而基于状态的维护方式(Condition Based Maintenance,CBM)以设备状态检测信息为基础来采取相应的维护措施,它的产生基于传感器技术、信号处理技术和计算机技术的发展。基于状态维护的核心思想是在有证据表明故障将要发生时才对设备进行维护,目的是准确地检测和判断运行中的设备所处的状态以及其所处的环境条件,利用这些信息对设备预期的可使用寿命做出预测,有针对性地制定出设备维护计划。通常是以提高设备的可靠性、可用性或者降低设备整个生命周期的相关成本为最终目标的。而这些功能必须建立在对可靠性或故障等健康信息进行准确预测的基础上。

|1.1 健康管理技术|

健康管理技术最早应用于汽车工业,主要用于汽车发动机和刹车系统的故障检测。随着健康管理技术的成功应用和发展,其研究和应用已经涉及航空、航天、机械和电子等各个领域,包括飞行器推力系统、供油系统和供电系统的健康监测,航空器的结构健康监测,轴承的寿命预测,航空电子系统和发动机的故障诊断与预测等。

信息技术的飞速发展,使得飞行器上的组件、子系统以及系统中的传感、处理和通信能力达到了新的水平,从而支撑了飞行器管理的综合化,实现了对飞行器上系统、子系统、航线可更换单元、设备、发动机以及结构的信息获取、处理以及局部和全局的交互能力。飞行器信息感知能力的提高奠定了健康管理功能实现的基础。对于现代飞行器来说,健康管理技术的使用,可以有效地提高飞行器各个系统的安全性,降低致命性故障的发生概率,提高飞行器的生存能力和执行任务能力,改善飞行器的地面维护和保障状况,从而降低飞行器的维护成本。各种健康管理系统的使用经验和验证结果表明,健康管理技术已经成为降低现代飞行器全寿命使用/维护成本的先进手段。

1.1.1 研究背景

随着航空技术的发展,现代飞机的规模和机载设备日趋复杂,在保障飞行安全、降低维护成本、提高飞机可用性和可靠性等方面对故障诊断和维护方式提出了新的挑战,传统的故障诊断和维护方法已不能适应现代飞机的发展需求。20世纪90年代初期,国外在先进战斗机和民用飞机中发展了综合维护诊断技术,提出了预测与健康管理的概念,将飞机在地面进行的事后状态检查、性能评估和故障诊断工作逐步转移到机上实时进行,形成地面和机上的综合系统。通过在飞行数据采集器中增加实时诊断模块实现飞机状态监测,通过地面专家系统的研究,实现了维护支持系统。经过多年的发展,在飞机实时故障诊断和维护支持

技术方面取得了长足的进步。例如,波音 B747 飞机的中央维护计算机系统采用;综合故障诊断技术,对降低虚警概率起到了一定的作用;空客 A320 的飞机电子中央监控系统也对降低虚警概率起到了一定的作用;波音 B777 更是兼有中央维护计算机功能和飞机状态监控功能。目前,波音公司已经将基于数据链的飞机远程监控系统投入应用,并首先应用在波音 B747 和 B777 机型上,大大提升了飞机安全性、维护效率和经济性。

根据民航有关专家预测,新一代民用飞机的维修保障将会发生革命性的变化,其维护费用将只有传统维护方式的一半。其中,高可靠的航空电子设备、实时故障诊断和先进的健康管理技术是主要的贡献因素。现代武器装备的采购费用和使用与保障费用日益庞大,经济可承受性成为一个不可回避的问题。据美军综合数据显示,在武器装备的全寿命周期费用中,使用与保障费用占到了总费用的 72%。与使用保障费用相比,维修保障费用在技术上更具有可压缩性。健康管理(PHM)、基于状态的维修、货架产品、自主保障等都是压缩维修保障费用和提高维护水平的重要手段。

PHM 系统一般应具备故障检测、故障隔离、性能检测、故障预测、健康管理和部件寿命追踪等能力。PHM 技术采用的主要方法为特征提取与数据融合、故障诊断与预测推理、性能评估与保障决策。从 20 世纪后期开始,故障诊断、故障预测、健康管理等技术逐渐在工程中广泛应用。20 世纪 70 年代中期的飞机发动机监控系统成为 PHM 早期应用的标志。在 40 多年的发展过程中,健康管理技术的研究和应用已经涉及航空、航天、汽车、电子等各个领域的工程系统,包括飞行控制系统作动器的故障诊断和寿命预测,飞行器推力系统、供油系统和供电系统的健康管理,航空器的结构健康监测,轴承的寿命预测,航空电子系统的故障诊断和预测等。具体领域问题的实现使得 PHM 技术得到了极大的发展,出现了健康与使用监控系统、集成状态评估系统和装备诊断与预测工具等集成应用平台,故障诊断、监测和维修保障系统交联是这些平台具有的典型特征。工程应用及技术分析表明,PHM 技术可以降低维修保障费用、提高战备完好率和任务成功率。通过减少备件、保障设备、维修人力等保障资源需求,降低维修保障费用;通过减少维修,特别是计划外维修次数,缩短维修时间,提高战备完好率;通过健康感知,减少任务过程中故障引起的风险,提高任务成功率。

1.1.2 研究内容

飞行器的健康状态描述了其构成系统、子系统以及部件执行所设计功能的能力。飞行器的健康管理定义为检验和监控飞行器健康,并采取正确、适当的措施以维护飞行器执行其功能或安全运行的能力。因而,飞行器健康管理包括飞行器健康和安全相关管理活动,即了解飞行器及其组成部分的状态,在出现功能失灵时将其恢复到正常状态,而在系统故障后将风险和对任务的影响降到最小。

飞行器健康管理是各种技术融合而成的一个新概念,健康管理的作用对象包括航天器、航空器、无人飞行器等各种飞行器,以及诸如飞行器管理系统和任务管理系统等复杂的大系统。采用健康管理技术时,不要求对系统、子系统、部件提出更高的可靠性指标,而是要认识和预测故障何时何处发生;记录部件使用的时间,实现寿命累计;对飞机实现以信息为依据的维修,改变传统的定期维修方式,通过精确定位故障、减少不明确性和确定间歇故障来消除或降低故障的发生率,消除不必要的维修。健康管理技术的使用,可提供更为精确的诊断和预测能力,增强在线资源重构的水平,提高维护的效率,从而降低使用和维护成本。

健康管理以诊断、预测为主要手段,具有智能和自主的典型特征,建立在大量数据的基础上,进行状态/信息感知、融合和辨识,是以数据处理为中心的决策过程和执行过程。飞行器健康管理的基本要求包括,在足够的时间内,充分检测到异常和未知异常,以便能够及时做出反应;分析数据和执行决策分析(包括人工干预或自动模式);进行系统健康状态的预测,提供正确的维修建议;提供正确的措施,发起解决问题和预防故障的行为;提供故障重构,增加可靠性。飞行器健康管理行为涉及从发生故障到恢复正常的一系列活动,围绕故障的生命周期,飞行器健康管理的行为主要分为检测、诊断、预测和缓和四类。

当故障发生或者将要发生时,首先要进行系统的诊断和预测(Diagnosis and Prediction)。诊断是发现系统的哪一部分工作不正常,以及不正常到何种程度。诊断是确定飞行器及其组成部分健康状态所需的活动集合。根据获取的信息,诊断应能明确故障的根本原因,并能对应解释信息表示的症状。所有的传感器、机内自测试、控制应用软件、故障检测/隔离/恢复系统(Fault Detection, Isolation and Restoration;FDIR)以及工作人员的观测都属于诊断过程的一部分,同时根据系统运行的情况,还需要做到在线和离线故障诊断的统一结合。预测是确定系统健康状态将要发展的进程。诊断的目标是在系统出现早期异常时就发现问题,而不是等到所有情况都明晰。预测则是必须具备根据过去、现在的情况以及积累的数据推断系统情况/状态发展的能力。

当故障发生时,健康管理系统应该具有缓和(Mitigation)能力。当系统出现异常情况时,必要时对故障进行处理,最大可能地保证平台和任务的有效性。缓和的实施建立在对故障影响评估的基础上,一旦确定了不正常条件,就需要做出决策以最小化故障带来的影响。如果飞行器在地面上,决策就非常简单,进行检测或者维修。但是如果飞行器在运行中,就需要更加复杂的决策,如果不能够立

即进行维修,必须要在故障情况下飞行,如果有足够的余度,故障对任务的影响会很小。然而,即使对全冗余系统,一旦备份系统开始使用,则整个系统的余度会减少,因此必须在此基础上对任务风险进行重新评估,以决定采用何种健康管理方式进行系统的缓和。通常情况下,缓和的主要方式为,帮助了解故障对系统造成的影响,以及这些影响如何影响任务;确定机载人员或任务控制组需要执行的方案和措施;执行系统重构命令;进行决策分析,提出可选的任务计划,以便在故障情况下优化任务。

修复是在故障诊断与预测的基础上进行的。修复包括更换或用其他方式将故障部件恢复到正常状态。飞行过程中,对安全关键设备而言,一般采用余度技术以保证足够的可靠性,修复就是使用机载的余度或者备用设备替换故障设备,但是在余度系统降级工作后,飞行器的总体健康状态就受到了影响,因为飞行器的可靠性等级已经发生了变化。修复完成后,需要把故障设备带回地面用于分析和修理,修复活动需要更换元件。这时候,收集的飞行数据可用来指导维修活动,从而大大提高地面修复和维修效率。

对各种飞行器(战斗机和轰炸机、商业和军事运输机、旋翼飞机、太空船和卫星)来说,健康管理的目标是让飞行器能够动态地辨别任何可能会影响安全或任务执行情况的功能降级,且辨识需要维修、恢复全部功能的特定的子系统。传统的机内测试(Built in Test,BIT)方法在提供自动和及时的故障信息上非常成功,但是却不能提供确切、精确或可靠的信息来实现系统的有效运行和维修。而且 BIT 一直局限于某种特定类型的子系统,例如航空电子系统和飞行控制系统。对于飞机来说,飞行器健康管理的目标是改善和扩展传统的 BIT 方法,可以精确地评估整个飞机(包括机体结构系统、推力系统、复杂的电液伺服系统、电源系统、航空电子系统、液压系统和环境控制系统)的健康状况。飞机各系统健康管理的目标促进了许多不同技术的开发和发展,飞机各系统健康管理的一些技术及其基本特征见表 1-1。

表 1-1　飞机健康管理技术特征描述

子系统	健康管理特征	健康管理技术
结构	检测、诊断、预测、缓和	使用结构故障传感器技术,应用传感器数据进行结构故障诊断,采用智能算法预测故障发生和发展,进行结构材料自修复
推力系统	检测、诊断、预测	监控发动机的特征参数,监视外部物体进入引擎,辨识故障,进行健康预测

子系统	健康管理特征	健康管理技术
飞行控制系统	检测、诊断、预测、缓和	BIT 测试与分析；检测、分配和缓和故障对系统的影响；应用相应的算法对系统进行检测、诊断、预测和故障隔离；根据操纵机构和传感器的特点进行控制重构和信号重构
伺服作动器	诊断、预测	监视液压系统、结构材料、电机电流、温度、振动和位置，进行故障辨识和性能降级相关的预测
电源系统	诊断、预测、缓和	采用故障诊断方法进行连续的、离散的和明显的故障诊断与预测，并进行故障后系统的缓和
航空电子系统	检测、诊断、预测、缓和	BIT 测试与分析；检测、分配和缓和故障对航线可更换单元的影响；应用相应的算法对复杂的、集成的、相互连接的系统进行检测、诊断、预测和故障隔离
环境控制	检测、缓和	飞机结冰告警；电力故障检测和预测；除冰危害功能配置
液压系统	诊断、预测、检测	监视液位、压力、阀位置，用以检测泄漏、辨识性能降级和安全隐患
所有系统	异常检测	监视与辨识异常行为相关的所有飞行参数，用以做进一步的调查

1.1.3　研究现状

飞行器健康管理技术涵盖了多学科的理论和方法，是一个综合性很强的学科。随着科学技术的进步和发展，现在许多研究团体和研究机构都在进行这一方面的研究。这些研究机构具有代表性的有 Air Force Research Laboratory，NASA Ames Research Center，Boeing Phantom Works，Smith's Aerospace，Rockwell Scientific and Hughes Research Laboratories，Lockheed Martin Space Systems Company，Impact company。David S. Bodden 研究了预测与健康管理的概念设计方法，通过对某无人机的余度控制系统可靠性分析，得到了最佳的优化配置方案；Carl S. Byington 进行液压系统在线健康监控技术的研究，建立性能模型，通过数据融合和特征提取完成系统的在线监控；Kirby Keller 给出了飞机电力和电源系统进行健康预测的基本结构和算法；Betty Glass 研究了飞行器集成健康管理的结构设计方法，给出了结构设计和算法流程，该方法主要是提供在线系统安全完成任务的能力和地面系统快速维修和转场能力；Dimitry Gorinevsky 主要研究了集成健康管理系统的开放式结构功能，描述了健康管理体系结构的运行、功能、协议和信息管理模型，指出了这些功能之间的相互关系和运行模式；Andrew E. Heaton 完成了对无人机进行健康管理的需求分析，描

述了集成健康管理系统高水平的需求。另外,Jonathan S. Litt,Syri J. Koelfgen,Frederick Beamer 和 Abhinav 分别详细描述了飞行器健康管理的各项技术和结构功能特点。

国内对飞行器健康管理技术的研究开始于 21 世纪初,以国防科技大学和各个航空院所为代表的科研机构广泛开展了有关飞行器健康管理技术的研究,在技术的深度和广度方面都开展了大量的研究,形成了一定的研究成果。许丽佳等人研究了电子系统的故障预测与健康管理技术,研究了电子系统模块级和元件级的故障诊断和故障预测技术;马宁等人进行了飞机故障预测与健康管理框架研究,包含了飞机 PHM 系统的体系结构设计及相关环节的技术实现;常琦等人介绍了集成预测与健康管理系统(IVHM)的发展过程、功能、数据流、系统组成和框架等,给出了 IVHM 的内容、定义和包含的技术要点;曾声奎等人提出了故障诊断与预测的完整性认知模型,并对基于故障诊断与故障预测技术的健康管理系统进行了分类与综合分析;景博等人总结了电子系统故障预测的各种方法,分析了电子系统 PHM 技术涉及的关键技术和遇到的问题和挑战;胡雷等人提出了基于新的异类检验方法的故障诊断和预测技术;戎翔等人研究了民航发动机健康管理中的寿命预测与维修决策方法。

|1.2 无人机PHM技术|

无人机是一个复杂的系统,是材料、机电、计算机、控制、通信、信息处理、传感器、导航和地面站等若干技术不断发展的高度集成的系统。无人机设计制造越来越复杂,使得系统的故障诊断和快速定位难度不断加大。为了改善无人机的维修性和测试性,在高性能无人机的设计过程中大量采用机内测试、故障监控和申报等技术。虽然已经具有这些故障检测和申报体制,但不具备对深层故障进行诊断的能力,这给无人机地面维护和故障诊断带来较大的困难。基于此,在无人机中急需大力发展具有故障诊断、预测、缓和和重构功能的健康管理技术。通过综合飞行器健康管理(Integrated Vehicle Health Management,IVHM)技术将飞行器各个子系统的故障监测、故障诊断、影响评估、故障预测等,及其相应的处理措施和后勤保障的安排等综合为一个对飞行器健康状况的综合管理系统。

IVHM 技术的前身是 1998 年 NASA 在 X - 33 RLV 项目中提出的 VHM 技术,此项目将具有对飞行器各个子系统故障监测和功能管理的模块集成封装于两个 LRU 单元内,成为 VHM 计算机,分为 3 个子系统;通过远程健康节点组成智能传感器网络采集飞行器结构、机械和环境等数据;监测和记录 6 条

MIL-STD-1553 总线的通信状况;通过使用分布式光纤温度和应力传感器监测低温油箱。此外,其他飞行器中与 IVHM 功能相似的系统也有成功的实验与应用,如波音 B777 的中央维护计算机系统和 AMOSS 系统,Lockheed Martin 公司在 JSF 项目中开发的 PHM 系统和 JDIS(Joint Distributed Information System)系统。新型的传感器、先进的诊断推理算法和系统集成方法等的应用也成为 IVHM 技术发展的重要成果。IVHM 已经得到一定发展,但还不完善,尚处于原理、部分功能和概念的验证阶段,目前还没有具备完整 IVHM 功能的系统。

IVHM 对各子系统的管理过程不是简单的相加,而是对这些子系统进行管理、协调,对子系统功能的进一步挖掘和升级,根据各个子系统之间的相互关系和联系,对各个子系统的健康管理信息进行融合管理,获得由单一子系统不能获得的飞行器整体健康信息,实现对飞行器整体的综合健康管理。

1.2.1 PHM基本概念

根据健康管理技术的研究内容,无人机健康管理的功能结构可分为七层开放式结构,分别为数据获取层、数据处理层、状态监测层、健康评估层、故障预测层、决策支持层和显示层(见表 1-2)。

表 1-2 无人机健康管理开放式结构的功能描述

功能层名称	功能描述	需要的主要数据
显示层	人机接口、与其他层通信	其他层的相关输出
决策支持层	根据系统、子系统或部件的当前健康状态和预计健康状态,综合信息,辅助维修行为	历史维修数据、系统/部件的当前健康状态数据和预测数据,支持维修决策
故障预测层	采用模型推理等方法,预测系统、子系统或部件的未来健康状态和部件的剩余使用寿命	系统/部件历史和当前健康数据、状态辨识数据等
健康评估层	根据状态监测层输出,诊断系统、子系统的健康状态	系统各子系统、部件健康状态情况
状态监测层	根据系统的特征数据,确定部件等的状态情况	部件的状态相关数据
数据处理层	处理来自数据获取层的传感器数据,进行特征提取	原始传感器数据处理(采用快速傅里叶变换、小波、卡尔曼滤波、神经网络或统计方法),提取系统、部件状态相关的特征信号
数据获取层	传感器数据采集、控制信息的获取	原始传感器数据和控制信息等

数据获取层位于七层结构的最底层,该层与无人机上的特定物理测量设备相连接,其功能是收集来自数据总线上的 BIT 信息、传感器数据、控制信息和其他相关测量数据,为系统的健康管理系统提供分析数据。

数据处理层的主要功能是处理来自数据获取层的数据,通过一些特征提取算法把所获取的数据转换成状态监测、健康评估和故障预测层所需要的形式,这些信号特征能够以某一种形式表征系统/组件的健康状况。通常采用的数据处理算法包括快速傅里叶变换、神经网络、卡尔曼滤波或统计方法(平均,标准偏差)等。数据处理层的输出结果包括经过滤、压缩后的传感器数据、频谱数据以及其他特征数据等。

状态监测层接收来自数据处理层以及其他状态监测模块的数据。其主要功能是完成与系统/部件状态相关特征的计算和估计,即将获取的数据同预定的失效判据等进行比较来监测系统/部件当前的状态,并且可以根据预定的各种参数指标极限值/阈值来提供故障报警能力,例如对子系统、部件的行为以及材料的状况进行测试和报告。

健康评估层接收来自不同状态监测模块以及其他健康评估模块的数据,根据状态监测层的输出和历史的状态评估值,评估被监测子系统、系统的健康状态,确定被监测子系统、系统的健康状态是否出现降级。如果系统的健康状态降级了,该层会产生诊断信息,提示可能发生的故障。该层的输出包括系统、子系统的健康或健康程度(以健康指数表示)。

故障预测层可综合利用前面各层的数据信息,可评估和预测被监测系统、子系统和部件未来的健康状态。预测层主要功能是对系统、子系统或部件在正常使用情况下的剩余使用寿命进行估计。预测层可能报告系统、子系统、部件的未来健康状态或者评估组件的剩余使用寿命。故障预测能力是预测和健康管理系统的显著特征。

决策支持层接收来自状态监测、健康评估和预测层的数据,并根据前面各层的输出结果产生相应的维修措施(例如在被监测系统、子系统、部件发生故障之前采取维修措施)。该层为维修资源管理和其他监视综合健康管理系统的性能和有效性的处理过程提供支撑。决策支持根据系统、子系统或部件的健康状态信息和预测健康相关的信息,做出合适的决策,产生部件更换、维修活动等建议措施。

显示层具有与其他所有层通信的能力,通过便携式维修设备、维修管理和操作管理实现健康管理系统与飞行人员、维修人员的人机交互界面功能。该层的输出包括低层产生的输出信息以及低层所需要的输入信息。

以上七层结构中,一般来说,数据获取层、数据处理层、状态监测层、健康评估层这四层位于飞行器平台上,是飞行控制系统健康监控和管理的主要内容。针对健康管理系统,由于需要更强的计算处理资源,以及更加广泛、完整、全局性的数据资料和历史性档案,所以,预测、决策支持和显示层的功能主要由地面的相应健康管理子系统/设备来实现。

根据无人机健康管理的特点和功能结构,相应的健康管理的基本流程如图1-1所示。

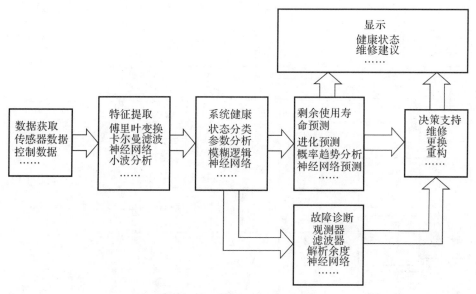

图1-1　无人机健康管理基本流程图

从无人机健康管理的功能结构以及基本流程的描述可知,在实现系统健康管理的过程中,采用了大量的技术和方法,这些方法根据不同的需求可以应用于系统健康管理的各个方面。

1.2.2　PHM系统结构

无人机健康管理的基本结构如图1-2和图1-3所示(图1-2所示为机载部分,图1-3所示为地面部分)。它是包括机载系统和地面系统两大部分的综合信息系统。其中机载系统包括飞行器管理、任务管理和子系统管理等部分。地面系统以综合维修信息系统为基础,是一个颇具规模的计算机网络,包括任务数据管理、维修数据库和维护支持等部分。无人机健康管理系统能实时完成空中-地面通信,可执行地面命令,提前通报故障,使地面维护提前准备就绪。

无人机健康管理

如图1-2中所示的数据收集部分,无人机子系统提供BIT结果和参数数据、其他性能监控数据和将要发生故障相关的数据,同时也会收集空中飞行时的数据。加强的诊断和预测依赖于故障模式和故障发生时间的估计,这些诊断和预测都是在机载执行的。另外,机载收集到的数据传递给地面的健康管理部分,在地面健康管理部分,这些数据将会与来自飞行人员和维修人员的其他信息进行综合。这些数据被用来加强诊断过程、应用于基于状态的维修、评估寿命有限的可更换组件的剩余寿命、估计即将发生的故障和执行其他必要的分析和报告。

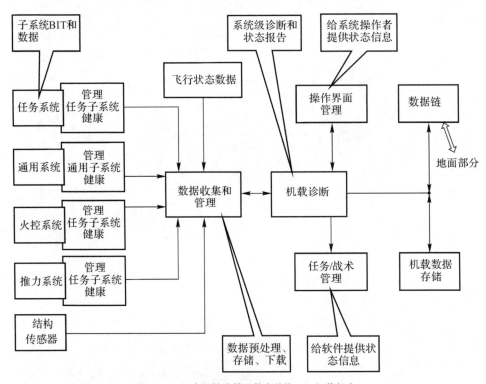

图1-2 无人机健康管理基本结构——机载部分

如图1-3所示,机载收集的数据通过一个便携式的内存设备或其他数据存储方法,传送给地面部分,通过数据链把重要数据传送到地面以进行分析和存储,并发起必要的维修活动。无人机健康管理系统存储涉及使用中的所有平台、某种特定平台和各种子平台上搜集的数据以及涉及系统级和航线可更换单元级的子系统性能信息,这些数据用于历史分析。

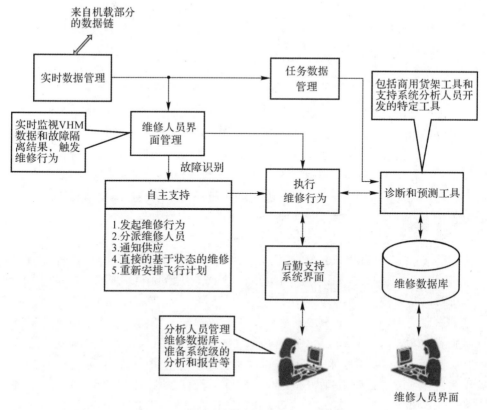

图1-3 无人机健康管理基本结构——地面部分

基于对操作过程中实时收集的数据、来自以前操作和维修活动的信息、有经验的维修人员的专家知识和与平台系统性能相关的特定信息进行分析,能够很好地规划和准备当前的维修活动,加快武器系统的服务恢复速度和保持高的完备性。无人机健康管理结构的开发必须充分考虑设计要求和设计细节,对新的平台和以前的平台都是可以应用的。

1.2.3 PHM基本方法

无人机是一个大而复杂的系统,其预测和健康管理系统的构建非常复杂,涉及许多方面的技术和方法,包括数据的采集、系统健康参数的确定、先进的诊断和预测技术等。因而,需要大量的实际工程经验且需要获取与系统部件性能相关的大量的数据。传统的无人机多采用BIT技术进行故障的检测、维护和系统健康管理。随着技术的发展,近几年来,许多研究者都致力于无人机健康管理的

各种推理方法,这些方法涉及各种现代的和智能的决策、预测和推理方法的理论研究和实际应用,取得了一定的研究成果,主要包括基于 BIT 的方法、基于模型的方法和基于数据驱动的方法。

1. 增强的 BIT 推理方法

机内测试(BIT)是一种能显著改善系统或设备测试性和诊断能力的重要技术手段。为了改善无人机的维修性和测试性,提高系统的诊断效率以及可观性和可测性,现在的无人机在设计过程中大量采用基于 BIT 技术的机内自检测、故障监控和申报等技术。随着系统复杂程度和可靠性需求的提高,当前也在研究一种增强的 BIT 推理策略,可以充分利用机载系统获得的离散数据来加强决策支持,从而改善系统性能。这种先进的诊断 BIT 能力与基于数据驱动的方法相对应。如果对无人机及其子系统达到一个系统级的认知,则可以建立一个关系矩阵,这个矩阵可以表示每个系统部件和与其相关的 BIT 代码之间的相关性,正是这种系统级的知识了解可以加深对 BIT 初始目的的理解。增强的 BIT 推理策略是非侵入式的,不会影响现有的子系统,这是因为机载的数据传递机制能够被监测到,而且也能够安装一些现有的数据记录器用来监测子系统的运行数据。在实现增强的 BIT 推理时,应该考虑机载处理、接口和监视系统的规范性。另外,增强的 BIT 推理可以区分维修过程中的故障部件,而且能够减少飞行过程中或测试过程中的虚警发生率,因而,大大减少了维修费用,增强了任务的安全性和完备性。但 BIT 技术受到机载设备体积、质量等限制,会使系统复杂性增大、基本可靠性降低,且无人机自身普遍具有的故障检测和申报体制,还不具备对故障进行准确定位和诊断的能力,这给无人机地面维护和故障诊断带来较大的困难。因此,需要对以 BIT 和故障自监控系统为基础的无人机故障诊断和故障定位的维修方式进行扩充和完善。然而,在实际的使用中,较高的虚警率始终是困扰 BIT 研究和应用的主要问题之一,而降低虚警问题的研究是目前BIT 技术研究的重点和难点。研究健康管理技术可以在技术上解决此类问题。

2. 基于模型的方法

基于模型的方法结合了系统物理建模、先进的系统或参数辨识技术、异常检测和故障预测技术,实现系统内部关键故障的预测,一般用于可以获得系统精确数学模型的情况下。此方法通常需要建立被监控系统有效的数学模型(物理模型或统计模型),用来模拟系统对无人机指令信号的响应。这个模型先与系统的物理过程直接联系起来,使用残差作为特征提取的依据,采用先进的算法对模型参数进行回归估计,直到模型的响应与实际测量响应之间的误差变得最小。然后根据模型和实际系统之间的残差进行系统健康特征的提取和评估,通过对这些特征的分析与综合实现故障的分类和预测。基于模型的方法通用性较好,很容易扩展到其他类似的系统。使用基于模型方法的一个前提条件是,当系统存在故障时,残差足够大;而当系统运行正常或出现正常扰动和噪声时,残差很小。基于模型的方法的一个主要优点是能够辨识反映系统实际物理特征的参数。这种辨识允许更直接和有效地确定故障发展模式。作为基于模型方法的一部分,这些参数包含了系统大量的特征信息,用来确定系统的当前状态和预测主要故障机制的故障失效进程。因此实际应用中,怎样获得系统精确数学模型是这种方法的关键。

3.基于数据驱动的方法

基于数据驱动的方法通过对系统运行的特定数据或"特征"进行监控,这些特定数据/特征被用来评估系统真正的健康状态。基于数据驱动的方法根据历史数据学习系统的行为,从而对系统的健康状态进行有效的评估和预测。基于数据驱动的方法也可以采用先进的融合策略,把各种信息融合起来,得到一个融合的健康状态评估,提高部件剩余使用寿命预测的置信度。数据驱动方法基于来自模式识别理论的统计和学习技术,包括多变量统计方法(例如静态和动态主元分析、线性和二次判别式、最小二乘法和规范变量分析)、基于网络的方法(例如神经网络、决策树)、图模型(贝叶斯网络、隐马尔可夫模型)、自组织特征映射、信号分析(指数平滑、自回归模型、傅里叶变换等)、数据融合(聚类、分类)。基于数据驱动的方法不需要目标系统的任何物理模型,而是根据历史数据模拟系统行为,因而开发费用相对较低;能够将高维带噪声的原始数据转化为低维信息,用于健康特征提取、健康评估、故障诊断、健康预测,大大降低了算法的运行要求。

由于无人机在运行中会产生大量的数据,这些数据包含了系统所需的健康信息,对这些数据进行分析和综合就可以在不增加系统复杂度的基础上,最大限度地进行系统的有效监控、检测和维护。因此,基于数据驱动的方法是实现无人机健康管理技术的最有效、最理想的途径。

1.2.4 PHM关键技术

根据健康管理技术的研究内容,健康管理技术的关键技术主要有故障诊断、特征提取、健康评估、健康预测、故障决策与修复重构技术。

随着航空技术的发展,无人机的规模和机载设备日趋复杂,在保障飞行安

全、降低维护成本、提高无人机可用性和可靠性等方面对故障诊断和维护方式提出了新的挑战,传统的故障诊断和维护方法,已不能适应现代无人机的发展需求。预测与健康管理技术的提出拓宽了故障诊断的内容和形式,将无人机在地面进行的事后状态检查、故障诊断工作逐步转移到机上实时进行,形成地面和机上的综合系统。通过在飞行数据采集器中增加实时诊断模块实现飞机状态监测;通过地面专家系统的研究,实现了维护支持系统。经过多年的发展,我国在无人机实时故障诊断和维护支持技术方面的研究取得了长足的进步。

特征提取是系统状态监控和健康管理中重要的步骤,也是健康管理技术的核心。在无人机健康管理的七层结构中,数据处理层的主要任务就是对数据获取层获取到的原始数据进行特征提取,为后续的健康评估和预测提供数据支持。一般来说,特征表现为一些数据集或信息,是通过对原始数据进行某些处理而得到的,这些数据和信息与系统的健康状态密切相关。虽然在特征提取中,可能采用各种不同复杂度的算法,但是特征在健康管理框架中的作用是一样的。一个特征提取算法可以与其他的处理技术结合,同时进行数据的分析,提取出一系列特征值。特征提取减少了需要处理和存储的信息量,因而节约了内存和改善了算法的运行时间。目前,基于数据驱动的健康管理方法采用两个成熟技术来产生特征:信号处理和神经网络。这两种技术都是在固定时间窗内采集的数据的基础上运行的,从而使得这种方法向机载运行转化变得容易。在预测和健康管理系统的总体结构中,这些特征提供了能够表征系统性能改变的有意义的信息。对无人机的健康管理来说,同样要采取一种特征提取方法来提取与系统健康相关的特征。为了系统的简单化,一般只需选取最有意义和可靠的健康状态特征。在得到系统状态特征以后,就可以采用融合与聚类算法把提取出来的特征值映射到正确的系统降级水平上,从而完成系统的健康评估。

健康预测技术是健康管理的又一重要研究内容。所谓预测,就是根据过去和现在的状态预测未来,即在一定的理论指导下,对研究对象未来的发展趋势、发展方向及可能的状态做出科学的预言和合理的推断,目前已被广泛地应用在各学科的研究领域。现有的预测技术主要分为两大类:参数模型法和非参数模型法。参数模型预测法首先对观测到的历史数据模型做一定的假设,然后经过模型参数的估计得到相应的预测值,这类方法的设计思想就是虽然当前这种故障特征的幅值很小,难以检测出来,但随着时间的推移,它的幅值会越来越大。因此,根据系统过去和现在的状态,采用预测技术估计出将来时刻的状态,再进行健康预测,判断系统剩余使用寿命或者健康等级,常用的参数模型有多项式曲线拟合、主观概率预测、回归预测、卡尔曼滤波器、时间序列预测和灰色模型等方法。非参数模型法不需要系统精确的数学模型,现有的非参数模型法主要有基于神经网络、粗糙集理论、小波神经网络和组合预测等方法。针对无人机,健康预测可分为对系统的状态预测和寿命预测两类。状态监测与早期故障诊断是基于监测点瞬时数据进行研究的。由于系统日趋复杂,很难了解系统的行为特征,实际中还需利用系统的历史信息和动态信息,实现对系统未来的运行状态和发展趋势做出估计,防止灾难性故障的发生,所以迫切需要有效的预测模型来监督系统的变化趋势。状态预测是多学科综合的新兴边缘学科,它以当前系统的状态为起点,结合被预测对象的近期监测数据、环境条件及历史数据,通过相应的预测算法对被监测数据进行分析,对系统未来时刻的运行状态进行预测、分析与决策,以便及时在故障发生之前采取有效措施,保证系统的顺利运行。

故障决策、缓和与修复技术。一旦通过监控和分析方法发现系统出现或者将出现异常,那么必须快速做出决策,以便于对系统进行缓和、修复和重构。系统出现性能降级或者故障后采用的缓和方法其实就是一种决策方式。修复包括更换或用其他方式将故障部件恢复到正常状态。飞行过程中,对安全关键设备而言,一般有备用元件,修复就是使用机载的备用设备替换故障设备,但是在备用设备被使用后,无人机的总体健康状态就受到了影响,修复完成后,需要把故障设备带回用于分析和处理,修复活动需要重新运送元件,可能在地面进行维修活动。这时候,收集的飞行数据可用来指导维修活动,从而大大提高维修效率,对飞行数据的分析将减少不必要的维修行为。对于无人机来说,由于部分部件是余度配置,进行缓和与修复的主要手段就是进行余度管理和切换重构,但是如果系统发生故障超出余度管理的功能之外,就必须采用有效的管理方式进行系统的修复与重构。缓和是指在系统出现异常情况时,通过决策判断以便决定对故障进行处理,最大可能地保证系统的有效性。缓和的实施往往建立在对故障评估的基础上,一旦确定了不正常条件,就需要做出决策以最小化故障带来的影响,从而确定任务控制组需要实施的措施,执行系统重构命令,并且提出可选的任务计划,以便在故障情况下优化任务。

1.3 无人机PHM的发展趋势

无人机的发展趋势是其自主能力的不断提高,自主控制可以对在不确定动态变化环境中出现的大量不确定性实现控制。美国空军认为,未来无人作战飞机首要技术需求是增加自主性,提高协同能力。技术的进步将完成"观察、判断、决策、行动"。因此,全自主控制是无人机系统未来发展的必然方向。未来无人机技术和发展趋势如图1-4所示。

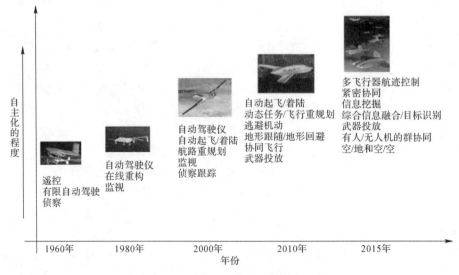

图1-4 无人机技术和发展趋势

为了衡量无人机系统的自主水平,需要对自主能力进行合理的等级划分。但是无论怎么样划分,对无人机自主水平如监控、监视、故障缓和、故障重构等关于健康管理技术的研究和发展始终是目前急需解决的重要问题。

无人机PHM系统一般应具备故障检测、故障隔离、增强的诊断、性能检测、故障预测、健康管理和部件寿命追踪等能力。PHM技术采用的主要方法为特征提取与数据融合、故障诊断与预测推理、性能评估与保障决策。无人机健康管理的一个重要目标就是使维护和维修更为方便,根据现在无人机的设计特点和任务要求。无人机健康管理系统的目标包括以下几项:

· 确定各个子系统的状态,以便通过精确的预测确定整个无人机的状态,减少修复时间,更快地把无人机恢复到正常运行状态;

· 提高机载实时诊断的能力,为维修人员提供实时可靠的维修信息;

· 减少维修的时间和维修人员的数量、减少维修所需的技术要求和培训要求;

· 减少造成无人机事故或意外事件的系统和组件故障,为维修组提供关于飞机健康状态的信息,通过更精确地诊断和预测来增强系统的可靠性、维护和保养性能;

· 减少备用部件的消耗量,更精确地预测备用元件的需求、维修和检查,减少备用元件的调度。

健康管理技术伴随着现代飞行器的开发和研究而产生,最初应用于任务复杂度高、系统运行环境恶劣、对系统安全性要求高的航空航天领域。随着健康管理技术的发展,其研究和应用已经涉及航空、航天、汽车、电子、机电等各个领域。健康管理技术涉及多学科知识的融合与交叉,未来的发展趋势是向着高度智能化、集成化、综合化和实用化方向发展。结合实际需求和参考已有的研究成果,不难发现,未来健康管理技术主要集中在以下几方面:

(1)健康管理技术涉及故障诊断、特征提取、健康评估、健康预测和故障决策、缓和、修复与重构,研究内容较多,涉及的知识面很广,要很好地完成体系结构的构建和关键技术的突破是一项艰巨的任务,必须根据研究对象制定详细的研究方案,才能完成对该系统健康管理体系的构建与设计。

(2)健康管理技术将充分采集和利用系统的测试数据,根据隐含在数据中的信息进行健康特征的提取,研究高度精确和合理的数据采集分析方法、健康特征提取方法将是目前迫切需要解决的问题。

(3)健康管理的突出能力就是对系统运行状况的预测和监控,在根据大量数据实现系统的健康状态评估和剩余有用寿命预测以后,如何根据得到的评估和预测结果,做出正确的决策以辅助维修,也是未来需要重点研究的问题。

(4)现代高性能无人机包含很多子系统,结构复杂,故障定位困难。以往故障诊断主要是地面维护人员通过检查整个结构,通过传感器信息采集和获得的人工决策。应用健康管理技术可以大大改善维护水平。

(5)无人机飞行过程中出现的故障,大都是基于故障手册获得故障知识的,然后需要花费大量的时间和精力确定对故障部件如何进行处理,健康管理技术的应用应该能够彻底改变上述维修和排故方式。

(6)由于无人机各个机载子系统基于 BIT 测试的设计特点,未来的无人机健康管理技术将是对 BIT 信息的高度集成与综合。

(7)健康管理技术虽然已经应用于一些子系统或部件,但还远没有达到完全工程实用化的程度。如何应用健康管理技术,提高系统的安全性、可维护性和可支持性,减少维修费用,这是一个长期的理论结合实践的过程。

(8)随着航空电子综合化和集成化程度的提高,未来的健康管理系统将是一个集成信息采集和处理、分析、决策一体化的综合智能系统。

第 2 章

故障诊断技术

随着航空技术的发展,现代无人机的结构和功能日趋复杂,在保障飞行安全、降低维护成本、提高无人机可用性和可靠性等方面对故障诊断和维护方式提出了新的挑战,传统的故障诊断和维护方法,已不能适应现代无人机的发展需求。应用健康管理技术将无人机在地面进行的事后状态检查、故障诊断工作逐步转移到机上实时进行,形成地面和机上的综合系统。通过在飞行数据采集器中增加实时诊断模块实现飞机状态监测,通过地面专家系统的研究,实现维护支持系统。故障诊断作为健康管理系统的关键技术,对提高系统的维护和维修功能起着越来越重要的作用。本章主要从健康管理的角度介绍无人机故障诊断的故障树、案例推理和实时诊断方法。

2.1 基本概念

当一个系统或部件偏离了正常的工作状态,完全或部分地失去了其原先的功能时,则称该系统或部件发生了故障。故障检测与诊断技术的发展大体经历了以下几个阶段:最初故障检测与诊断主要依靠人的感觉、经验及简单仪表,对诊断信息也只做简单的数据处理;20 世纪 70 年代,随着传感器技术、动态测试技术和信号分析技术的发展,解析冗余代替硬件冗余,通过比较器的输出得到系统故障信息标志着故障检测与诊断技术的开端,在这期间,学者们提出一些简单的故障诊断算法,如检测滤波器、广义似然比、极大似然比和序贯概率比方法等;20 世纪 80 年代以来,故障检测与诊断理论蓬勃发展,逐渐形成相对清晰的设计

思路,特别是基于观测器/滤波器方法、系统辨识和参数估计方法在工程中得到广泛的运用;近年来,控制系统故障诊断理论的研究更加深入,各种方法相互渗透和融合,应用的领域也有了很大的扩展。参数估计和观测器/滤波器等方法仍然是目前使用最多的故障诊断方法。

故障诊断的目的是为故障控制提供预警能力,以提高系统可靠性与安全性。因此,故障诊断必须对各种误差与干扰具有很强的鲁棒性,对故障发生时的检测与诊断具有实时性。随着科学技术的发展,故障隔离技术在不断完善。实践中,从硬件余度到解析余度,再到智能诊断方法,研究内容非常广泛,但总的来说可归纳为两类:一是不依赖解析模型的故障检测与诊断理论和方法,如基于信息处理、知识推理、人工智能、专家系统的诊断方法等,这种方法通常用于对故障的早期预报与预测以及对系统的监控;二是基于系统解析模型的方法,这种方法是以现代控制理论、优化方法和决策统计知识为指导,以系统的数学模型为依据,利用观测器/滤波器、等价关系方程、参数估计和辨识等方法产生残差,然后基于某种统计准则或阈值对残差进行评价和决策,从而进行系统的故障隔离。从应用的角度来看,基于数学模型的故障诊断技术仍然是研究的重点。

1971 年,Beard 首次提出了故障检测滤波器概念,标志着基于解析模型的故障诊断技术研究的开始。基于模型的故障检测与隔离方法能与控制系统紧密结合,是监控、容错控制、系统重构的前提。目前,基于模型的故障检测与诊断方法有很多种,但最终可以归为以下几类:观测器/滤波器法、等价空间法、参数估计法和基于知识的解析模型法。

观测器/滤波器方法最早由 Beard 提出,随后经许多学者不断发展加以完善。该方法主要是利用 Lunberger 观测器或 Kalman 滤波器进行系统状态重构,通过状态估计和系统实际输出信息生成残差,对残差进行评价完成故障隔离的。

等价关系的研究建立在动态系统的平衡计算之上,它利用系统可测的输入输出变量来检测系统数学模型的一致性,基本原理就是把测量到的系统输出信号投影到与系统能观测性子空间的正交补上,从而生成残差,并根据等价空间的故障方向确定故障的位置。

如果过程的故障与模型参数的变化相联系,并且可以获得系统精确的数学模型,那么使用参数估计方法来检测故障比较适合。模型参数可以通过对标准参数的估计技术得到,根据模型参数的估计值计算物理参数的估计值,然后根据物理参数的实际记录完成故障的检测和隔离。

近几年来,随着交叉学科的紧密联系,以及对人工智能的研究,利用神经网络取代解析模型的基于知识的解析模型技术成为研究的热点。神经网络可以作为观测器来描述正常运行下的工作过程,残差为实际系统输出和神经网络估计输出的差值。对于残差的评价,可以用残差数据库和相应的故障信号数据库来训练神经网络或者应用基于知识的模糊推理规则来定位故障。

从研究的趋势和应用的角度来看,故障隔离技术目前和今后的主要研究趋势可归纳为以下几方面:在线故障检测与隔离算法;对模型误差及不确定因素具有鲁棒性的故障隔离算法;闭环反馈控制系统中的故障诊断技术;以故障检测和隔离技术为核心的容错控制技术;非线性系统的故障隔离技术;等等。

在故障诊断技术发展过程中,在不同的应用领域与不同的学科相结合产生了多种故障诊断方法。综合目前各种故障诊断技术,主要有两种分类框架,其中,周东华教授提出一种全新的分类框架,将故障诊断方法整体分为定性分析和定量分析两大类;在传统的分类方法中,根据系统采用的特征描述和决策方法的差异形成了不同的故障诊断方法,包括基于模型的方法、基于信号处理的方法、基于知识的方法,如图 2 - 1 所示。

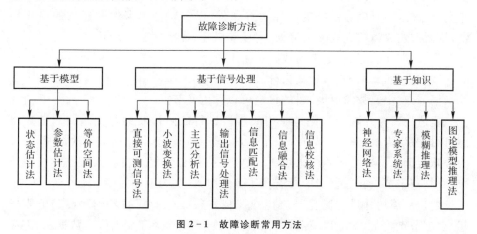

图 2 - 1　故障诊断常用方法

2.2　基于故障树的故障诊断

故障树(Fault Tree)是一种基于研究对象结构、功能特征的行为模型,它是一种定性的因果模型,是以系统最不希望发生的事件作为顶事件,以可能导致顶事件发生的其他事件作为中间事件和底事件,并用逻辑门表示事件之间逻辑联系的一种倒树状结构。故障树是一种体现故障传播关系的有向图,它反映了系统故障(顶事件)与导致系统故障的诸因素(中间事件和底事件)之间的逻辑关

系,其目的在于判明系统基本故障、确定故障产生的原因及发生的概率。它是分析系统可靠性、安全性和故障诊断的一种重要方法,在许多领域都得到了广泛的应用。

故障树分析法是一种自上而下逐层展开的演绎分析方法,以一种特殊的倒立树状逻辑因果图(即故障树)来分析系统发生故障的逻辑关系,并对系统中发生的故障事件,进行由总体到部分按故障树逐级细分的分析,其目的是判明基本故障、确定故障原因和故障影响等。应用故障树方法进行故障诊断主要分为选择顶事件和边界事件、建造故障树、对树作定性和定量分析三个步骤。

2.2.1　构建故障树

合理选择顶事件和边界事件是应用故障树进行故障诊断的前提。研究的主要内容是对系统的故障进行定义,分析其形成原因,对外部环境条件和人为因素作充分考虑,同时确定系统的故障边界条件,以确定基本事件和建树的终止规则,从而构建故障树。故障树有根、树枝和树叶,各部分定义如下:

叶节点:终端节点,定义为故障。

枝节点:非终端节点,定义为分故障原因。

根节点:主要故障原因,树的根也可以称为父节点。

建造故障树并进行简化是应用故障树进行故障诊断的基础。按照链表思想,以根节点为头,建立以节点(双亲节点,孩子节点)为存储结构的数据库,定义为故障数据库。建立故障树采用递归迭代的思想,重复查找双亲节点的孩子节点,直到双亲节点在数据库中没有孩子节点时,定义为最终故障。

建造故障树并进行简化是应用故障树进行故障诊断的基础。按照链表思想,以根节点为头,建立以节点(双亲节点,孩子节点)为存储结构的数据库,定义为故障数据库。建立故障树采用递归迭代的思想,重复查找双亲节点的孩子节点,直到双亲节点在数据库中没有孩子节点时,定义为最终故障。故障树建立的过程如图 2-2 所示。

2.2.2　故障树分析

对故障树作定性分析和定量分析是应用故障树进行故障诊断的核心。通常情况下,应用布尔代数对故障树作简化,寻找故障树顶事件的故障模式(最小割集)或成功模式(最小路集)。求出顶事件发生的概率和有关的可靠性参数,分析各事件的结构重要度,以发现系统的薄弱环节(故障部件)。

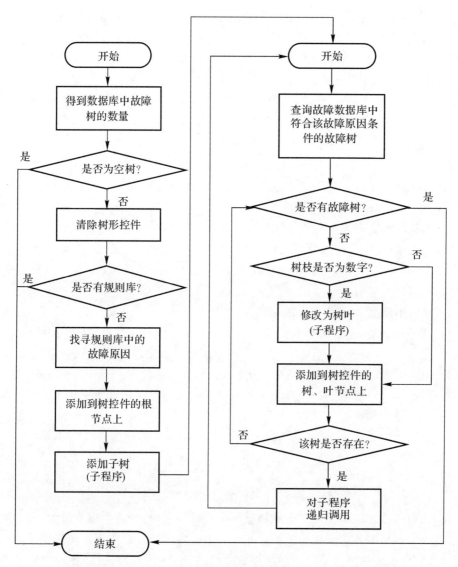

图 2 - 2　故障树建立流程图

对系统进行定性分析主要是为了弄清系统(或设备)出现某种故障(顶事件)有多少种可能性。一个割集代表了系统发生故障的一种可能性,即一种失效模式;一个最小割集则是指包含有最少数量,而又必须的底事件的割集;而全部最小割集的完整集合则代表了该系统的全部故障,因而最小割集的意义就在于描绘出了系统中的最薄弱环节,指出了该系统故障的原因。定性分析的主要任务也就在于确定系统的最小割集。

　　求最小割集通常有上行法和下行法两种方法，①上行法是从故障树底层开始，自下而上地进行事件集合运算，将"或门"输出事件用输入事件的并（布尔和）代替，将"与门"输出事件用输入事件的交（布尔积）代替；②下行法，就是根据故障树的实际结构，从顶事件开始，逐层向下寻查，找出割集，规则就是遇到"与门"增加割集阶数（割集所含底事件数目），遇到"或门"增加割集个数。本模块的故障树分析采用下行法，又称 fussell 法，具体做法为从顶事件开始逐层向下寻查，遇到"与门"就将其输入事件取代输出事件排在表格的同一行下一列内，遇到"或门"就将其输入事件在下一列纵向依次展开，直到故障树最底层。这样列出表格最后一行的每行都是故障树的割集，在割集间进行比较，进行合并消元，最终得到故障树全部最小割集。

　　故障树定量化的任务就是计算或估计系统顶事件发生的概率及系统的一些可靠性指标，复杂系统的故障定量计算一般是很复杂的，特别是当故障不服从指数分布时，难以用解析法求得精确结果，这时可用蒙特卡洛法进行估计。计算事件的和与积的概率：

　　设最小割集 $N_1, N_2, \cdots, N_r$ 的发生概率为 $q_1, q_2, \cdots, q_r$，如果 $N_i(i=1,2,\cdots, r)$ 之间相互独立，则这些事件的和与积的概率可以按照下式计算：

　　积的概率：$p(N_1, N_2, \cdots, N_r) = q_1 q_2 \cdots q_r$

　　和的概率：$p(N_1 + N_2 + \cdots + N_r) = 1 - (1-q_1)(1-q_2)\cdots(1-q_r)$

　　如果最小割集 N_i 是相交的，即底事件在最小割集中可能重复出现，此时：

$$p(N_1 \bigcup N_2 \bigcup \cdots \bigcup N_r) = \sum_{i=1}^{r} p(N_i) - \sum_{i<j=2}^{r} p(N_i N_j) +$$
$$\sum_{i<j<k=3}^{r} p(N_i N_j N_k) + \cdots +$$
$$(-1)^{r-1} p(N_1 N_2 \cdots N_r) \tag{2-1}$$

　　系统依照各底事件发生概率和重要度进行排序，按照发生概率最大，重要度最高的底事件由高向低排列。如果系统出现故障，维修、管理人员应根据故障现象，按对应于该故障性质的子顶事件，在故障树中逐级进行查找，各级中间事件将帮助维修、管理人员逐渐明确故障，最终找出故障的根本原因（底事件）。故障树方法是一种遍历方法，从故障树的根开始，逐步往下搜索，在当前节点还有未搜索的子节点时，总是按某种约定的顺序搜索某个子节点，这种方法总是先往树的深一层搜索，一直搜索到子节点下再也没有节点了为止。在当前节点已不存在未搜索的子节点时，则回到其父节点，即把其父节点变成当前节点，然后检查父节点的情况，以便进行分别处理。同时根据搜索结果，进行故障定位。详细流程如图 2-3 所示。

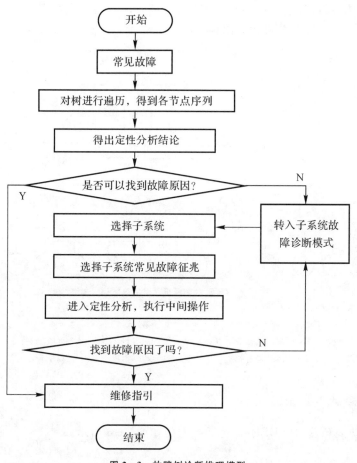

图 2 - 3 故障树诊断推理模型

2.2.3 实例分析

无人机执行机构简称舵回路,其中广泛地采用故障监控、容错等动态技术,传统的静态故障树已不能描述这些故障的因果关系。马尔可夫模型具有足够的灵活性,可以描述几乎所有的动态系统的状态转移过程,但马尔可夫模型对即使是相对简单的系统,建模都十分烦琐,且容易出现错误。

动态故障树是在一般故障树分析方法的基础上,结合马尔可夫状态转移链方法而发展起来的一种新的可靠性分析方法。用动态故障树描述系统的动态故障行为进行分析计算时,将动态故障树转换为相应的马尔可夫状态转移链,利用

马尔可夫状态转移过程表示系统中的动态和时序过程并分析计算系统的可靠性。以三余度力综合舵机无输出为例的动态故障树如图 2-4 所示。

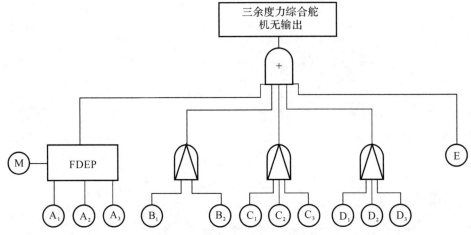

图 2-4 三余度舵机无输出故障树

M—触发事件,力综合臂断裂; A_1—舵机通道 1; A_2—舵机通道 2; A_3—舵机通道 3;
B_1—一次余度降级失败; B_2—三余度状态某通道故障; C_1—一次余度降级成功;
C_2—二余度状态某通道故障; C_3—二次余度降级失败; D_1—一次余度降级成功;
D_2—二次余度降级成功; D_3—单余度状态通道故障; E—液压源故障

1. 几种新的逻辑门

（1）功能触发门（FDEP）。功能触发门如图 2-5 所示。

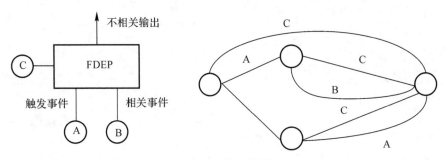

图 2-5 FDEP 逻辑符号

（2）优先与门（PAND）。优先与门的几个输入事件必须按照特定的顺序发生,其输出事件才发生,如图 2-6 所示。

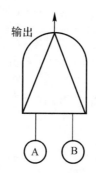

图 2-6   PAND 符号

双输入优先与门的失效分布函数为

$$F(t) = \int_0^t f_B(\tau) F_A(\tau) d\tau$$

（3）顺序门（SEQ）。顺序门下面的事件按照从左往右的顺序发生，如图 2-7 所示。

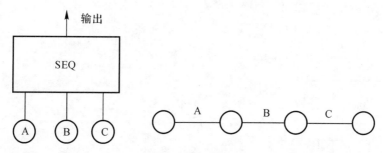

图 2-7   SEQ 逻辑符号

（4）冷贮备门（CSP）。冷贮备门包括一个主输入事件和若干个贮备输入事件，当主输入事件工作时，贮备输入事件不通电（见图 2-8）。

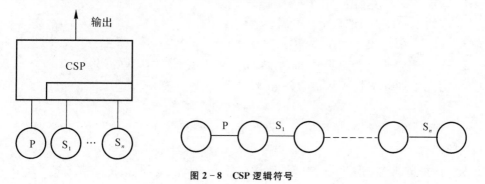

图 2-8   CSP 逻辑符号

假设转换装置是完全可靠的,且各部件的寿命分布在统计上是独立的,分别为 $F_1(t), F_2(t), \cdots, F_n(t)$,则该系统的寿命分布函数 $F(t)$ 为

$$
\left.
\begin{aligned}
F_{s-2}(t) &= \int_0^t F_2(t-t_1) f_1(t_1) \mathrm{d}t_1 = F_1(t) * F_2(t) \\[2mm]
F_{s-3}(t) &= \int_0^t F_3(t-t_2) f_{s-2}(t_2) \mathrm{d}t_2 = F_{s-2}(t) * F_3(t) = F_1(t) * F_2(t) * F_3(t) \\
&\qquad\qquad\cdots\cdots \\
F_{s-n}(t) &= \int_0^t F_n(t-t_{n-1}) f_{s-(n-1)}(t_{n-1}) \mathrm{d}t_{n-1} = F_1(t) * F_2(t) * \cdots * F_n(t)
\end{aligned}
\right\}
$$

$$(2-2)$$

式中,$*$ 表示卷积。

当转换装置可靠,各部件的寿命是独立同分布且单个部件寿命分布为 $F_i(t) = 1 - \mathrm{e}^{-\lambda t}, i = 1, 2, \cdots, n$ 时,则系统寿命分布为

$$R(t) = \mathrm{e}^{-\lambda t} \sum_{k=0}^{n-1} \frac{(\lambda t)^k}{k!} \tag{2-3}$$

(5)热贮备门(HSP)。热贮备门包括一个主输入事件和若干个贮备输入事件,当主输入事件工作时,贮备输入事件通电,如图 2-9 所示。

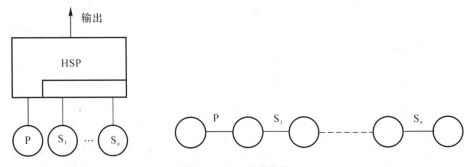

图 2-9 HSP 逻辑符号

双输入 HSP 的结构函数可以表示为

$$\mathrm{TE} = \mathrm{P} \cdot (\mathrm{S} \triangleleft \mathrm{P}) + \mathrm{S} \cdot (\mathrm{P} \triangleleft \mathrm{S}) \tag{2-4}$$

可以通过真值表证明,HSP 的结构函数和与门结构函数等价。

假设部件可靠性服从指数分布,则可得

$$\lambda_{\mathrm{S_d}} = \lambda_{\mathrm{S_a}} = \lambda_{\mathrm{S}} \tag{2-5}$$

在飞行器系统中,一般用于双发动机配置、双舵机配置,热贮备门通常以表决门代替。

此种情况下,相对于 CSP 门,HSP 门的主、备件故障的发生是独立的。其中

的割序列 S·(P◁S) 的可靠性模型为

$$\left.\begin{aligned} \Pr\{S \cdot (P \triangleleft S)\} &= \int_0^t F_P(u) f_S(u)\,\mathrm{d}u \\ F_P(u) &= 1 - e^{-\lambda_P u} \\ f_S(u) &= \lambda_S e^{-\lambda_S u} \end{aligned}\right\} \qquad (2-6)$$

代入相关已知量得到其最终可靠性函数为

$$
\begin{aligned}
\Pr\{\mathrm{TE}\}(t) &= \Pr\{S \cdot (P \triangleleft S) + P \cdot (S \triangleleft P)\}(t) = \\
&\quad \Pr\{S \cdot (P \triangleleft S)\}(t) + \Pr\{P \cdot (S \triangleleft P)\}(t) - \\
&\quad \Pr\{S \cdot (P \triangleleft S) \cdot P \cdot (S \triangleleft P)\}(t) = \\
&\quad \Pr\{S \cdot (P \triangleleft S)\}(t) + \Pr\{P \cdot (S \triangleleft P)\}(t) - 0 = \\
&\quad \Pr\{S \cdot (P \triangleleft S)\}(t) + \Pr\{P \cdot (S \triangleleft P)\}(t) = \\
&\quad \int_0^t f_S(u) F_P(u)\,\mathrm{d}u + \int_0^t f_P(u) F_S(u)\,\mathrm{d}u = \\
&\quad \int_0^t \lambda_S e^{-\lambda_S u}(1 - e^{-\lambda_P u})\,\mathrm{d}u + \int_0^t \lambda_P e^{-\lambda_P u}(1 - e^{-\lambda_S u})\,\mathrm{d}u = \\
&\quad 1 - e^{-\lambda_S t} - e^{-\lambda_P t} + e^{-(\lambda_P + \lambda_S)t} = \\
&\quad \Pr\{PS\}(t) = F_P(t) F_S(t) \qquad (2-7)
\end{aligned}
$$

结论:验证了在指数分布下热贮备门的输出事件发生概率和两输入事件的与门输出发生概率等价。

(6) 温贮备门(WSP)。双输入温贮备门如图 2-10 所示。

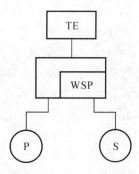

图 2-10　WSP 逻辑符号

其顶事件结构函数可以表示为

$$\mathrm{TE} = B_a \cdot (A \triangleleft B_a) + A \cdot (B_d \triangleleft A) \qquad (2-8)$$

式中,A 表示主件失效事件;B_a 表示配件在激活 / 工作(active)状态下的失效事件;B_d 表示配件处于休眠(dormant)状态下的失效事件。将式(2-8)进行定量处理,可得

$$\text{Pr}_{\text{TE}}(t) = F_{\text{S}}(t) = \text{Pr}_{B_a \cdot (A \triangleleft B_a)}(t) + \text{Pr}_{A \cdot (B_d \triangleleft A)}(t) = F_1(t) + F_2(t) \qquad (2-9)$$

注意,式(2-8)无须不交化,原因是 $A \cdot (B_d \triangleleft A)$ 和 $B_a \cdot (A \triangleleft B_a)$ 的交集为 $\varnothing$。系统的失效分布函数 $F_{\text{S}}(t)$ 为

$$F_{\text{S}}(t) = \int_0^t \left[\int_0^u f_A(v) R_{B_d}(v) f_{B_a}(u - v) \mathrm{d}v \right] \mathrm{d}u +$$

$$\int_0^t \left[\int_0^u R_A(v) f_{B_d}(v) f_A(u - v) \mathrm{d}v \right] \mathrm{d}u \qquad (2-10)$$

结果里的两个双重积分项中:第一项为由于事件 $B_a \cdot (A \triangleleft B_a)$ 而导致的系统失效分布函数 $F_1(t)$;第二项为由于事件 $A \cdot (B_d \triangleleft A)$ 而导致的系统失效分布函数 $F_2(t)$。

假设主、备件失效分布符合 $R_A(t) = \mathrm{e}^{-\lambda_A t}$,$R_{B_d}(t) = \mathrm{e}^{-\lambda_{B_d} t}$,$R_{B_a}(t) = \mathrm{e}^{-\lambda_{B_a} t}$,将其代入式(2-10),得

$$F_{\text{S}}(t) = F_1(t) + F_2(t) = \int_0^t \frac{\lambda_{B_a} \lambda_A (\mathrm{e}^{-\lambda_{B_a} u} - \mathrm{e}^{-\lambda_A u - \lambda_{B_d} u})}{\lambda_A + \lambda_{B_d} - \lambda_{B_a}} \mathrm{d}u +$$

$$\int_0^t (1 - \mathrm{e}^{-\lambda_{B_d} u}) \lambda_A \mathrm{e}^{-\lambda_A u} \mathrm{d}u =$$

$$1 - \mathrm{e}^{-\lambda_A t} - \frac{\lambda_A}{\lambda_A + \lambda_{B_d} - \lambda_{B_a}} \left[\mathrm{e}^{-\lambda_{B_a} t} - \mathrm{e}^{-(\lambda_A + \lambda_{B_d}) t} \right] \qquad (2-11)$$

2. 动态故障树的处理

复杂系统的动态故障树可能会非常复杂,存在着故障树的组合爆炸问题。对于静态故障树,现在已有成熟的方法对其进行处理,但是这些方法不能对具有动态时序过程的系统建模,因此无法解决动态故障树的处理问题。虽然马尔可夫过程理论可以对系统的动态和静态过程建模,将动态故障树转换为马尔可夫链,但是系统的状态和对它处理耗费的时间随系统的部件个数呈指数增长。对于很大的故障树,其马尔可夫模型也很大,精确处理几乎不可能。

通常,整个动态故障树只有很少一部分在本质上是动态的。在用动态故障树法进行处理时,首先在整个故障树中找出独立子树(Independent Subtree),将动态门和静态门区分开,然后分别用一般故障树和马尔可夫模型进行处理。

对所有独立子树处理完毕后,再用故障树中剩余的故障门进行综合,在整个故障树中,自下而上,用具有相应故障概率或故障率的基本事件来代替子树。这样,递归至整个故障树的顶事件,就可以得到整个故障树发生故障的概率。

根据上述思路,可对上文"三余度力综合舵机无输出"故障树进行定性分析。

3. 故障树定性分析

由于各底事件为统计独立(S - independent),各逻辑门在其成员底事件集

合的交集为$\varnothing$,故可分别对各逻辑进行定量描述。

(1)功能性依赖门(FDEP)。该类逻辑门可以转化为等价的静态逻辑门表现形式,其结构函数为

$$Q_{\text{FDEP}} = A_1 + A_2 + A_3 + M \qquad (2-12)$$

其失效分布函数为

$$\begin{aligned} F_{\text{FDEP}}(t) = & F_{A_1}(t) + (1 - F_{A_1}(t))F_{A_1}(t) + \\ & (1 - F_{A_1}(t))(1 - F_{A_2}(t))F_{A_3}(t) + \\ & (1 - F_{A_1}(t))(1 - F_{A_2}(t))(1 - F_{A_3}(t))F_M(t) \end{aligned} \qquad (2-13)$$

(2)优先与门(左、中、右)依次为

$$\left. \begin{aligned} F_{\text{PAND-L}}(t) &= \int_0^t f_{B_2}(\tau)F_{B_1}(\tau)\mathrm{d}\tau = F_{B_1}(t) * F_{B_2}(t) \\ F_{\text{PAND-M}}(t) &= F_{C_1}(t) * F_{C_2}(t) * F_{C_3}(t) \\ F_{\text{PAND-R}}(t) &= F_{D_1}(t) * F_{D_2}(t) * F_{D_3}(t) \end{aligned} \right\} \qquad (2-14)$$

式中,"$*$"为卷积符号。

(3)根据顶事件"或"逻辑的综合,可得

$$\begin{aligned} F_{\text{TOP}}(t) = & F_{\text{FDEP}}(t) + (1 - F_{\text{FDEP}}(t))F_{\text{PAND-L}}(t) + \\ & (1 - F_{\text{FDEP}}(t))(1 - F_{\text{PAND-L}}(t))F_{\text{PAND-M}}(t) + \\ & (1 - F_{\text{FDEP}}(t))(1 - F_{\text{PAND-L}}(t))(1 - F_{\text{PAND-M}}(t))F_{\text{PAND-R}}(t) + \\ & (1 - F_{\text{FDEP}}(t))(1 - F_{\text{PAND-L}}(t))(1 - F_{\text{PAND-M}}(t)) \\ & (1 - F_{\text{PAND-R}}(t))F_E(t) \end{aligned} \qquad (2-15)$$

2.3 基于案例推理的故障诊断

基于案例推理(Case-Based Reasoning,CBR)是人工智能领域中较新崛起的一种重要的基于知识的问题求解和学习方法。人们为了解决一个新问题,先是进行回忆,从记忆中找到一个与新问题相似的案例,然后把该案例中的有关知识复用到新问题的求解之中。以医生看病为例,在对某个病人做了各种检查之后,他会想到以前看过的病人的情况。找出几个重要症状上相似的病人,参考那些病人的诊断和治疗方案,用于诊断眼前的这个病人。

CBR 起源于美国耶鲁大学 Roger Schank 教授在其 1982 年的著作《动态回忆》(*Dynamic Memory*)中所做的描述。Schank 教授提出的以记忆组织包(Memory Organization Packets)为核心的动态记忆理论(Dynamic Memory Theory),被认为是人工智能领域中最早的关于 CBR 的思想。Schank 教授的早

期思想被他的学生所推广。另一类相对独立的研究,如类比推理研究、哲学和心理学研究中的概念形式理论及问题求解和经验学习理论,也对早期的 CBR 思想产生了影响。

1953 年,Schank 的学生 Janet Klodner 领导开发了第一个基于案例的推理系统——CYRUS,实现了 Schank 教授著作中的很多思想,并于 1985 年在其文献中首次使用了 CBR 这一术语,为 CBR 的建立奠定了基础。Klodner 所给出的案例(Case)的定义是"案例是一段带有上下文信息的知识,该知识表达了推理机在达到其目标的过程中能起关键作用的经验"。

具体来说,一个案例应该具有以下特性:一是案例表示了与某个上下文有关的具体知识,这种知识具有可操作性;二是案例可以是各式各样的,可以有不同的形状和粒度,可涵盖或大或小的时间片,可带有问题的解答或动作执行后的效应;三是案例记录了有用的经验,这种经验能帮助推理机在未来更容易达到目标,或给出推理机失败的可能性有多大等。

案例推理是由目标案例的提示而得到历史记忆中的源案例,并由源案例来指导目标案例求解的一种策略,其工作原理可以理解为修改旧的解决方案以满足新的需要,使用旧案例解释新情况、评价新方案、构造新问题的解答。

基于案例推理是一种重要的机器学习方法,其工作原理为,CBR 求解问题不是简单的从头推导,而是借鉴原有的经验和成功案例,不断修改直至满足新的问题要求,这不但符合人们的思维习惯,而且有助于人们利用自己和众多设计者的经验。案例推理是区别于基于规则推理的一种推理和学习模式。它的主要设计思想就是通过回忆以前曾经成功解决过的相似问题,比较新、旧问题发生背景和时间等差异,经过一系列的调整、修改后,重新使用以前的知识和信息,达到最终解决当前问题之目的的一整套思维方法。采用这种方法可以完成对系统深层故障的诊断。CBR 基本方法主要包括案例的存储、检索和推理等主要内容。

2.3.1 案例检索

现在详细介绍检索算法。一个案例表示 $Case = (f_{k0}, f_{k1}, \cdots, f_{kn})$,一个案例集合可表示为,$CS = (Case1, Case2, \cdots, CaseM)$。组成案例集的特征属性矩阵为

$$\begin{bmatrix} f_{10} & f_{11} & \cdots & f_{1n} \\ f_{20} & f_{21} & \cdots & f_{2n} \\ \cdots & \cdots & & \cdots \\ f_{m0} & f_{m1} & \cdots & f_{mn} \end{bmatrix} \tag{2-16}$$

检索算法描述：

步骤一：输入设计要求，即新问题数据 $A = (x_1, x_2, \cdots, x_n)$，设置案例 i 的第 j 个特征 f_{ij} 的权重因子 $w_j (j = 1, 2, \cdots, N)$，$N$ 是案例概念特征的总数，其中 $0 \leqslant w_j \leqslant 1, \sum\limits_{j=1}^{N} w_j = 1$。

步骤二：设定案例库中的案例总数为 M。

步骤三：搜索案例库中的每个案例 i，案例 i 的特征 $F = (f_{i1}, f_{i2}, \cdots, f_{in})$。

步骤四：求解案例 i 的相似度。

步骤五：重复步骤二至步骤四，直至求出案例库中每个案例的相似度。

步骤六：提取相似案例，比较所有案例的相似度的大小，求出相似度最大的案例 $S_{\max}$，把它作为当前设计要求的相似案例。

步骤七：基于设计知识对相似案例进行评价。

步骤八：根据评价结果和提供的修改意见对相似案例进行修改。

步骤九：存储新案例。

案例的检索算法流程图如图 2-11 所示。

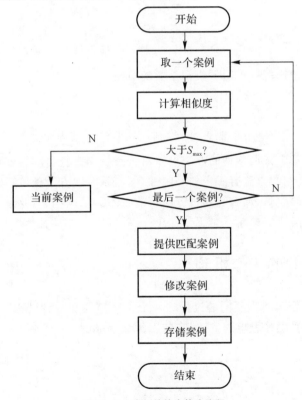

图 2-11 案例的检索算法流程

2.3.2　案例推理

基于案例的推理是一种基于过去实际经验或经历的推理,从认知角度来说,其符合人类的推理和学习机制。领域专家在遇到一个故障时,一般是采用下述步骤加以解决的:

·通过现场观察和测试,获取主要特征信息;

·回忆以前是否遇到过类似的情况,找出主要特征信息基本相同的一个个故障案例;

·借用这些相似故障案例的处理措施来解决当前的故障;

·若处理结果不满意,则调整故障对策,并反复进行试验,直到解决问题为止。

令 $w_{1kj}, \cdots, w_{nkj}$ 为征兆权值($0 \leqslant w_{ikj} \leqslant 1$),代表数据的权重,$x_{1j}, \cdots, x_{kj}$ 为故障匹配的项,这里令其为

$$x_i = \begin{cases} 1, & \text{完全匹配} \\ 0.5, & \text{部分匹配}, \quad i = 0, \cdots, k \\ 0, & \text{不匹配} \end{cases}$$

取 $\| w_{kj} \|_\infty = \max\limits_{0 \leqslant i \leqslant n} | w_{ikj} |$,$\boldsymbol{Y} = \boldsymbol{WX}$,则可以根据线性赋范空间成为有限维空间的充要条件是任意有界闭子集都是紧的,可得

$$y_j = \left\| \sum_{i=1}^{k} \| w_{ilj} \| x_{ij} \right\| = \sum_{i=1}^{k} \| w_{ij} \|_\infty | x_{ij} | \tag{2-17}$$

求取最大值 $\| y \|_\infty = \max\limits_{0 \leqslant m \leqslant j} \| y_m \|$,为其最佳匹配。推理流程如图 2-12 所示。

虽然通过基于案例推理的方法可以对飞行控制系统自动驾驶仪进行故障诊断,但是基于案例的方法有一定的局限性,假若系统没有贮备该案例或者发生了以前从未发生的故障,那么利用该方法可能得不到诊断结果,此时可结合故障树的方法进行深层故障诊断。

2.3.3　CBR的工作机制

CBR 是人们求解现实问题过程的一个合理描述和一种基本方法,是通过一些基本步骤来实现其思想的方法,它的工作流程如图 2-13 所示。

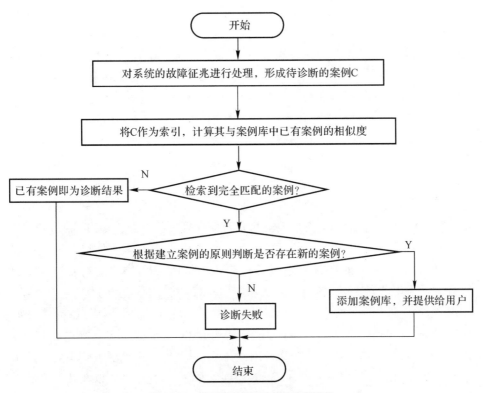

图 2 - 12 基于案例推理的故障诊断流程

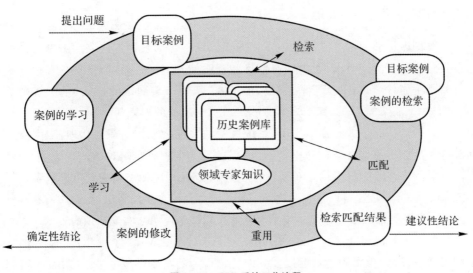

图 2 - 13 CBR 系统工作流程

CBR 循环可以归纳为以下几方面：检索（Retrieve）、重用（Reuse）、修正（Revise）、评价（Review）、保留（Return）。在一个新的待解决问题提出后，可以把它抽象为一个新案例，为了解决这个问题，从案例库中找出一个和新案例最相近的案例，其解决方案就可作为新问题的参考，如果对此方案有什么不满意，可进行修改，修改后的案例成为一个新学习到的案例被存到案例库中，如果下一次碰到类似的问题就可以以此作为参考。从上面可以看到 CBR 的原理和人们日常解决问题的方法基本相同，当碰到一个不熟悉的新问题时，通常会回忆起以往的成功经验，并以之为参考做出新的解决方案，如果方案成功，则这次经验被作为成功经验记下来，若失败，则作为失败经验记下来，这就是不断学习的过程。这些 CBR 的基本步骤是从使用者的角度来看的。简单实际系统只有案例检索这一项功能，而把其他如案例的改写与是否保存等工作留给使用者。

对 CBR 的研究是从系统的设计者和使用者两方面来考虑的，除了要保证实现 CBR 的工作原理外，还需对系统的构造、维护和使用等方面进行研究。CBR 只有一个通用的求解步骤，而少有具体的专用的技术，正是在这个意义上说，CBR 是一种方法而非技术。一方面是 CBR 的发展还不成熟的表现；另一方面使得 CBR 目前是一个开放的系统，这有利于 CBR 本身的发展。当然，CBR 经过 10 年左右的发展也有一些较为通用的技术，如在检索事例的方法中的最近相邻策略和知识引导策略等。由于 CBR 是一种方法而非技术，所以在基于案例推理方面的研究中应用较多。

1. 案例的表示与存储

案例表示的目的在于把领域专家的知识以一定的表达方法表示出来。一种有效的表示方法应具有简洁性、灵活性和透明性，并且易于诊断推理。表示方法目前已有多种形式，如基于谓词逻辑的形式、基于语义网络的形式、基于规则的形式、基于框架的形式、基于剧本的形式和基于过程的形式等。

案例的存储形式是影响 CBR 系统效率的关键。案例组织得合理，案例检索系统就能够迅速地从案例库中检索出所要的案例，从而提高效率。

案例中包含的许多信息对以后的推理十分有用，例如结果中既可以包含执行解方案后的结果，还可以包含对这种结果的解释及修正解的方法等，这些信息可以为以后修正失败解做出指导。本书研究的系统采用框架法实现知识的表示。

框架表示法是 1975 年由美国麻省理工学院 M. Minsky 提出的，最早把它作为理解视觉、自然语言对话以及其他复杂行为的基础。框架一经提出后，得到了人工智能领域的广泛重视和研究。这种表示模式一方面在一定程度上能正确地体现人的心理反应;另一方面适合于计算机处理,是一种较好的知识表示方法。框架是一种知识结构化表示方法,也是一种定型状态的数据结构,它的顶层是固定的,表示某个固定的概念、对象或事件,其下层由一些称为槽的结构组成。每一个槽可以有任意有限数目的侧面,每个侧面又可以有任意数目的值,而且侧面还可以是其他框架(称为子框架)。框架的一般形式如下。

〈框架名〉

〈槽名 1〉〈侧面名 11〉(值 111,值 112,⋯)

〈侧面名 12〉(值 121,值 122,⋯)

〈槽名 2〉〈侧面名 21〉(值 211,值 212,⋯)

〈侧面名 22〉(值 221,值 222,⋯)

〈槽名 n〉〈侧面名 $n1$〉(值 $n11$,值 $n12$,⋯)

〈侧面名 $n2$〉(值 $n21$,值 $n22$,⋯)

框架表示法有以下主要特点:

(1)结构性。框架表示法最突出的特点是善于表达结构性的知识,能够把知识的内容结构关系及知识间的联系表示出来,是一个结构化的知识表示方法。框架表示法的知识单位是框架,而框架是由槽组成的,槽又可以分为若干侧面,这样就能把知识的内容结构显式地表示出来。

(2)继承性。框架表示法通过将槽值设置为另一个框架的名字而实现框架间的联系,建立起表示复杂知识的框架网络。在框架网络中,下层框架可以继承上层框架的槽值,也可以进行补充和修改,这样不仅减少了知识的冗余,而且较好地保证了知识的一致性。

(3)自然性。框架表示法体现了人们在观察事物时的思维活动,当遇到新事物时,通过从记忆中调用类似事物的框架,并将其中某些细节进行修改、补充,就形成了对新事物的认识,这与人们的认识活动是一致的。

2. 案例的检索与匹配

CBR 系统的强大功能来源于它能从其记忆库中迅速、准确地检索出相关案例。案例索引过程的目标是搞清在将来相似的情形下,在什么时候应该检索一个案例。案例记忆库和检索过程的目的是建设一个结构或过程来得到最适当的案例。

案例检索应达到以下两个目标:

(1)检索出来的案例应该尽可能少;

(2)检索出来的案例应尽可能与当前案例相关或相似。

具体的检索案例方法有以下4种：

(1)模板检索：类似于关系数据库的 SQL 查询，它根据用户输入的问题描述，形成一个检索模板，再依据这个模板在案例库查找与之完全匹配的案例，若有，则返回，否则返回一个标识。

(2)分层检索：常与归纳索引相配合使用。其检索过程以归纳索引形成的决策树为基础，由树根开始逐层下降，直到不能下降为止，此时，返回停止点以下所有的案例集。

(3)关联检索：又称近邻检索，与近邻索引配合使用。其检索过程是基于近邻索引重定义的案例特征矢量的类似度，将用户输入的新案例与库中案例进行比较，选出相似度高的案例返回给用户。

(4)基于知识的检索：由于基于知识的索引没有特定的模式，因此，不同的知识索引及其检索机制差异较大。如果领域的知识以规则的形式表示，则基于知识的检索依赖于一个推理算法。有的将领域的知识反映到特征属性的权重上，并且可以动态地调整权重，使检索更具有灵活性和动态性。

最近邻法是指用户利用与记忆库案例相匹配的输入案例的特征权数和来检索案例。如果检索目标未能很好定义或可用案例不多，这一方法是较好的。单独使用这一方法的最大问题是不可能覆盖全局特征的权值集，在所有情况下难以准确检索到案例。许多问题的特征权重是相互依赖的，在确定要检索的适当案例时，一个给定特征的重要性取决于这个案例的其他特征的权值。

如果检索的目标或案例的结果是被定义的，并且有足够的案例进行归纳比较，那么归纳索引法比最近邻法好。前者的任务是在需要被分类的各种各样的案例之中，归纳确定哪一特征判别能力最好。归纳法有两个优点：①能自动、客观、严格地分析案例，确定能区别这些案例的最佳特征；②案例可以组织成分层结构供检索用，其检索时间成对数而不是线性增加。归纳索引法的主要缺点是，当使用的案例库包括数以千计的案例时，为了完成归纳，系统需要相当数量的案例来生成判别特征，归纳分析时间长。

基于知识的索引法尝试利用现存的有关案例库案例的知识来确定检索案例时哪些特征是重要的。如果这样的解释性知识是可用的，并且可表示的话，这种方法是可取的。问题是，常常难以代码化足够的解释性知识，在大范围的可能案例输入上完成完备的基于知识索引。因此，许多系统使用与其他索引技术相结合的基于知识的索引法。

|2.4 故障诊断专家系统|

专家系统(Expert System)是人工智能应用研究最活跃和最广泛的领域之一。自从斯坦福大学于 1968 年开发第一个专家系统 DENDRAL 以来,专家系统由于其广泛的应用范围和能产生巨大的经济效益而得到了越来越多的应用。专家系统的创始人斯坦福大学的 E. A. Feigenbaum 教授于 1993 年指出,几乎所有的专家系统的工作效率至少是人工作效率的 10 倍,而且能提高解决问题的质量,继承和发展专家经验。

到目前为止,关于专家系统学术界还没有一个公认的严格定义,一般认为它具有以下 5 点特征:

- 一个智能的计算机程序;
- 有相关领域内的大量的专家知识和过往经验;
- 具有一套推理机制,能进行有效的推理;
- 具有知识获取能力,亦称作学习能力;
- 具有解释能力。

根据上述特征,不难看出,所谓专家系统,就是一类计算机程序,在它执行时,能够像人类专家那样解决有关领域的专业问题。专家系统是一种典型的知识处理程序,也就是一种人工智能(Artificial Intelligence,AI)程序。

专家系统按其问题求解的性质可分为解释、预测、诊断、设计、规划、监视、控制、调试、教学和修理这 10 种类型。

故障诊断专家系统是将人类在故障诊断方面的多位专家具有的知识、经验、推理、技能综合后编制成的大型计算机程序,它可以利用计算机系统帮助人们分析解决只能用语言描述、思维推理的复杂问题,扩展计算机系统原有的工作范围,使计算机系统有了思维能力,能够与决策者进行"对话",并应用推理方式提供决策建议。

基于专家系统的故障诊断的根本目的在于利用专家的领域知识、经验为故障诊断服务。目前在机械系统、电子设备及化工设备故障诊断等方面已有成功的应用。运用专家系统进行设备故障诊断,可以集中相关技术领域人类专家的智慧,充分发挥人类专家在诊断中根据感觉、知识、经验所进行的推理判断的能力,并可适用于各种场合的故障诊断,而且不受现场操作者技术水平的制约和其他人为因素的影响。

2.4.1 专家系统的结构

专家系统的结构是指专家系统各组成部分的构造方法和组织形式。系统结构的选择恰当与否,是与专家系统的适用性和有效性密切相关的。通常专家系统主要的功能结构由知识库、推理机、综合数据库、解释接口(人机界面)和知识获取模块五部分组成,如图 2-14 所示。

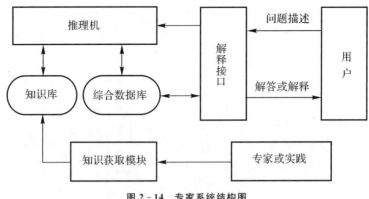

图 2-14 专家系统结构图

知识库:专家系统的核心之一,其主要功能是存储和管理专家系统的知识,包括事实性知识和领域专家在长期实践中所获得的经验知识等。

知识库是用于存储、记忆、积累、增删、修改、扩充、更新知识的系统,是以某种形式表示的知识集合,用来存放学习环节所得到的知识;根据所存储知识记忆的稳定度,可分为长期记忆、中期记忆和短期记忆的知识库系统。知识库的形式是与知识表示方法直接相关的。选择知识表示方法的准则有可表达性、推理难度、可修改性及可扩充性。为了建立知识库,要解决知识获取和知识表示问题。知识获取涉及知识工程师如何从专家那里获得专门知识的问题;知识表示则要解决如何用计算机能够理解的形式表达和存储知识的问题。

推理机实际上是一组计算机程序,主要功能是协调控制整个系统,对用户提供的证据进行推理,并做出最终回答。

推理机是一个组织控制和协调机构,它能够利用数据库中的当前信息,并选取知识库中与当前求解问题有关的各种知识,按照一定的推理策略进行推理以达到最终要求的目的。常用的推理机控制策略有,数据驱动的前向推理方式,即由原始数据出发,运用知识中的专家知识,推断出结论;目标驱动的逆向推理方式,即先提出假设(结论),然后逐层向上寻找支持该结论的证据;前向与逆向相结合的混合推理方式,包括"先前后逆"和"先逆后前"两种途径。由于实际问题的证据和知识库中的知识常常会有不精确成分,因此多数情况下,还要求推理机支持不精确推理方法,即利用并不十分确定的因果关系和不太完备的数据,经过推理得出近乎合理的结论。不精确推理的主要理论基础是概率论、模糊集合理论、灰色系统理论、神经网络理论、证据理论以及发生概要理论等。

综合数据库:用于存储初始数据、证据及推理过程中得到的中间结构等。在专家系统运行过程中,综合数据库中的内容是不断变化的,并且其数据的表示和组织通常与知识库中知识的表示和组织相容或一致。

解释接口(人机界面):解释接口是一种人机交互程序。解释程序负责回答用户提出的问题,包括系统本身的问题。它可对推理路线和提问的含义给出必要的清晰的解释。人机界面包括输入和输出两部分。输入部分将用户输入信息转换成系统内规范化的表示形式,用相应的模块去处理;输出部分将系统输出信息转换成用户易于理解的外部表示形式以显示给用户。

知识获取模块:将知识转化为计算机可利用的形式并送入知识库的功能模块;同时负责知识库中知识的修改、删除和更新,并对知识库的完整性和一致性进行维护。

知识获取是专家系统开发过程的关键步骤之一,只是获取的途径基本上可分为三种:人工知识获取、机器学习和半自动知识获取方法。人工知识获取是指以"人工"的方式向有关领域的专家获取专门知识,将本专业领域的书本知识和经验丰富的专家的个人知识,经过归纳整理后形成一定的数据结构,移植到计算机中。机器学习是指计算机系统(专家系统)直接从环境(实例、专家或教师、书本)中获取所需要的一部分或全部知识,这种方法实质上是利用 AI 的机器学习技术从训练实例中自动更新专家系统的知识库,从而不断改进和完善系统自身的性能。半自动知识获取则是通过与专家进行对话来完成的。

知识获取系统是一个实现专家系统自学习的程序,负责对知识库进行管理和维护。其主要功能包括修改、完善和扩充知识库中的原有知识,输入、删除和查询等管理功能,以及知识的一致性、冗余性和完整性检查等维护功能。

专家系统设计与实现的一般过程如图 2-15 所示。

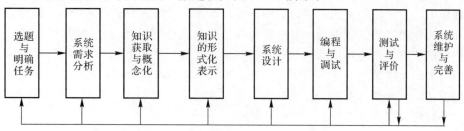

图 2-16 专家系统设计与实现的一般过程

2.4.2　知识库的构建

知识库用于存储某领域专家系统的专门知识,包括事实、可行操作与规则等。为了建立知识库,要解决知识获取和知识表示问题。知识获取涉及知识工程师(Knowledge Engineer)如何从专家那里获得专门知识的问题,知识表示则要解决如何用计算机能够理解的形式表达和存储知识的问题。

1. 知识获取

知识获取的目的在于掌握可指引开发的有关问题知识。这些知识提供问题的见解,为专家系统设计提供材料。它是取得、组织和学习知识的过程。这一过程是开发专家系统的瓶颈问题和最大挑战。

专家系统开发本质上是一种探索性努力。设计者对问题常缺乏初步了解,这样他们不得不对项目采取谨慎的方法。首先寻求对问题的一般解释,并使用这些信息作为探索附加信息的向导。通过这些知识收集和分析的反复过程,逐渐获得对问题的理解和求解此问题的见解。可以用图 2-16 来表示这个循环过程。

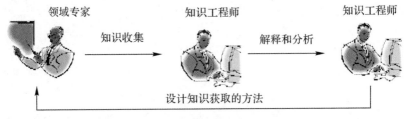

图 2-16　知识获取的循环过程

专家系统没有终止条件,专家系统可以通过获取更多知识继续提高性能。

2. 知识表示

在一个专家系统中,知识表示模式的选择不仅与知识的有效存储有关,也直接影响着系统的知识获取能力和知识的运用效率。知识表示就是知识的符号化和形式化的过程。知识表示方法研究各种数据结构的设计,通过这种数据结构把问题领域的各种知识结合到计算机系统的程序设计过程。一般来说,对于同一种知识可以采用不同的表示方法,反过来,一种知识表示模式可以表达多种不同的知识。然而,在解决某一问题时,不同的表示方法会产生完全不同的效果。一个好的知识表示应具有以下特性:

（1）可扩充性。高质量的知识库要求系统的数据结构和存取程序必须足够灵活，使得不需要做硬件上或控制结构上的修改就能对知识库进行扩充。

（2）明确性。所采用的知识表示方法能明确地表示各类知识，便于知识库的检查与调试，提高问题求解效率。建立专家系统的关键是要给系统足够丰富的知识用于高性能的问题求解。

（3）清晰性。知识表示模式必须有利于知识的检索和推理。知识的检索指根据问题求解状态确定已有知识的匹配。知识的推理指在问题求解过程中根据知识库和数据库中一致的知识和事实，推断出新的或所需的事实。在专家系统中，一旦知识表示模式被选定，它们也就相应地被确定下来。如果一种知识表示模式的数据结构过于复杂，难于理解和实现，则必然给检索程序和推理程序的设计带来困难，影响系统的求解效率。因而，对知识的检索和推理来说，只是表示模式在数据结构上力求简单一致，即保持知识表示模式的清晰性。

（4）可理解性。知识表示的可理解性指它表示的知识易于被人们理解的程度。易理解的表示模式的好处是显而易见的，它便于知识库研制人员把专家的专门知识整理并形式化，也便于知识库的设计、实现和改进。

知识表示实际上就是对人类知识的一种描述，以把人类知识表示成计算机能够处理的数据结构，对知识进行表示的过程就是把知识编码成某种数据结构的过程。目前常用的知识表示方法有以下几种。

（1）一阶谓词逻辑表示法：这是一种重要的知识表示方法，它以树立逻辑为基础，是到目前为止能够表达人类思维活动规律的一种最精确的形式语言。它与人类的自然语言比较接近，又可方便地存储到计算机中去，并被计算机作精确处理。

（2）产生式表示法：这是一种比较好的表示法，容易用来描述事实、规则以及它们的不确定性度量，目前应用较为广泛。它适合于表示事实性知识和规则性知识。在表示事实性知识和规则性知识时，又可以根据知识是确定性的还是不确定性的分别进行表示。

（3）语义网络表示法：这种方法是为了表示概念、事物、属性、情况、动作、事件、规则以及它们之间的语义关系。概念、事物、属性实际上是一种事实性的知识，情况、动作和事件等是一种控制性知识。

（4）框架表示法：以框架为理论基础发展起来的一种适应性强、概括性高、结构化良好、推理方式灵活，又能把陈述性知识与过程性知识相结合的知识表达方法。

3.推理机的构建

专家系统使用推理技术对人类的推理过程进行建模。它是专家系统从已知信息获取新的信息的过程。专家系统使用推理机模块进行推理,它结合工作内存中的事实和知识库中的知识,通过这种行为能够推导出新的信息,并将它加入工作内存中。

2.4.3 基于案例推理的专家系统

通常故障案例包含征兆、状况、相关描述、排除方法和关联信息四方面。案例的组织可以表示如下:

〈案例集〉

〈案例征兆〉

〈征兆 1〉

〈征兆 2〉

……

〈案例征兆值〉

〈征兆值 1〉

〈征兆值 2〉

……

〈案例重要度〉

〈征兆重要度 1〉

〈征兆重要度 2〉

……

〈案例信息及处理方法〉

〈案例基本信息〉

〈故障部件〉

〈故障信息〉

〈处理方法〉

……

在无人机故障诊断专家系统中,涉及大量的数据。其主要数据有案例信息数据、征兆 BIT 名称、案例征兆 BIT 值数据、征兆 BIT 的属性重要度数据、用户信息数据等。基于上述存储数据要求以及框架法的模式,系统数据库主要包含的表如下。

(1)历史案例表(表 His_Case)(见表 2-1)。

表 2-1 历史案例表

列　名	含　义	数据类型	长　度	可否为空
Case ID	案例号	文本类型	用户定义	否
Plane Type	故障飞机的型号	文本类型	用户定义	可
Occur Time	故障发生的时间	时间类型	用户定义	可
LRU	发生故障的 LRU	文本类型	用户定义	可
Fault Message	故障信息	文本类型	用户定义	可
Meassure	故障处理方法	文本类型	用户定义	可

该表中记录了案例的案例号、故障飞机的型号、故障发生的时间、发生故障的 LRU(Line Replace Unit,航线可更换单元)、故障信息、故障处理方法等信息。

(2)征兆 BIT 表(表 Symp_Tab)(见表 2-2)。

表 2-2 征兆 BIT 表

列　名	含　义	数据类型	长　度	可否为空
SYSTEM	发生故障的系统	文本类型	用户定义	否
Sys_number	发生故障的系统编号	整型数据	用户定义	否
Sys_name	系统名	文本类型	用户定义	否
case_count	系统案例计数	整型数据	用户定义	否
Symp_Name1	故障征兆 1 的名称	文本类型	用户定义	否
Symp_Name2	故障征兆 2 的名称	文本类型	用户定义	可
...	...	...		

该表记录的是划分的多个案例簇的信息,包含案例簇所属的系统、系统编号、系统名称,案例簇包含的案例个数以及所包含的征兆 BIT 名称。

(3)征兆 BIT 重要度表(Symp_Imp_Tab)(见表 2-3)。

表 2-3 征兆 BIT 重要度表

列　名	含　义	数据类型	长　度	可否为空
SYSTEM	飞机系统	文本类型	用户定义	否
Sypm_Imp_Value1	对应征兆表中的征兆 1 的重要度	浮点类型	用户定义	可
Sypm_Imp_Value2	对应征兆表中的征兆 2 的重要度	浮点类型	用户定义	可
...	...	...		

该表中的数据是案例簇中各个 BIT 征兆的重要度信息。

(4)案例征兆值表(表 Case_Symp_Val)(见表 2 - 4)。

表 2 - 4　案例征兆值表

列　名	含　义	数据类型	长度	可否为空
Case ID	案例号	文本类型	用户定义	否
SYSTEM	故障系统	文本类型	用户定义	否
Symp_Value1	征兆值 1	浮点类型	用户定义	否
Symp_Value2	征兆值 2	浮点类型	用户定义	可
...	...	...	...	...

案例征兆值表包含的字段是案例编号、系统名称,以及具体案例中各个征兆的值。在匹配算法中,获得的数据主要和该表中的历史数据匹配。

|2.5　实时故障诊断|

2.5.1　基于阈值逻辑的诊断

对于一些浅层故障,可以对输入的数据进行快速分析,根据可更换部件的故障阈值和 BIT 的测试结果进行判断。在对自动驾驶仪系统进行故障诊断时,结合维修手册以及维修工程师的判断进行快速故障定位。

阈值逻辑技术设计原理为,任何一个可被检测的故障都将会导致输出信息发生相应改变,也只有能够导致输出信息发生改变的故障才是可检测的。因此,以输出信息为基础设计故障诊断算法,或者说直接对输出进行监控,无疑是一种最直接的故障诊断的设计方法。对于自动驾驶仪来说,可以根据不同的测试对象设定测试阈值,根据系统输出值与阈值的关系进行快速故障判断。常用的阈值技术有管道检测方法,又称上、下限检测。它是以输出信息为主要检测对象的,通过检测系统输出数据序列或输出信息是否超出设定门限,判定系统是否发生了故障,并且分析系统运行状态是否正常。

例如,对于自动驾驶仪系统,测试的结果如下:

AE48D 测试信号:RUDCC RUD EHV CUR;

EXP 值:5 V;

涉及 LRU：RUD，右 FLCC、电缆号；

对应的针脚号：暂定为 RUD1，RUD2，～ROE20；

测试值–EXP：待定；

那么规定，测试值超差 0.1 V 以内算轻微故障，超 0.5 V 为严重故障。

2.5.2　基于解析余度的诊断

解析余度方法起源于 20 世纪 70 年代初，在 20 世纪 80 年代末逐渐形成相对清晰的设计思路。经过不断地研究发展，现在已形成一套完整的体系。解析余度技术目前已经广泛地应用于或验证于航空、航天以及大型、复杂的工业系统中。解析余度区别于传统的硬件余度（从尺寸、质量、成本等方面综合分析考虑），它根据作为系统被控对象的数学模型所揭示的各个变量之间的解析关系，估计对象的某些变量的值。当一些变量发生变化时，用这些估计值作为余度信息，代替发生变化的这些变量的值，使系统仍能工作，并且运用一些有效的算法检测出这些发生故障的对象，从而进行故障隔离，提高系统的可靠性。现在，解析余度技术已经超越了最初的定义，只要是利用系统的数学模型达到同硬件余度相同的功能都可称为解析余度技术，这就为容错技术的研究开拓了更加广泛的思路。一般情况下，解析余度中的余度信号可通过两种方法获得，一是利用不同传感器信号之间的解析关系；二是利用系统的动态模型。

本小节将从残差产生和残差决策两方面研究基于解析余度的故障诊断技术。残差产生实际上是对系统解析余度开发的过程，残差决策则是利用开发出来的余度关系检测和隔离故障的过程。

1. 残差产生

本节将以飞行控制系统传感器之间的解析余度关系为例，说明残差的产生。飞行控制系统中可利用的传感器直接解析余度关系有旋转运动学（Rotational Kinematics，RK）、高度运动学（Altitude Kinematics，AK）、位移运动学（Translational Kinematics，TK）和位移气动学（Translational Dynamics，TD）等关系。这里仅以旋转运动学为例，说明残差的产生。

按照飞机机体轴角速率和欧拉角的运动学关系，获得速率陀螺和姿态陀螺的一体化输出，角速率和欧拉角的关系如下：

$$\left. \begin{array}{l} p = \dot{\phi} - \dot{\psi}\sin\theta \\ q = \dot{\theta}\cos\phi + \dot{\psi}\cos\theta\sin\phi \\ r = \dot{\psi}\cos\theta\cos\phi - \dot{\theta}\sin\phi \end{array} \right\} \tag{2-18}$$

式中,p,q,r 分别表示滚转、俯仰和偏航角速率;θ,ψ,ϕ 分别表示俯仰、偏航和滚转角。

在进行解析余度设计时,假定欧拉角的测量信号为正常信号,来计算三个角速率的估计值 $\hat{p}$,$\hat{q}$,$\hat{r}$,与实际测量值 p,q,r 相比较形成残差 R_p,R_q,R_r,供进一步残差决策使用。在实际应用中也可根据各传感器之间的可靠性高低对解析关系进行变换。

姿态角是由姿态传感器测量得到的,含有一定的测量噪声。根据经验知识,若直接按照差分的方法计算姿态角速率,噪声信号会被严重地放大;若对含噪声的姿态角进行滤波后再进行差分计算,必然会造成相位的损失,仍无法得到较为准确的微分信号。对于含有随机噪声的信号,非线性跟踪-微分器能够在一定程度上消除噪声的影响。

实时信号导数的求取是一个普遍存在的问题。观测器可用于估计信号的导数,但是观测器是基于对象模型设计的,大多数任意信号很难由模型构造输出,因此由通常的观测器来估计信号的导数具有很强的约束条件。

一般希望构造如下形式的微分方程:

$$\left.\begin{array}{l} \dot{x}_1 = x_2 \\ \dot{x}_2 = f(x_1 - v(t), x_2) \end{array}\right\} \tag{2-19}$$

在上述微分方程有解的情况下,如果能够保证当 x_1 收敛于 $v(t)$ 的同时,x_2 收敛于 $\dot{v}(t)$,则一个微分器就构成了。

对于大多数信号而言,构造微分器是不可避免的,然而一般来说理想的微分器是不能实现的。一直以来,常系数线性微分器可以求取一小类特定信号的微分,但不能求取具有随机噪声的信号。

对于具有随机噪声的信号,微分器的设计具有如下原则:求取信号的近似导数,同时微分器对于任何高频信号都不敏感。因此,这种微分器是鲁棒的,但又是不确切的。另一个应用原则是,通过一个有限时间的暂态过程,求取信号导数的确切值,同时对于小噪声信号具有鲁棒性。

利用求解二阶微分方程,把二阶微分方程转换为二阶系统,含有两个变量,第二个变量为第一个变量的导数。构造系统后得到的结果:第一个变量跟踪输入信号,第二个变量跟踪输入信号的导数。根据这种思想得到的微分器算法简单,而且比其他方法收敛速度快。二阶微分方程的形式可以多种多样,如线性形式、具有切换函数的快速形式。线性形式的微分器对于非线性信号通常具有滞后性,而具有切换函数形式的跟踪-微分器只有在系统状态的平衡点附近收敛速度很快,当系统状态远离平衡点时,收敛速度变慢。有时为了避免抖振现象,在切换函数中引入饱和项,可以降低抖振,但同时也降低了系统状态变量的收敛速度和算法的精度。

韩京清教授利用二阶最速开关系统构造出跟踪不连续输入信号并提取近似微分信号的机构,提出了非线性跟踪-微分器(NTD)的概念,根据数值仿真得到了有关信号跟踪的命题,并给出了非线性跟踪-微分器的一些设计及分析过程,指出由跟踪-微分器得到的第一个输出信号与输入信号是依测度收敛的,而第二个输出信号是输入信号的近似微分。

所谓跟踪-微分器是这样的机构:对它输入一个信号 $v(t)$,它将输出两个信号 $x_1(t)$ 和 $x_2(t)$,其中 $x_1(t)$ 跟踪 $v(t)$,而 $x_2(t)$ 则跟踪 $v(t)$ 的微分信号。

假设系统 $\dot{x}_1(t)=x_2(t)$,$\dot{x}_2(t)=g(x_1(t),x_2(t))$ 在原点渐进稳定,对任意有界可积函数 $v(t)$,系统

$$\left.\begin{aligned}\dot{x}_1(t)&=x_2(t)\\\dot{x}_2(t)&=R_0 g(x_1(t)-v(t),x_2(t)/\sqrt{R_0})\end{aligned}\right\} \quad (2-20)$$

的解 $x_1(t)$ 满足

$$\lim_{R\to\infty}\int_0^T (x_1(t)-v(t))\mathrm{d}t=0 \quad (2-21)$$

式中,$R_0 > 0$。当 R_0 足够大时,$x_1(t)$ 充分跟踪 $v(t)$,而 $x_2(t)$ 实际上是函数 $v(t)$ 的广义导数在弱收敛意义下的近似。一般取 $g(\cdot)$ 为适当的非线性函数,因此称为非线性跟踪-微分器。

非线性跟踪-微分器的离散形式为

$$\left.\begin{aligned}x_1(k+1)&=x_1(k)+h\cdot x_2(k)\\x_2(k+1)&=x_2(k)+h\cdot \mathrm{fst2}(x_1(k),x_2(k),v(k),r,h_1)\end{aligned}\right\} \quad (2-22)$$

式中,$\mathrm{fst2}(\cdot)$ 由下式给出,即

$$\mathrm{fst2}(x_1(k),x_2(k),v(k),r,h)=\begin{cases}-r\,\mathrm{sign}(g(k)), & |g(k)\geqslant\delta|\\-rg(k)/\delta, & |g(k)<\delta|\end{cases} \quad (2-23)$$

$$g(k)=\begin{cases}x_2(k)-\mathrm{sign}(z_1(k))(\delta-\sqrt{\delta^2+8r|z_1(k)|/2}), & |z_1(k)|\geqslant\delta_1\\x_2(k)+z_1(k)/h_1, & |z_1(k)|<\delta_1\end{cases} \quad (2-24)$$

$$\left.\begin{aligned}\delta&=h_1 r\\\delta_1&=h_1\delta\\e(k)&=x_1(k)-v(k),z_1(k)=e(k)-h_1 x_2(k)\end{aligned}\right\} \quad (2-25)$$

式中,$x_1(t)$ 用于跟踪输入信号 $v(t)$;$x_2(t)$ 用于跟踪 $v(t)$ 的导数;h 为数值积分步长;r 决定了跟踪的快慢,称为快慢因子,r 越大,跟踪信号也越快,但是噪声放大就越厉害;h_1 为决定噪声滤波效应的参数,称为滤波因子,h_1 越大,滤波效果

越好,但跟踪相位损失也就越大。当 $h_1 \geqslant h$ 时,对于含噪声的信号,NTD 才有较好的滤波功能。因此,在确定滤波参数取值时,r 和 h_1 需要协调调整。

因此,在角速度传感器故障情况下,考虑到姿态传感器测量噪声的存在,且由于直接差分计算会将噪声信号严重放大,可以利用上节介绍的非线性跟踪-微分器获取姿态角速率信号,然后利用式(2-25)的解析关系来重构角速度信号。

2. 残差决策

在理想情况下,残差值为零反映被检测系统与该系统无故障的数学描述相同,对应于系统无故障;相反,残差值偏离零对应于系统故障。然而,一方面实际物理系统存在系统噪声和测量噪声,另一方面,模型不精确带来的模型偏差等因素,使得无故障条件下的残差可能不等于零,而故障条件下的残差也可能偏离正确值,因而需要进行故障检测的残差决策。通过决策,从这些受干扰的残差信号中尽可能准确地找出可能存在的故障信息,减少噪声和模型偏差带来的检测和隔离错误,正确判断故障。在无故障假设 H_0 与故障假设 H_1 条件下残差组成为

$$\left.\begin{aligned} H_0 &: R(k) = N(k) \\ H_1 &: R(k) = f + N(k) \end{aligned}\right\} \tag{2-26}$$

式中,f 是故障信息;$N(k)$ 是 Gauss 白噪声。残差 $R(k)$ 的条件概率密度为

$$\begin{aligned} H_0 &: p[R(k) \mid H_0] = \frac{1}{\sqrt{2\pi}\sigma} \exp[-R^2/2\sigma^2] \\ H_1 &: p[R(k) \mid H_1] = \frac{1}{\sqrt{2\pi}\sigma} \exp[-(R-f)^2/2\sigma^2] \end{aligned} \tag{2-27}$$

式中,$\sigma^2 \approx \sigma_m^2 + \sigma_s^2$ 是零均值白噪声 $N(k)$ 的方差。$N(k)$ 的方差由传感器的测量白噪声 $n_m(k)$(其方差是 σ_m^2),以及由残差产生系统的系统噪声 $n_s(k)$(其方差是 σ_s^2)合成。

本书中将故障检测分为故障预警和校验两个步骤。在预警检测方面采用双边检验准则下的移动窗口法;在校验检测方面,为了进一步突出序贯概率比方法的快速性,本书中对传统的序贯概率比方法进行改进,并将其应用于校验检测。

(1)故障预警。设传感器的 N 次采样残差序列 $\boldsymbol{R}_N = [R_1 \quad R_2 \quad \cdots \quad R_N]^T$ 相互独立,其 N 维条件概率对数似然比为

$$\ln l(\boldsymbol{R}_N) = \ln \frac{p(\boldsymbol{R}_N \mid H_1)}{p(\boldsymbol{R}_N \mid H_0)} = \ln \frac{p(R_1, R_2, \cdots, R_N \mid H_1)}{p(R_1, R_2, \cdots, R_N \mid H_0)} =$$

$$\ln \prod_{n=1}^{N} \frac{p(R_n \mid H_1)}{p(R_n \mid H_0)} = \ln \prod_{n=1}^{N} l(R_n) = \sum_{n=1}^{N} \left[\frac{f \cdot R_n}{\sigma^2} - \frac{f^2}{2\sigma^2} \right] =$$

$$\frac{f}{\sigma^2}\left[\sum_{n=1}^{N}R_n - \sum_{n=1}^{N}\frac{f}{2}\right] \underset{H_0}{\overset{H_1}{\gtrless}} l_0 \tag{2-28}$$

式(2-28)等价于

$$S_{TR}=\frac{1}{N}\sum_{n=1}^{N}R_n \underset{H_0}{\overset{H_1}{\gtrless}} \frac{\sigma^2}{Nf}l_0 + \frac{1}{N}\sum_{n=1}^{N}\frac{f}{2} \tag{2-29}$$

S_{TR} 是残差信号 $R(k)$ 的移动平均值,其条件均值和方差修正形式为

$$\left. \begin{array}{l} E(S_{TR}\mid H_0)=0 \\ E(S_{TR}\mid H_1)=f \\ \mathrm{Var}(S_{TR})=\sigma_T^2=\dfrac{\sigma^2}{N}\approx\sigma_m^2+\sigma_s^2 N \end{array} \right\} \tag{2-30}$$

确定虚警率 α 下的双边检验判决规则,有

$$\left. \begin{array}{l} H_0:|S_T|<l_T \\ H_1:|S_T|\geqslant l_T \end{array} \right\} \tag{2-31}$$

$l_T(>0)$ 为预警门限值,该门限由下式确定:

$$\alpha=2\int_{l_T}^{\infty}p(S_{TR}\mid H_0)\mathrm{d}S_{TR}=2\int_{l_T}^{\infty}\frac{1}{\sqrt{2\pi}\,\sigma_T}\exp(-S_{TR}^{\ 2}/2\sigma^2)\mathrm{d}S_{TR} \tag{2-32}$$

设 c_σ 为由 α 确定的常数,则可得

$$l_T=c_\sigma\sigma_T \tag{2-33}$$

通过计算即可获得门限值 l_T。

(2) 故障校验。传感器的故障预警检测超过门限 l_T 时即触发校验检测。校验检测采用平均检测时间最短的序贯概率比检测算法。该检验计算最近的 k 次采样数据序列 $\boldsymbol{R}_k=[R_1 \quad R_2 \quad \cdots \quad R_k]^\mathrm{T}$ 的 k 维条件概率对数似然比为

$$\ln l(\boldsymbol{R}_k)=\ln\prod_{n=1}^{k}l(R_n)=\sum_{n=1}^{k}\left[\frac{fR_n}{\sigma^2}-\frac{f^2}{2\sigma^2}\right]=\frac{f}{\sigma^2}\left(\sum_{n=1}^{k}R_n - \sum_{n=1}^{k}\frac{f}{2}\right) \underset{H_0}{\overset{H_1}{\gtrless}} l_1$$

$$\tag{2-34}$$

式(2-34)的等价形式为

$$S_{VR}=\sum_{n=1}^{k}\left[R_n - \frac{f}{2}\right] \underset{H_0}{\overset{H_1}{\gtrless}} \frac{\sigma^2}{f}l_1 \tag{2-35}$$

S_{VR} 的条件概率均值和方差修正形式为

$$\left.\begin{array}{l} E(S_{VR} \mid H_0) = -\dfrac{kf}{2} \\[2mm] E(S_{VR} \mid H_1) = \dfrac{kf}{2} \\[2mm] \mathrm{Var}(S_{VR}) = \sigma_V^2 \approx k(\sigma_m^2 + k\sigma_s^2) \end{array}\right\} \tag{2-36}$$

为了限制检测次数,需要确定最小信噪比,即一定噪声强度下的最小可测信号 $f_{\min}$,假定故障信号 $f = |f_{\min}|$,令单边检验的最小可检测故障信号为 $\dfrac{f_{\min}}{2}$。则由式(2-33)可得

$$c_\sigma = \frac{l_T}{\sigma} = \frac{f_{\min}}{2\sigma} \tag{2-37}$$

对于给定最大校验宽度 N(Elapsed Time Limit,ETL)[11] 的最小可测故障 $f_{\min}$ 为

$$f_{\min} = \frac{2c_\sigma \sigma_V(N)}{N} \tag{2-38}$$

将最小可测故障信号代入式(2-35),有

$$S_{VR} = \sum_{n=1}^{k} \left[R_n - \frac{f_{\min}}{2} \right] \tag{2-39}$$

计算最小可测故障下的序贯概率比平均采样数最大值 $k_{\max} \geqslant k$,k 满足

$$\ln \frac{1-\beta}{\alpha} = \frac{k^2 f_{\min}^2}{2\sigma_V^2(k)} \approx \frac{k^2 f_{\min}^2}{2(k\sigma_m^2 + k^2 \sigma_s^2)} \tag{2-40}$$

式中,α,β 为虚警率和漏报率。门限 l_V 为时刻 $k_{\max}$ 概率比计算所达到的故障条件均值:

$$l_V = E[S_V(k_{\max}) \mid H_1] = \frac{1}{2}k_{\max} f_{\min} \tag{2-41}$$

当 $\alpha = \beta$ 时有对称双门限 $\pm l_V$。获得检验判决规则如下:

$$\left.\begin{array}{ll} H_0: & S_{VR} \leqslant -l_V \\[1mm] H_1: & S_{VR} > l_V \\[1mm] 继续采样: & -l_V < S_{VR} < l_V \end{array}\right\} \tag{2-42}$$

为了进一步提高序贯概率比检验的快速性以满足实时性的要求,考虑到预警步骤中的移动窗口法及最大校验宽度 N,对传统的序贯概率比方法进行改进。

设 F_a 为预警标志,T_a 为预警时间,当 $F_a = 1$ 时,即预警标志成立,则对于采样时间 $[T_a, T_a + N]$ 中的 k 次采样($T_a \leqslant k \leqslant T_a + N$),给出以下算式对 S_{VR} 进行修正。

在预警时间 T_a,有

$$S_{VR}(T_a) = R(T_a) - \frac{f_{min}}{2} \tag{2-43}$$

对于 $T_a \leqslant k < T_a + N$,令

$$\left.\begin{aligned} S_{VR}(k) &= \frac{S_{VR}(k)}{k}, \quad -l_V < S_{VR} < 0 \\ S_{VR}(k) &= S_{VR}(k), \quad \text{其他} \end{aligned}\right\} \tag{2-44}$$

进一步,有

$$S_{VR}(k+1) = S_{VR}(k) + R(k+1) - \frac{f_{min}}{2}, \quad T_a \leqslant k < T_a + N \tag{2-45}$$

当 $k = T_a + N$ 时,即校验时间达到最大校验宽度,有下式成立:

$$-l_V < S_{VR} < l_V \tag{2-46}$$

则令 H_0 为真,即认为故障不存在。由此,可获得改进后的检验判决规则:

$$\left.\begin{aligned} H_0: & \quad S_{VR}(k) \leqslant -l_V, \text{或} k = T_a + N \text{ 且 } S_{VR}(k) < l_V \\ H_1: & \quad S_{VR}(k) \geqslant l_V \\ \text{继续采样}: & \quad -l_V < S_{VR}(k) < l_V \text{ 且 } T_a \leqslant k < T_a + N \end{aligned}\right\} \tag{2-47}$$

与传统序贯概率比方法相比较,该改进算法主要体现在以下两方面:

(1) 在继续采样检测中,引入了最大校验宽度,使得校验过程不会一直进行下去,起到节省系统资源的作用。

(2) 在检测过程中对 S_{VR} 的值进行了修正,在有预警检测存在的情况下,加快校验 H_1 存在的收敛速度;同时由于最大校验宽度的存在,当在最大校验宽度内不能校验 H_1 存在时,即判定 H_0 存在。

2.6 基于多模型技术的故障诊断方法研究

2.6.1 引言

根据无人机的数学模型和动态特性,常常采用基于多模型方法的故障诊断方法,并且此方法已经得到广泛的研究与应用。第一代多模型方法为自主式多模型方法,最早由 Magil 和 Lainiotis 提出。其优点是对参数变化的直接响应,能够更快地隔离故障;但在实际应用中,由于受到每个滤波器计算量的限制,可隔离的故障数量是有限的,而且该方法只适用于线性的飞机模型,具有极大的局

限性。为了解决上述存在的问题，在 MMAE（Multiple model adaptive Estimation）的基础上提出了扩展多模型自适应估计（Extended Multiple Model Adaptive Estimation，EMMAE）方法，它用扩展卡尔曼滤波器（Kalman Filter Extended Kalman Filter）代替 KF，EKF 不仅可以将非线性系统在一个或几个工作点附近线性化，而且还可对某些故障参数进行非线性估计，从而使得该方法适用于所有飞行状态。

第二代多模型方法为协助式多模型方法，以 Blom 提出的 IMM（Interactive Multiple Model）为代表。引入了多模型之间的交互，同时假设系统模式可以在多个模式之间跳变，模式之间的跳变被建模为马尔可夫或半马尔可夫链。第一代与第二代多模型方法中所用的模型集合都具有固定结构，即它们在所有时间里都使用一个固定不变的模型集，将这些方法通称为固定结构的多模型方法（Fixed Structure Multiple Model，FSMM）。然而，在应用的过程中发现，仅使用一个小的模型集合往往达不到预期效果，但是当模型增加时，计算量将大幅增加，而且过多的模型反而会存在不必要的竞争，使得性能下降。这就陷入了一个两难的困境：为了提高故障诊断的准确度不得不使用更多的模型，但是使用太多的模型又将降低诊断性能。

第三代多模型方法为 VSMM（Variable Structure Multiple Model），主要是为了克服 FSMM 对固定结构的约束。P. S. Maybeck 等人提出了移动模型估计器。X. R. Li 等人开始了一系列系统的尝试，提出了变结构的思想，在没有 FSMM 限制的基础上，创立了多模型估计器的理论基础，它包括最优 VSMM 估计器。VSMM 估计器自提出以来，得到了迅猛发展。几年中，一些考虑具体应用的特别设计的 VSMM 算法被提出。事实证明，VSMM 估计器从本质上比 FSMM 估计器具有更高的效费比。随着多模型方法的逐渐完善，人们越来越深刻地认识到 VSMM 方法的优越性和广阔的发展前景。

VSMM 和 FSMM 方法之间的主要区别体现在两次循环之间模型集的变化上。FSMM 方法在算法运行的整个过程中使用同一个模型集合，而 VSMM 方法则根据实际情况，利用模型集自适应（Model Set Adaptive，MSA）策略实时确定与系统真实模式更加接近的、结构不断变化的模型集合，使得参与状态估计的模型分布更为集中，数量相对较少，从而提高算法的跟踪精度。

在 MSA 思想的指导下，已经发展了多个适于求解应用问题的实际 VSMM 算法：①模型群切换算法，理论基础是有向图切换方法，将 MSA 分解成模型集合的激活和终止两个独立任务，这两个阶段的切换方式是 MGS 算法实现的关键。它的性能受到模型集合划分和模型集拓扑结构的影响，会产生一定的时间延迟。②可能模型集算法，理论基础是激活有向图方法，通过激活可能的新模型和删除不可能的模型来实现。它的跟踪精度主要依赖于对目标的机动方式和模型集合的拓扑结构设计,精度较低。③期望模式扩张算法,理论基础是自适应网络方法,通过在原始模型集上激活一个新模型集来实现,使得能够利用相对较少的模型在给定的精度水平上覆盖一个较大的连续模式空间。

多模型方法由于其独有的功能,在处理结构和参数未定和/或变化问题以及将复杂问题简化为简单子问题方面取得了极大的成功,近年来受到很大的重视,其范围覆盖从机动目标跟踪到失效探测和隔离,而且,许多学者和研究机构都做出了大量的尝试,并对相应的方法进行了改进。例如,对于飞行控制系统的传感器、作动器和操纵面故障,MMAE 方法是一种有效的故障检测和隔离方法。随着研究的继续,为了解决 MMAE 方法存在只适用于线性系统、需要建立大量的滤波模型等缺点,EMMAE 方法也被成功应用到飞行控制系统的故障诊断中。另外,还有许多针对基于 IMM 的故障检测和诊断方法的研究,在该方法中各个模型间有交互作用,可以很好地实现在多个模型间的切换、融合和交互。VSMM 方法是多模型方法的新分支,不同于结构固定的模型方法,可以利用一个实时变化的模型集合代替结构固定的模型集合,从而使得系统的状态估计可以在一个较少的、依赖于前一时刻系统模式的模型集合基础上进行,从而大幅度提高算法的效费比。

总而言之,与前两代的多模型方法相比,VSMM 的应用研究尚处于初步阶段,正期待有突破性的进展和重要的应用领域拓展。

2.6.2　多模型自适应估计方法

有一种检测和孤立诊断对象故障的方法为 MMAE,它是基于一组并列运行的卡尔曼滤波器,具体结构如图 2 - 17 所示。

如图 2 - 17 所示,每个 KF 均对应一种系统故障模式,滤波器的输入为系统的控制量 u 和观测值 z,输出为状态估计值 $\hat{x}_i$、残差 r_i 和残差协方差 $P_i^{\tilde{z}}$;然后基于贝叶斯后验概率计算方法,根据每个卡尔曼滤波器输出的残差,可得每个滤波器的概率值 $p_i(i=1,2,\cdots,m)$;最后,通过比较各个模型的概率值,便可判断当前系统处于哪种故障模式。

1. 卡尔曼滤波基本方程

考虑有系统噪声和观测噪声的非线性系统为

$$\left.\begin{array}{l} \dot{x} = f(x) + g(x)u + w \\ z = h(x) + v \end{array}\right\} \tag{2-48}$$

式中,x 和 z 分别为系统状态向量和测量向量;u 为输入控制向量;w 和 v 分别为过程和测量噪声,且协方差分别为 Q 和 R 的零均值相互独立的高斯白噪声。

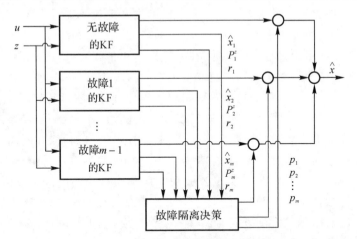

图 2-17 基于 MMAE 方法的故障诊断框架

首先,将式(2-48)在当前工作点进行线性化,然后利用欧拉积分方法进行离散化可得

$$\begin{aligned} x(k+1) &= F(k)x(k) + G(k)u(k) + w(k) \\ z(k) &= H(k)x(k) + v(k) \end{aligned} \right\} \quad (2-49)$$

式中,$F(k)$ 为系统动力学矩阵;$G(k)$ 为离散控制输入矩阵;$H(k)$ 为连续测量矩阵。卡尔曼滤波器的计算流程框图如图 2-18 所示。

卡尔曼滤波器的基本方程可写成如下形式:

$$\left. \begin{aligned} \hat{x}(k \mid k-1) &= \boldsymbol{\Phi}(k \mid k-1)\hat{x}(k-1) \\ P(k \mid k-1) &= \boldsymbol{\Phi}(k \mid k-1)P(k-1)\boldsymbol{\Phi}^{\mathrm{T}}(k \mid k-1) + Q(k-1) \\ K(k) &= P(k \mid k-1)H^{\mathrm{T}}(k) (P^{\mathrm{Z}}(k))^{-1} \\ P^{\mathrm{Z}}(k) &= H(k)P(k \mid k-1)H^{\mathrm{T}}(k) + R(k) \\ \hat{x}(k) &= \hat{x}(k \mid k-1) + K(k)r(k) \\ r(k) &= z(k) - h[\hat{x}(k \mid k-1)] \\ P(k) &= [I - K(k)]P(k \mid k-1) \end{aligned} \right\}$$

$$(2-50)$$

式中,$\boldsymbol{\Phi}(k) = I + F(k)$;$\hat{x}(k \mid k-1)$ 为最新外推的状态估计;$P(k \mid k-1)$ 为扩散状态误差协方差矩阵;$K(k)$ 为卡尔曼增益;$P^{\mathrm{Z}}(k)$ 为残差协方差;$\hat{x}(k)$ 为状态最优估计;$r(k)$ 为残差;$z(k)$ 为测量向量;$h[\hat{x}(k \mid k-1)]$ 为测量向量的估计,当测量系统为线性时,$\hat{z}(k \mid k-1) = H(k)\hat{x}(k \mid k-1)$;$P(k)$ 为状态估计均方差。

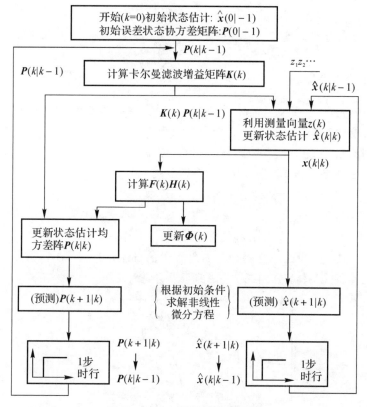

图 2 - 18 卡尔曼滤波器解算流程

2. 故障后的 KF 设计

在机翼损伤故障的情况下,针对各种损伤程度分别建立对应的故障飞机模型,有

$$\left.\begin{array}{l}\dot{x}=f_{\text{fault}}(x)+g_{\text{fault}}(x)u+w\\z=h_{\text{fault}}(x)+v\end{array}\right\} \qquad (2-51)$$

将式(2-51)进行线性离散化后,可得

$$\left.\begin{array}{l}x(k+1)=F_{\text{fault}}(k)x(k)+G_{\text{fault}}(k)u(k)+w(k)\\z(k)=H_{\text{fault}}(k)x(k)+v(k)\end{array}\right\} \qquad (2-52)$$

具体的计算流程参考式(2-50),可以得到相应状态的滤波更新。

2.6.3 故障隔离

1. 多元假设检验

在通常情况下,系统可能有多重状态,要检测系统处于哪一种状态,可使用多元假设检验。如果系统有诊断对象的数量为 $m-1$,则可有 m 个状态,即系统无故障和诊断对象中任意一个发生故障。假设:

$\bar{\delta}_1$—— 诊断对象无故障;

$\bar{\delta}_2$—— 第 1 个诊断对象有故障;

……

$\bar{\delta}_m$—— 第 $m-1$ 个诊断对象有故障。

定义 2.1 Ω 为故障检测与分离过程中的样本空间,$\bar{\delta}_1,\bar{\delta}_2,\cdots,\bar{\delta}_m$ 为样本空间的一组事件,具体划分如图 2-19 所示。

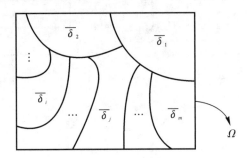

图 2-19 诊断事件样本空间

如图 2-19 所示,有

(1)$\bar{\delta}_i \cdot \bar{\delta}_j = \varnothing, i,j \in 1,2,\cdots,m, i \neq j$;

(2)$\bar{\delta}_1 \bigcup \bar{\delta}_2 \bigcup \cdots \bigcup \bar{\delta}_m = \Omega$。

假设样本空间事件的先验概率分别为 $l(\bar{\delta}_1),l(\bar{\delta}_2),\cdots,l(\bar{\delta}_m)$,有 $\sum\limits_{i=1}^{m} l(\bar{\delta}_i) = 1$。根据测量向量 z 来判决哪个假设为真。将 z 合理地划分为 m 个互不相交的区域:$z = z_1 + z_2 + \cdots + z_m$,如图 2-20 所示。

贝叶斯风险为 $R = \sum\limits_{i=1}^{m} \sum\limits_{j=1}^{m} C_{ij} p(\bar{\delta}_j) \int_{z_i} p(D_i \mid \bar{\delta}_j) dz$,$p(D_i \mid \bar{\delta}_j)$ 表示在 $\bar{\delta}_j$ 为真的条件下判决 $\bar{\delta}_i$ 为真(发生故障)的概率。

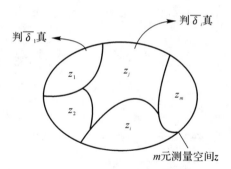

图 2 - 20　多元假设检验的判决区域

定理 2.1　贝叶斯风险为最小判决等价于下面的判决:$\lambda_i(z) = \sum_{j=1}^{m} C_{ij} p(\bar{\delta}_j) \cdot l(z \mid \bar{\delta}_j) = \min \to$ 判 $\bar{\delta}_i$ 成立,计算 $\lambda_i(z)(i=1,2,\cdots,m)$,其中哪一个最小就判断哪一个 $\bar{\delta}_i$ 为最小。

证明　因为 $p(D_i \mid \bar{\delta}_j) = \int_{z_i} l(z \mid \bar{\delta}_j) \mathrm{d}z$,所以有

$$R = \sum_{i=1}^{m} \sum_{j=1}^{m} C_{ii} p(\bar{\delta}_j) \int_{z_i} l(z \mid \bar{\delta}_j) \mathrm{d}z =$$

$$\sum_{i=1}^{m} C_{ij} p(\bar{\delta}_i) \int_{z_i} l(z \mid \bar{\delta}_j) \mathrm{d}z + \sum_{i=1}^{m} \sum_{\substack{j=1 \\ j \neq i}}^{m} C_{ij} p(\bar{\delta}_j) \int_{z_i} l(z \mid \bar{\delta}_j) \mathrm{d}z \quad (2-53)$$

由于

$$z_i = 1 - \sum_{j=1, j \neq i}^{m} z_j \quad (2-54)$$

和

$$\int_z l(z \mid \bar{\delta}_j) \mathrm{d}z = 1 \quad (2-55)$$

故

$$R = \sum_{i=1}^{m} C_{ii} p(\bar{\delta}_i) + \sum_{i=1}^{m} \int_{z_i} \sum_{j=1, j \neq i}^{m} p(\bar{\delta}_j)(C_{ij} - C_{jj}) l(z \mid \bar{\delta}_j) \mathrm{d}z \quad (2-56)$$

式(2-56)中的第一项与判决区域划分无关,故 R 最小等价于第二项的被积函数在 z_i 区内为最小,即

$$I_i(z) = \sum_{j=1, j \neq i}^{m} p(\bar{\delta}_j)(C_{ij} - C_{jj}) l(z \mid \bar{\delta}_j) = \sum_{j=1}^{m} p(\bar{\delta}_j)(C_{ij} - C_{jj}) l(z \mid \bar{\delta}_j) = \min$$

$$(2-57)$$

式中,包含 C_{jj} 的项对所有的 I_i 都一样,故式(2-57)成立,即

$$\lambda_i(z) = \sum_{j=1}^{m} C_{ij} p(\bar{\delta}_j) l(z \mid \bar{\delta}_j) = \min \quad (2-58)$$

根据式(2-58)可知判决成立。将式(2-58)除以 $l(z)$，并用 $R_i(z)$ 表示：

$$R_i(z) = \frac{\sum_{j=1}^{m} C_{ij} l(\bar{\delta}_j) l(z \mid \bar{\delta}_j)}{l(z)} = \sum_{j=1}^{m} C_{ij} p(\bar{\delta}_j \mid z) = \min_{i=1,2,\cdots,m} \rightarrow 判 \bar{\delta}_i 成立$$

$$(2-59)$$

由于 $R_i(z)$ 是在给定测量向量 z 之后选择 $\bar{\delta}_i$ 所付出的代价，所以判决规则的意义是比较直观的，即在给定 z 的条件下，哪个 $\bar{\delta}_i$ 带来的代价小就判决哪个 $\bar{\delta}_i$ 成立。

当

$$\left. \begin{array}{l} C_{ij} = 1 \quad (i \neq j) \\ C_{ij} = 0 \quad (i = 0) \end{array} \right\} \qquad (2-60)$$

时，由式(2-59)可得

$$R_i(z) = \sum_{j=1, j\neq i}^{m} p(\bar{\delta}_j \mid z) = \sum_{j=1}^{m} p(\bar{\delta}_j \mid z) - p(\bar{\delta}_i \mid z) =$$

$$1 - p(\bar{\delta}_i \mid z) = \min_{i=1,2,\cdots,m} \rightarrow 判 \bar{\delta}_i 真$$

即

$$p(\bar{\delta}_i \mid z) = \max_{i=1,2,\cdots,m} \rightarrow 判 \bar{\delta}_i 真$$

因此贝叶斯准则等价于最大后验概率准则。哪个后验概率大就判决哪个假设 $\bar{\delta}_i$ 成立。

2. 基于贝叶斯准则的故障隔离

无论系统是否存在故障，测量向量 z 总是与 $\bar{\delta}_1, \bar{\delta}_2, \cdots, \bar{\delta}_m$ 之一同时发生，且 $p(\bar{\delta}_i) > 0 (i=1,2,\cdots,m)$，根据贝叶斯公式，有

$$p(\bar{\delta}_i \mid z) = p(\bar{\delta}_i) l(z \mid \bar{\delta}_i) \Big/ \sum_{j=1}^{m} p(\bar{\delta}_j) l(z \mid \bar{\delta}_j) \qquad (2-61)$$

在诊断对象 δ_i 发生故障的情况下，当前测量值 $z(k)$ 的概率密度函数服从高斯分布，其函数形式为

$$l(z(k) \mid \bar{\delta}_i) = \frac{1}{(2\pi)^{n/2} \mid P_i^Z(k) \mid^{1/2}} e^{-r_i^T \mid P_i^Z(k) \mid^{1/2} r_i/2} \qquad (2-62)$$

式中，$\bar{\delta}_i$ 表示故障对象；$z(k)$ 表示到 k 时刻的测量数据序列；n 为飞机的状态量个数；r_i 为第 i 个滤波器的残差；$P_i^Z(k)$ 为其对应的残差协方差。

因此，各个诊断对象模型的概率 $p(\bar{\delta}_i \mid z)$ 均可根据贝叶斯后验概率计算获得，通过决策律：$p(\bar{\delta}_i \mid z) = \max_{1 \leqslant i \leqslant m} p(\bar{\delta}_i \mid z)$，即在 k 时刻第 i 个模型为真，隔离出发生故障的模型 $\bar{\delta}_i$。为了避免式(2-61)故障发生概率递推运算永远为 0 的情况出现，概率一旦为 0，就将其设定为概率下限 0.001。

|2.7 本章小结|

　　故障诊断是对系统进行健康管理的前提和保证,只有快速、可靠的故障诊断结果,才能使得健康管理安全有效。故障诊断的目的是准确识别并定位故障,以提高系统的可靠性与安全性。因此,故障诊断必须对各种误差与干扰具有很强的鲁棒性,能够通过相应的算法得到系统故障信息。随着科学技术的发展,故障诊断技术在不断完善。故障诊断作为健康管理系统的关键技术,对提高系统的维护和维修功能起着越来越重要的作用。

　　本章主要介绍了健康管理技术中所普遍采用的故障树、案例推理和实时故障诊断方法,以便为后续健康管理技术的研究提供基础。

第 3 章

健康特征提取方法

　　进行健康管理设计所面临的首要问题是进行系统的健康特征提取，为健康管理系统提供必要的信息。由于实际系统存在着噪声、非线性、干扰和参数不确定性，所以传统的基于模型的特征提取方法逐步向智能的方法发展。本章主要从辨识的角度进行系统的健康特征提取，为进一步对系统的健康管理研究奠定基础。

|3.1 引　　言|

　　随着飞行控制系统功能的提高，其复杂程度也大大增强，安全可靠性受到严峻的挑战。故障种类和发生概率也在提高，同时相应的故障的特征也在增加。在实际对系统进行健康管理时，为了使得健康管理功能准确可靠，总是希望得到大量的能够表征系统健康特征的数据样本，因此，需要从样本中提取对诊断故障和健康管理贡献大的有用信息，即特征提取。

　　特征提取就是利用系统已有的特征参数，构造较低维数的特征空间，将原始特征中蕴含的有用信息映射到少数几个特征上。特征提取方法众多，常见的方法就是基于模型的参数辨识方法，根据系统辨识理论提取系统的特征参数，进而和实际系统运行参数比较，得出系统的故障和健康状态信息；虽然基于模型的方法简单实用，但是受到建模的限制，对于不能建立系统精确模型的对象，常采用聚类和分类的方法，利用判别函数来划分每个类别，对于简单系统容易做到，而对于复杂系统和复杂现象，就涉及故障模式和正常模式的识别问题，在很多情况下,特别是线性不可分的复杂决策区域,判别函数的形式复杂。对于模式类别具有复杂边界的情况,特征提取计算复杂,基于线性相关的方法难于处理不同模式类别与特征向量间的随机关联问题。实际应用中,要达到高分辨率信息压缩所需的映射通常是非线性的,基于智能技术的 BP 神经网络具有这样的非线性映射能力,因此非常适于系统健康状况的特征提取。神经网络是一种模拟人类大脑形象思维、联想记忆和信息分布存储的非线性智能计算方法,其大规模的并行结构、信息的分布式存储和并行处理及良好的自适应性、自组织性和容错性等特性,使得神经网络具有很强的非线性映射能力和信息综合能力,能很好地协调多种输入信息关系。研究表明,三层 BP 神经网络具有高度的并行性和快速的信息处理能力,非常适合于模式识别与分类问题,已经大量广泛地应用于控制系统的故障诊断和健康监控。尽管神经网络在各个方面表现出较为优秀的性能,但是其过拟合与泛化性之间的矛盾不易调和,很多时候学习训练收敛的速度较慢,而且还容易收敛到网络的局部最优点,这些缺点对实用化和工程化而言十分不利。由于 BP 算法存在上述问题,出现了很多改进的算法,包括双变动量因子算法、群体训练算法、变步长学习算法、自适应动量项算法等,这些算法一定程度上改善了原有 BP 算法的训练效率,但依然存在一些问题。需要针对特定问题设计有效的学习算法进行网络的学习和训练。

目前,应用神经网络及其改进算法进行系统的故障诊断、特征提取以及健康监控已被大量进行研究。Wilson 应用神经网络结合模糊方法对旋转机械进行健康监测、故障诊断和预测;Keller 使用神经网络和模糊逻辑技术建立了飞机子系统/部件健康模型,作为先进机载诊断系统的一部分,实现子系统/部件的健康诊断;Michael 采用多层前向神经网络系统,进行发动机传感器的健康状态和健康指数研究;Tom 提出了一种基于神经网络的异常检测方法,利用神经网络异常检测器学习多输入传感器信号模式,并与其他的检测器进行融合,进行飞机子系统的异常检测;Liu Datong 等人采用分布式神经网络结构进行飞行控制系统传感器故障诊断研究;N. K. Survadevara 等人应用神经网络观测器方法进行飞行控制系统故障诊断研究;Jhon Albeiro 应用改进的 BP 神经网络算法进行故障模式分类方法的研究;E. Alice Smith 开发了一种基于视情维修的机场维护诊断系统,应用训练好的神经网络算法进行系统的监控维护;Kajiro Watanabc 采用新型的混合神经网络进行多故障诊断,将大量的模式进行分解以便神经网络能够更有效地对故障进行分类;T. Khawaja 应用前向神经网络进行直升机齿轮的故障预测与健康管理研究;E. Lavretsky 使用前向神经网络进行电液伺服作动器系统的健康监控。总结上述研究,神经网络强大的学习能力和鲁棒性,已经使得其在故障诊断与健康管理方面得到大量应用。在上述研究的基础上,本书应用改进的 BP 算法进行神经网络参数优化设计,并进行系统辨识和分类设计以提取系统的健康状态特征,仿真结果表明了算法的有效性。

|3.2 问题描述|

在进行无人机系统的健康管理分析时,能够对对象的工作状态进行定量描述的因素称为特征参数,提取能准确反映无人机系统工作特性的特征参数对系统的健康管理意义重大。特征提取就是从已有特征集合中剔除对系统健康管理作用不大的特征参数,形成新特征子集,实现快速、高效的健康特征提取。

特征提取是系统状态监控和健康管理中普遍的一个步骤,它是基于数据驱动的健康管理技术的核心。在无人机系统健康管理的七层结构中,信号处理层的主要任务就是对数据获取层获取到的原始数据进行特征提取,为后续的健康评估和预测提供数据支持。一般来说,特征表现为一些数据集或信息,是通过对原始传感器数据进行某些处理而得到的,这些数据和信息与系统的健康状态密切相关。虽然在特征提取中,可能采用各种不同复杂度的算法,但是特征在健康管理框架中的作用是一样的。一个特征提取算法可以与其他的处理技术结合,同时进行数据的分析,提取出一系列特征值。特征提取减少了需要处理和存储的信息量,因而节约了内存和加快了算法的运行时间。目前,基于数据驱动的健康管理方法采用两个成熟技术来产生特征:信号处理和神经网络。这两种技术都是在固定时间窗内采集的数据的基础上运行的,从而使得这种方法向机载运行转化变得容易。在预测和健康管理系统的总体结构中,这些特征提供了能够表征系统性能改变的有意义的信息。

对无人机系统的健康管理来说,同样要采取一种特征提取方法来提取与系统健康相关的特征。为了系统的简单化,一般只需选取最有意义和可靠的健康状态特征。在得到系统状态特征以后,就可以采用分类算法把提取出来的特征值映射到正确的系统降级水平上,从而完成系统的健康评估。

本节中,神经网络用作特征提取算法的主要思想一是辨识,二是分类。辨识是利用神经网络进行黑盒建模来模拟系统的某个特定输出值,通过比较神经网络的模拟值与实际测量值之间的误差来产生特征的,这个特征就是神经网络提取的特征值。对于复杂的飞行控制系统,神经网络可以用来对部件的内部动力学建模,根据测量到的系统数据来模拟系统的输出,则神经网络的模拟输出值与实际测量值之间的误差就是"跟踪误差"特征,"跟踪误差"精度的降低就表明系统内部发生了比较大的变化,意味着系统内部部件可能出现了损伤或发生了故

障,导致系统性能降级。这个特征可以被用来表征飞行控制系统部件的健康状态。分类是模式识别领域研究的问题,神经网络作为一种自适应的模式识别技术,并不需要预先给出有关模式的经验知识和判别函数,它通过自身的学习机制自动形成所要求的决策区域。通过将飞行控制系统特定健康特征的信息进行采集和处理,形成输入输出对神经网络进行训练,那么训练好的 BP 网络就能够进行特征模式的分类,从而进行健康特征提取。

3.3 基于参数辨识的健康特征提取

　　基于参数辨识的健康特征提取可以得到系统的精确数学模型,它使用残差作为特征。这个方法的一个前提条件是,当系统中存在故障时,残差足够大;当系统运行正常或出现正常扰动、噪声时,残差较小。产生残差的主要方法有参数辨识、观测器(例如卡尔曼滤波、降阶观测器等)和奇偶关系。

　　参数辨识是在给定某个预期输出状态下,自动辨识系统参数的过程。在基于模型的方法中,参数估计是辨识模型参数(即诊断标尺)的过程。这个过程可以通过一个递归程序来执行,程序重复改变参数,直到模型输出与实际系统匹配。实际系统的输出响应(时间和性能变量)是正常系统响应与故障影响和不确定性共同作用的结果。基于模型的分析和故障辨识的一条途径是把这个方法转换成一个辨识故障影响(继而辨识故障)的优化问题,故障的影响会产生预期和实际响应之间的误差,辨识迭代过程可以被看成一个误差最小化问题,因而,可以应用一个合适的优化程序。现在存在很多自动辨识的优化技术,包括一些非线性方程的最速下降法,例如递推最小二乘估计法和最小二乘估计一次完成算法。另外,也可以采用一些全局搜索方法,例如遗传算法和模拟退火算法,这些算法都是模型在线辨识的很好的选择。而且,需要不断开发混合的算法,减少迭代步数并达到全局搜索。

3.3.1 批处理最小二乘法

　　考虑如下自回归 CAR(Controlled Auto-regressive)模型:

$$\boldsymbol{A}(z^{-1})\boldsymbol{y}(k) = \boldsymbol{B}(z^{-1})\boldsymbol{u}(k-d) + \boldsymbol{\xi}(k) \tag{3-1}$$

式(3-1)可以写成最小二乘形式为

$$\boldsymbol{y}(k) = \boldsymbol{\varphi}^{\mathrm{T}}(k)\boldsymbol{\theta} + \boldsymbol{\xi}(k) \tag{3-2}$$

式中，$\boldsymbol{\varphi}(k) \in \mathbf{R}^{N \times 1}$ 为数据向量；$\boldsymbol{\theta} \in \mathbf{R}^{N \times 1}$ 为待估参数向量；$\boldsymbol{\xi}(k)$ 为白噪声。

定理 3.1 待处理最小二乘法（Least Square, LS）现有 L 组输入输出观测数据 $\{y(k), u(k), k = 1, 2, \cdots, L\}$，利用批处理法得到系统参数的最小二乘估计 $\hat{\boldsymbol{\theta}}$ 为

$$\hat{\boldsymbol{\theta}} = (\boldsymbol{\Phi}^{\mathrm{T}} \boldsymbol{\Phi})^{-1} \boldsymbol{\Phi}^{\mathrm{T}} \boldsymbol{Y} \tag{3-3}$$

式中

$$\left. \begin{array}{l} \boldsymbol{Y} = \begin{bmatrix} y(1) \\ y(2) \\ \vdots \\ y(L) \end{bmatrix} \in \mathbf{R}^{L \times 1} \\[40pt] \boldsymbol{\Phi} = \begin{bmatrix} \boldsymbol{\varphi}^{\mathrm{T}}(1) \\ \boldsymbol{\varphi}^{\mathrm{T}}(2) \\ \vdots \\ \boldsymbol{\varphi}^{\mathrm{T}}(L) \end{bmatrix} \in \mathbf{R}^{L \times N} \end{array} \right\} \tag{3-4}$$

证明 设估计参数向量为 $\hat{\boldsymbol{\theta}}$，则对于第 k 次观测的估计输出为

$$\hat{\boldsymbol{y}}(k) = \boldsymbol{\varphi}^{\mathrm{T}}(k) \hat{\boldsymbol{\theta}} \tag{3-5}$$

对象实际输出与估计输出之差，即残差 $\boldsymbol{\varepsilon}(k)$ 为

$$\boldsymbol{\varepsilon}(k) = \boldsymbol{y}(k) - \hat{\boldsymbol{y}}(k) = \boldsymbol{y}(k) - \boldsymbol{\varphi}^{\mathrm{T}}(k) \hat{\boldsymbol{\theta}} \tag{3-6}$$

对于 L 次观测，取性能指标，有

$$J = \sum_{k=1}^{L} \boldsymbol{\varepsilon}^2(k) = \sum_{k=1}^{L} \left[\boldsymbol{y}(k) - \boldsymbol{\varphi}^{\mathrm{T}}(k) \hat{\boldsymbol{\theta}} \right]^2 = \boldsymbol{E}^{\mathrm{T}} \boldsymbol{E} = (\boldsymbol{Y} - \boldsymbol{\Phi} \hat{\boldsymbol{\theta}})^{\mathrm{T}} (\boldsymbol{Y} - \boldsymbol{\Phi} \hat{\boldsymbol{\theta}}) =$$
$$\boldsymbol{Y}^{\mathrm{T}} \boldsymbol{Y} - 2(\boldsymbol{\Phi}^{\mathrm{T}} \boldsymbol{Y})^{\mathrm{T}} \hat{\boldsymbol{\theta}} + \hat{\boldsymbol{\theta}}^{\mathrm{T}} \boldsymbol{\Phi}^{\mathrm{T}} \boldsymbol{\Phi} \hat{\boldsymbol{\theta}} \tag{3-7}$$

式中，$\boldsymbol{E} \in \mathbf{R}^{L \times 1}$。

参数的最小二乘估计，就是使目标函数式（3-7）取极小值的参数 $\hat{\boldsymbol{\theta}}$。为使式（3-7）达到极小值，对 J 求 $\hat{\boldsymbol{\theta}}$ 的一阶导数，并令其为 0，即

$$\frac{\partial J}{\partial \hat{\boldsymbol{\theta}}} = -2 \boldsymbol{\Phi}^{\mathrm{T}} \boldsymbol{Y} + 2 \boldsymbol{\Phi}^{\mathrm{T}} \boldsymbol{\Phi} \hat{\boldsymbol{\theta}} = 0 \tag{3-8}$$

如果 $\boldsymbol{\Phi}$ 满秩，则求解方程式（3-8）得

$$\hat{\boldsymbol{\theta}} = (\boldsymbol{\Phi}^{\mathrm{T}} \boldsymbol{\Phi})^{-1} \boldsymbol{\Phi}^{\mathrm{T}} \boldsymbol{Y} \tag{3-9}$$

另外

$$\frac{\partial^2 J}{\partial \hat{\boldsymbol{\theta}}^2} = 2 \boldsymbol{\Phi}^{\mathrm{T}} \boldsymbol{\Phi} > 0 \tag{3-10}$$

因此满足式（3-7）的 $\hat{\boldsymbol{\theta}}$ 使 J 取极小值，则定理 3.1 得证。

3.3.2　递推最小二乘法

在具体应用批处理最小二乘时,由于每次处理的数据量较大,所以不仅占用内存大,而且不能用于参数在线实时估计。而在自适应控制系统中,被控对象通常都可以不断提供新的输入输出数据,而且还希望利用这些新的信息来改善估计精度,因此常常要求对象参数能够在线实时估计。解决这个问题的方法是将其化成递推算法,其基本思想可以概括为

$$新的估计值\ \hat{\boldsymbol{\theta}}(k)=旧的估计值\ \hat{\boldsymbol{\theta}}(k-1)+修正项$$

设 k 时刻的批处理最小二乘估计为

$$\hat{\boldsymbol{\theta}}(k)=(\boldsymbol{\Phi}_k^{\mathrm{T}}\boldsymbol{\Phi}_k)^{-1}\boldsymbol{\Phi}_k^{\mathrm{T}}\boldsymbol{Y}_k \tag{3-11}$$

式中

$$\left.\begin{aligned}
\boldsymbol{\Phi}_k &= \begin{bmatrix} \boldsymbol{\Phi}_{k-1} \\ \boldsymbol{\varphi}^{\mathrm{T}}(k) \end{bmatrix} \in \mathbf{R}^{k\times N} \\
\boldsymbol{Y}_k &= \begin{pmatrix} \boldsymbol{Y}_{k-1} \\ \boldsymbol{y}(k) \end{pmatrix} \in \mathbf{R}^{k\times 1}
\end{aligned}\right\} \tag{3-12}$$

令

$$\boldsymbol{P}(k)=(\boldsymbol{\Phi}_k^{\mathrm{T}}\boldsymbol{\Phi}_k)^{-1}=[\boldsymbol{\Phi}_{k-1}^{\mathrm{T}}\boldsymbol{\Phi}_{k-1}+\boldsymbol{\varphi}(k)\boldsymbol{\varphi}^{\mathrm{T}}(k)]^{-1}= \\ [\boldsymbol{P}^{-1}(k-1)+\boldsymbol{\varphi}(k)\boldsymbol{\varphi}^{\mathrm{T}}(k)]^{-1} \tag{3-13}$$

则

$$\boldsymbol{P}^{-1}(k)=\boldsymbol{P}^{-1}(k-1)+\boldsymbol{\varphi}(k)\boldsymbol{\varphi}^{\mathrm{T}}(k) \tag{3-14}$$

由式(3-11)得

$$\hat{\boldsymbol{\theta}}(k-1)=(\boldsymbol{\Phi}_{k-1}^{\mathrm{T}}\boldsymbol{\Phi}_{k-1})^{-1}\boldsymbol{\Phi}_{k-1}^{\mathrm{T}}\boldsymbol{Y}_{k-1}=\boldsymbol{P}(k-1)\boldsymbol{\Phi}_{k-1}^{\mathrm{T}}\boldsymbol{Y}_{k-1} \tag{3-15}$$

则由式(3-14)和式(3-15)得

$$\boldsymbol{\Phi}_{k-1}^{\mathrm{T}}\boldsymbol{Y}_{k-1}=\boldsymbol{P}^{-1}(k-1)\hat{\boldsymbol{\theta}}(k-1)=[\boldsymbol{P}^{-1}(k)-\boldsymbol{\varphi}(k)\boldsymbol{\varphi}^{\mathrm{T}}(k)]\hat{\boldsymbol{\theta}}(k-1) \tag{3-16}$$

于是 k 时刻的最小二乘估计可表示为

$$\begin{aligned}
\hat{\boldsymbol{\theta}}(k)&=\boldsymbol{P}(k)\boldsymbol{\Phi}_k^{\mathrm{T}}\boldsymbol{Y}_k=\boldsymbol{P}(k)[\boldsymbol{\Phi}_{k-1}^{\mathrm{T}}\boldsymbol{Y}_{k-1}+\boldsymbol{\varphi}(k)\boldsymbol{y}(k)]= \\
&\boldsymbol{P}(k)\{[\boldsymbol{P}^{-1}(k)-\boldsymbol{\varphi}(k)\boldsymbol{\varphi}^{\mathrm{T}}(k)]\hat{\boldsymbol{\theta}}(k-1)+\boldsymbol{\varphi}(k)\boldsymbol{y}(k)\}= \\
&\hat{\boldsymbol{\theta}}(k-1)-\boldsymbol{P}(k)\boldsymbol{\varphi}(k)\boldsymbol{\varphi}^{\mathrm{T}}(k)\hat{\boldsymbol{\theta}}(k-1)+\boldsymbol{P}(k)\boldsymbol{\varphi}(k)\boldsymbol{y}(k)= \\
&\hat{\boldsymbol{\theta}}(k-1)+\boldsymbol{P}(k)\boldsymbol{\varphi}(k)[\boldsymbol{y}(k)-\boldsymbol{\varphi}^{\mathrm{T}}(k)\hat{\boldsymbol{\theta}}(k-1)]= \\
&\hat{\boldsymbol{\theta}}(k-1)+\boldsymbol{K}(k)[\boldsymbol{y}(k)-\boldsymbol{\varphi}^{\mathrm{T}}(k)\hat{\boldsymbol{\theta}}(k-1)]
\end{aligned} \tag{3-17}$$

式中

$$\boldsymbol{K}(k)=\boldsymbol{P}(k)\boldsymbol{\varphi}(k) \tag{3-18}$$

式(3-17)已是递推算法形式,以下还可导出 $\boldsymbol{K}(k)$ 和 $\boldsymbol{P}(k)$ 的递推方程。

引理 3.2 （矩阵求逆引理）设 $\boldsymbol{A}$，$(\boldsymbol{A}+\boldsymbol{BC})$ 和 $(\boldsymbol{I}+\boldsymbol{CA}^{-1}\boldsymbol{B})$ 均为非奇异方阵，则

$$(\boldsymbol{A}+\boldsymbol{BC})^{-1}=\boldsymbol{A}^{-1}-\boldsymbol{A}^{-1}\boldsymbol{B}\,(\boldsymbol{I}+\boldsymbol{CA}^{-1}\boldsymbol{B})^{-1}\boldsymbol{CA}^{-1}$$

将引理 3.2 用于式（3-14），即令 $\boldsymbol{A}=\boldsymbol{P}^{-1}(k-1)$，$\boldsymbol{B}=\boldsymbol{\varphi}(k)$，$\boldsymbol{C}=\boldsymbol{\varphi}^{\mathrm{T}}(k)$，得

$$\boldsymbol{P}(k)=\boldsymbol{P}(k-1)-\boldsymbol{P}(k-1)\boldsymbol{\varphi}(k)\left[\boldsymbol{I}+\boldsymbol{\varphi}^{\mathrm{T}}(k)\boldsymbol{P}(k-1)\boldsymbol{\varphi}(k)\right]^{-1}\boldsymbol{\varphi}^{\mathrm{T}}(k)\boldsymbol{P}(k-1)$$

$$(3-19)$$

将式（3-19）代入式（3-14）得

$$\boldsymbol{K}(k)=\boldsymbol{P}(k-1)\boldsymbol{\varphi}(k)-\frac{\boldsymbol{P}(k-1)\boldsymbol{\varphi}(k)\boldsymbol{\varphi}^{\mathrm{T}}(k)\boldsymbol{P}(k-1)\boldsymbol{\varphi}(k)}{\boldsymbol{I}+\boldsymbol{\varphi}^{\mathrm{T}}(k)\boldsymbol{P}(k-1)\boldsymbol{\varphi}(k)}=$$

$$\frac{\boldsymbol{P}(k-1)\boldsymbol{\varphi}(k)\left[1+\boldsymbol{\varphi}^{\mathrm{T}}(k)\boldsymbol{P}(k-1)\boldsymbol{\varphi}(k)\right]-\boldsymbol{P}(k-1)\boldsymbol{\varphi}(k)\boldsymbol{\varphi}^{\mathrm{T}}(k)\boldsymbol{P}(k-1)}{\boldsymbol{I}+\boldsymbol{\varphi}^{\mathrm{T}}(k)\boldsymbol{P}(k-1)\boldsymbol{\varphi}(k)}=$$

$$\frac{\boldsymbol{P}(k-1)\boldsymbol{\varphi}(k)}{\boldsymbol{I}+\boldsymbol{\varphi}^{\mathrm{T}}(k)\boldsymbol{P}(k-1)\boldsymbol{\varphi}(k)}$$

$$(3-20)$$

由式（3-19）式（3-20）得

$$\boldsymbol{P}(k)=\left[\boldsymbol{I}-\boldsymbol{K}(k)\boldsymbol{\varphi}^{\mathrm{T}}(k)\right]\boldsymbol{P}(k-1)\qquad(3-21)$$

则系统参数最小二乘估计 $\hat{\boldsymbol{\theta}}$ 的递推公式为

$$\left.\begin{aligned}\hat{\boldsymbol{\theta}}(k)&=\hat{\boldsymbol{\theta}}(k-1)+\boldsymbol{K}(k)\left[\boldsymbol{y}(k)-\boldsymbol{\varphi}^{\mathrm{T}}(k)\hat{\boldsymbol{\theta}}(k-1)\right]\\ \boldsymbol{K}(k)&=\frac{\boldsymbol{P}(k-1)\boldsymbol{\varphi}(k)}{\boldsymbol{I}+\boldsymbol{\varphi}^{\mathrm{T}}(k)\boldsymbol{P}(k-1)\boldsymbol{\varphi}(k)}\\ \boldsymbol{P}(k)&=\left[\boldsymbol{I}-\boldsymbol{K}(k)\boldsymbol{\varphi}^{\mathrm{T}}(k)\right]\boldsymbol{P}(k-1)\end{aligned}\right\}\qquad(3-22)$$

在启动上述递推公式时，需确定初值 $\boldsymbol{P}(0)$，$\hat{\boldsymbol{\theta}}(0)$，有以下两种方法：

（1）若已取得 L 组数据（$L>N$），利用批处理最小二乘估计算法，则可算出

$$\left.\begin{aligned}\boldsymbol{P}(L)&=(\boldsymbol{\Phi}_L^{\mathrm{T}}\boldsymbol{\Phi}_L)^{-1}\\ \hat{\boldsymbol{\theta}}(L)&=(\boldsymbol{\Phi}_L^{\mathrm{T}}\boldsymbol{\Phi}_L)^{-1}\boldsymbol{\Phi}_L^{\mathrm{T}}\boldsymbol{Y}_L\end{aligned}\right\}\qquad(3-23)$$

（2）直接令

$$\left.\begin{aligned}\boldsymbol{P}(0)&=\alpha\boldsymbol{I}\\ \hat{\boldsymbol{\theta}}(0)&=\boldsymbol{\varepsilon}\end{aligned}\right\}\qquad(3-24)$$

式中，α 为充分大的正实数（$10^4\sim10^{10}$）；$\boldsymbol{\varepsilon}$ 为零向量或充分小的正的实向量。

3.3.3　遗忘因子递推最小二乘法

递推最小二乘算法比较适用于定常未知参数系统，但在一般自适应控制问题中，有意义的是考虑参数时变系统。参数时变可分为两种情况：

（1）参数突变但不频繁；

（2）参数缓慢变化。

将递推最小二乘算法进行简单扩展,便可适用于上述两种情况。

对于参数突变问题,可通过 P 的重置来解决,这时,递推最小二乘法中的矩阵 P 将周期性地重置为 αI,α 是一个充分大的数;针对慢时变参数问题,递推最小二乘法有其局限性:随着数据的增长,将出现所谓的"数据饱和"现象,即随着 k 的增加,$P(k)$ 和 $K(k)$ 变得越来越小,从而对 $\hat{\theta}(k)$ 的修正能力变得越来越弱,使得新采集的输入输出数据对参数估计值 $\hat{\theta}(k)$ 的更新作用不大。这样将导致当系统参数变化时,该算法将无法跟踪这种变化,从而使实时参数估计失败。为克服这种现象,可采用下面介绍的带遗忘因子的递推最小二乘法(Forgetting Factor Recursive Least Square,FFRLS)。

取性能指标为

$$J = \sum_{k=1}^{L} \lambda^{L-k} \left[y(k) - \varphi^{\mathrm{T}}(k)\hat{\theta} \right]^2 \qquad (3-25)$$

式中,λ 为遗忘因子($0 < \lambda \leqslant 1$)。

式(3-25)意味着对数据施加了时变加权系数,最新的数据用 1 加权,而先前 n 个采样周期的数据则用 λ 加权。因此,这种方法又被称为指数遗忘法。

针对式(3-25)的目标函数,与递推最小二乘法的推导过程相同,可得遗忘因子递推最小二乘参数估计的公式为

$$\left.\begin{aligned}
\hat{\theta}(k) &= \hat{\theta}(k-1) + K(k)\left[y(k) - \varphi^{\mathrm{T}}(k)\hat{\theta}(k-1) \right] \\
K(k) &= \frac{P(k-1)\varphi(k)}{\lambda + \varphi^{\mathrm{T}}(k)P(k-1)\varphi(k)} \\
P(k) &= \frac{1}{\lambda}\left[I - K(k)\varphi^{\mathrm{T}}(k) \right]P(k-1)
\end{aligned}\right\} \qquad (3-26)$$

式中,初值 $P(0)$,$\hat{\theta}(0)$ 的选择可参考递推最小二乘法。遗忘因子 λ 须选择接近于 1 的正数,通常不小于 0.9;如果系统是线性的,应选 $0.95 \leqslant \lambda \leqslant 1$。当 $\lambda = 1$ 时,FFRLS 算法则退化为普通的 RLS 算法。

3.4 基于神经网络辨识模型的健康特征提取

通过神经网络辨识得到系统的健康特征是本部分的研究内容。系统辨识是一个优化问题,精确的辨识模型可以用于控制器设计、控制系统预测和监控。多年来,对于线性、非时变的系统进行辨识已经取得了很大的进展。神经网络本身作为一种辨识模型。其可调参数反映在网络内部的连接权上,因此不再要求建立实际系统的辨识格式,可根据上文建立的飞机模型进行辨识;对本质非线性系

统进行辨识,神经网络是通过在网络外部拟合系统的输入/输出数据,而在网络内部归纳隐含在输入/输出数据中的系统特性来完成的,因此这种辨识是由神经网络本身来实现的,是非算法式的。

3.4.1 BP神经网络

BP网络即误差反向传播神经网络(Back – Propagation Neural Network),它是一种无反馈的前向网络,网络中的神经元分层排列。除了有输入层、输出层之外,还至少有一层隐含层;每一层内神经元的输出均传送到下一层,这种传送由连接权值来达到增强、减弱或抑制这些输出的作用,除了输入层的神经元外,隐含层和输出层神经元的净输入是前一层神经元输出的加权和。每个神经元均由它的输入、活化函数和阈值来确定其活化程度。

1. BP 神经网络基本结构

BP网络是一种具有三层或三层以上阶层的前馈型神经网络,上下层之间每个神经元实现全连接,即下一层的每个神经元与上一层的每个神经元都实现全连接,而每层各神经元之间无连接。图3-1所示网络中输入层和输出层各有3个神经单元,两个隐含层各有5个神经单元,因此网络结构为3—5—5—3。输入信号通过向前传播到隐含层,再经过隐含层传播到输出层,若隐含层为多层,信号的传播将是逐层递进的。在BP网络中,神经网络输出特性函数通常选用S型函数,如$f(x)=(1+\mathrm{e}^{-x})^{-1}$。对于BP网络的输入层与输出层的神经元个数、隐含层的层数及其神经元个数的确定,目前还没有成熟的理论体系,通常是根据问题的复杂性凭经验或试探进行的。

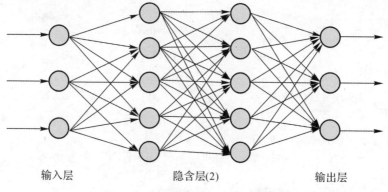

输入层　　　　　　　　隐含层(2)　　　　　　　输出层

图3-1 **BP 网络结构(3—5—5—3)模型**

2. 基本 BP 算法

BP 网络的学习包括正向传播与反向传播两种方式,输入信号由输入层经隐含层向输出层"信号正向传播"总共有如下几个过程,即输入信号由输入层经隐含层向输出层"信号正向传播"过程,网络的希望输出与网络的实际输出之差的误差信号由输出层经隐含层向输入层逐层修正连接权重和的阈值"误差反向传播"过程,由"信号正向传播"与"误差反向传播"的反复交替进行的网络"记忆训练"过程。从形式上可表示为,"信号正向传播"→"误差反向传播"→"记忆训练"→"学习收敛"过程,而从理论上有如下探讨。

设有 L 层的 BP 网络,$(x_{1k}, x_{2k}, \cdots, x_{nk})$ 表示第 k 个样本的输入,$(y_{1k}^d, y_{2k}^d, \cdots, y_{mk}^d)$ 表示第 k 个样本的输出,k 表示学习样本序号,O_j^l 为第 l 层神经元 j 的输出,θ_{jk}^l 为第 l 层神经元 I 的阈值,net_{jk}^l 为第 l 层神经元 j 的输入,它是第 $1-l$ 层所有神经元输出与该神经元权值、阈值的加权和,第 $1-l$ 层所有神经元 i 与 j 层神经元 j 的连接权值如下,通常情况下,$f(x)$ 选用非线性的 Sigmoid 函数:

$$\mathrm{net}_{jk}^l = \sum W_{ji}^l O_{ik}^{1-l} - \theta_j^l \qquad (3-27)$$

$$O_{jk}^l = f(\mathrm{net}_{jk}^l) \qquad (3-28)$$

BP 网络的输入层和输出层可分别表示为

$$O_{jk}^l = x_{ik}, \quad i = 1,2,\cdots,n \qquad (3-29)$$

$$O_{jk}^l = y_{ik}, \quad j = 1,2,\cdots,m \qquad (3-30)$$

BP 算法选用网络的计算输出 y_{jk} 和期望输出 y_{jk}^d 之间的误差为目标函数,并采用梯度下降法推导连接权重 W_{ji}^l 和阈值 θ_j^l 的迭代算式。因此可以定义二次方型误差函数为

$$E = \frac{1}{2} \sum_j (y_{jk} - y_{jk}^d)^2 \qquad (3-31)$$

令 $\delta_{jk}^l = \dfrac{\partial E}{\partial \mathrm{net}_{jk}^l}$,由式(3-27)、式(3-28) 和式(3-31) 可得

$$\frac{\partial E}{\partial W_{jk}^l} = \frac{\partial E}{\partial \mathrm{net}_{jk}^l} \frac{\partial \mathrm{net}_{jk}^l}{\partial W_{jk}^l} = \delta_{jk}^l \delta_{ik}^{l-1} \qquad (3-32)$$

输出层的权重和阈值误差为

$$\delta_{jk}^l = y_{ik}(1 - y_{ik})(y_{ik} - y_{jk}^d) \qquad (3-33)$$

而输出层依次向隐含层反向分配的误差为

$$\delta_{jk}^l = O_{jk}^l(1 - O_{jk}^l) \sum_m W_{jm}^{l+1} \delta_{mk}^{l+1} \qquad (3-34)$$

从而获得实现权重与阈值的修正迭代式为

$$W_{ji}^l(l+1) = W_{ji}^l(l) + \eta \delta_{jk}^l O_{jm}^{l-j} \qquad (3-35)$$

$$\theta_j^l(l+1) = \theta_j^l(l) + \eta\delta_{jk}^l \tag{3-36}$$

式中,l 为迭代次数;$\eta(0 < \eta < 1)$ 为学习步长。

根据学习的终止判据并经过反复迭代,直到对所有的学习样本网络输出的均方误差达到要求为止。在下式中,N 为样本总数,ε 为学习误差(由所要求的学习精度而定)。

$$E = \frac{1}{2N} \sum_{j=1}^{N} (y_j - y_j^d)^2 \leqslant \varepsilon \tag{3-37}$$

3. BP 算法的改进

(1) 双变动量因子。为加速收敛和防止振荡,在 BP 算法中增加两个变动量因子 $\alpha(0 < \alpha < 1)$ 和 $\beta(0 < \beta < 1)$,则有

$$W_{ji}^l(t+1) = W_{ji}^l(t) + \eta\delta_{jk}^l O_{ik}^{l-j} + \alpha\Delta W_{ji}^l(t) + \beta\Delta W_{ji}^l(t-1) \tag{3-38}$$

$$\theta_{ji}^l(t+1) = \theta_{ji}^l(t) + \eta\delta_{jk}^l O_{ik}^{l-j} + \alpha\Delta\theta_{ji}^l(t) + \beta\Delta\theta_{ji}^l(t-1) \tag{3-39}$$

式(3-38)中的 $\alpha\Delta W_{ji}^l$,$\beta\Delta W_{ji}^l(t-1)$ 与式(3-39)中的 $\alpha\Delta\theta_{ji}^l(t)$,$\beta\Delta\theta_{ji}^l(t-1)$ 分别是记忆上一时刻权重与阈值的修改方向,在 η 进行调整时,若遇到 $\Delta E > 0$ 且 η 要减小时,先令 $\alpha = 0$ 和 $\beta = 0$,然后调节到 η 增大时使 α 和 β 恢复。

(2) 群体训练法。为了避免在单个训练样本对权重、阈值的修正时可能出现的振荡,将所有样本进行正向运算后所产生的误差累计,然后统一再对权重和阈值进行一次性修正,则有

$$\Delta W_{jk}^l(t+1) = \eta \sum_i \frac{\partial E}{\partial W_{ji}^l}(t) \tag{3-40}$$

$$\Delta\theta_{jk}^l(t+1) = \eta \sum_i \frac{\partial E}{\partial\theta_{ji}^l}(t) \tag{3-41}$$

(3) 加入 γ 因子。对于任一输入样本和输入节点,若 $O_{jk}^l(1-O_{jk}^l)$ 的因子趋于零而 $y_{jk}^d - O_{jk}^l \neq 0$,将会产生局部极小问题,这就要求所遇到的局部极小或平坦区的误差函数有一定的改变,使 O_{jk}^l 迅速退出不灵敏区,加入 γ 因子为

$$O_{jk}^l = f\left[\left(\sum_i W_{ji}^l O_{ji}^{l-1} - \theta_{ji}^l\right)/\gamma_j\right] \tag{3-42}$$

当遇到进入局部极小或平坦区、使 W_{jk}^l 和 θ_{jk}^l 同时缩小一个因子 $\gamma > 1$,这样可使 θ_{jk}^l 梯度脱离零值,离开平坦区。

(4) 修改 S 型函数。为避免神经元陷入饱和区而使学习停滞,将 Sigmoid 函数修改为 $f(x) = \dfrac{1}{(1+e^{-\alpha x})}$。在神经网络末收敛前,调整 σ 值大小,使各神经元尽量工作在线性区。方法是在饱和区时,减小 σ 值,在退出饱和区后,增大 σ 值。

(5) 变步长学习。步长 η 是 BP 算法的一个重要参数,网络的权重和阈值的

修改量与学习步长 η 成正比。η 的选取不仅影响网络的学习速度,同时对网络的收敛性也有很大影响。在标准的 BP 算法中只规定了 η 的取值范围 $0<\eta<1$,且 η 在整个学习过程中是一个常数。当 η 的取值很大时,网络学习会很快,但在收敛至极小点附近时可能出现过冲现象,从而导致振荡或不收敛;当 η 取较小的值时,网络学习时能收敛到极小点,但会极大地增加循环迭代次数,从而降低了收敛速度。根据最优下降算法,将学习步长 η 由定值改为一个简单的变量,使其随迭代次数的增加而逐渐减小。如将学习步长 η 取为 $\varphi^{t/D}$,这里 φ($0<\varphi<1$)为一个接近于 1 的小数值,t 为迭代次数,D 为一常量。修正后的学习步长完全符合学习开始时较大,随着学习的深入不断减小的宗旨。

本书利用神经网络的前向模型进行辨识。利用系统的输入输出数据训练一个多层前馈神经网络,通过训练或学习,使神经网络具有与系统相同的输入输出关系,即使其能够辨识前向动力学特性的模型。其中神经网络辨识模型与待辨识的动态系统并联,两者的输出误差,即预测误差被用作神经网络的训练信号。这是一个典型的有人监督学习问题,实际系统作为教师,向神经网络提供学习算法所需要的期望输出。

通常情况下,飞行控制系统可以用非线性动态方程描述为

$$\left.\begin{array}{l}\dot{\boldsymbol{x}}(t)=f(\boldsymbol{x}(t))+g(\boldsymbol{x}(t))\boldsymbol{u}(t)+\boldsymbol{\delta}(t)\\ \boldsymbol{y}(t)=h(\boldsymbol{x}(t))\end{array}\right\} \tag{3-43}$$

式中,$\boldsymbol{x}(t)\in \mathbf{R}^n$ 为状态向量;$\boldsymbol{u}(t)\in \mathbf{R}^m$ 为输入向量;$\boldsymbol{y}(t)\in \mathbf{R}^l$ 为输出向量;f:$\mathbf{R}^n\rightarrow \mathbf{R}^n$;$g$:$\mathbf{R}^m\rightarrow \mathbf{R}^m$;$h$:$\mathbf{R}^l\rightarrow \mathbf{R}^l$ 为非线性映射函数;$\boldsymbol{\delta}(t)\in \mathbf{R}^n$ 为系统的测量噪声和对象扰动。

根据 BP 网络的最佳逼近性能,可以建立神经网络辨识模型,对于任意小的 ε,存在 BP 网络逼近于系统的实际输出,有

$$e=\parallel y_s-y_p\parallel<\varepsilon \tag{3-44}$$

式中,y_s 为网络输出;y_p 为系统实际输出;e 为输出误差。

基于神经网络的系统辨识就是让神经网络的输出与被辨识系统的输出相差多少,只要输出误差小于某一个事先设定的值,就认为神经网络已经充分揭示了被辨识系统的传输特性。

3.4.2　改进的BP神经网络学习算法

BP 神经网络是一种以函数逼近理论为基础的前向神经网络,由于其结构简单、训练速度快,所以经常用于函数逼近、在线控制、模式识别与分类。

对于一个三层的 BP 神经网络,设网络的输入节点为 x_i,隐含层节点为 h_j,

输出层节点为 y_l，w_{ji} 为输入与隐含层节点的权值，w_{lj} 为隐含层节点与输出节点的权值。则网络输入层的输入如下：

$$O_i = x_i, \quad j = 1, 2, \cdots, M \tag{3-45}$$

那么，网络隐含层的输出为

$$h_j = f\left(\sum_i w_{ji} x_i\right) \tag{3-46}$$

网络输出层的输出为

$$y_l = g\left(\sum_j w_{lj} h_j\right) \tag{3-47}$$

定义误差函数为

$$f(k) = \frac{1}{2}(r(k) - y(k))^2 \tag{3-48}$$

式中，$y(k)$ 为网络期望输出；$r(k)$ 为参考模型的输出。网络的学习可以看成以求取误差函数 $f(x)$ 最小为目标函数的无约束最优化问题，即

$$e = f(x) = \frac{1}{2}\sum_{j=1}^{N}(y_{sj} - y_{pj})^2 = \frac{1}{2}\sum_{j=1}^{N}e_j^{\,2} \tag{3-49}$$

式中，x 表示网络的待求参数；$y_{sj} \in \mathbf{R}^h$ 为网络输出；$y_{pj} \in \mathbf{R}^h$ 为期望输出；N 为样本数。

应用增加动量项的网络学习算法，则有

$$\left.\begin{aligned} \Delta x_{k+1} &= \beta \Delta x_k + \sigma(1-\beta)g_k \\ x_{k+1} &= x_k + \Delta x_{k+1} \end{aligned}\right\} \tag{3-50}$$

式中，g_k 为 $f(x)$ 在 x_k 处的梯度；$\beta \Delta x_k$ 为动量项（$\beta \in [0,1]$）；σ 为学习速率；x_{k+1} 为网络权值，梯度 g_k 计算公式为

$$g_k = \frac{\partial e(k)}{\partial x(k)} = \frac{\partial e(k)}{\partial y(k)}\frac{\partial y(k)}{\partial u(k)}\frac{\partial u(k)}{\partial o(k)}\frac{\partial o(k)}{\partial h(k)}\frac{\partial h(k)}{\partial x(k)} \tag{3-51}$$

采用动量BP算法虽然可以使得梯度下降的速度减缓，但是网络对初始值较敏感，且容易陷入局部极小点、收敛速度慢。在算法中如果能预测出梯度下降的趋势，那么将有助于算法快速并有效地避免陷入局部最优。考虑到以上问题并且不增加算法复杂度，本书采用梯度预测模型进行算法的改进，即用前一次最速下降移动的速度，作为本次移动的速度，用来预测下一步最速下降移动的位置。将当前时刻的梯度记为 $g^*(k)$，记 $v(k-1) = g^*(k) - g^*(k-1)$，利用以前的信息预测出梯度变化后的可能位置，增加算法的快速性。同时应用前文提到的双动量因子算法，进而得到本书提出的 BP 网络学习算法，可表示为

$$\left.\begin{aligned} \Delta x_{k+1} &= \beta \Delta x_k + \alpha \Delta x_{k-1} + \lambda v(k-1) + \sigma(1-\beta)g_k \\ x_{k+1} &= x_k + \Delta x_{k+1} \end{aligned}\right\} \tag{3-52}$$

式中，β, α, λ 和 σ 为可选参数。由式（3-52）可以看出，如果对梯度的预测较准

确,算法可以很快找到最优解的邻近区域,并很快找到最优解。为了使算法能自适应地跟随梯度的变化而变化,并进入下一环境继续寻找新的有效解集。现在给出一种梯度变化的检测算子,即

$$\varepsilon(\tau) = \frac{\sum\limits_{i=1}^{n} \parallel g(k) - g(k-1) \parallel}{\max\limits_{i=1,\cdots,n} \parallel g(k) - g(k-1) \parallel} \qquad (3-53)$$

根据检测因子 $\varepsilon(\tau)$ 来自适应地确定 λ 的值。当 $\varepsilon(\tau)$ 大于某个阈值 η 时,适当增加 λ 的值,反之,适当减小 λ 的值,为了防止不成功的预测结果影响算法的性能,在算法中以学习速率的形式保留了当前的梯度 g_k。其中检测算法为

$$\lambda(k) = \begin{cases} m_i \lambda(k-1), & \varepsilon(\tau) > \eta \\ m_d \lambda(k-1), & \varepsilon(\tau) < \eta \\ 0, & 其他 \end{cases} \qquad (3-54)$$

同时,算法中采用自适应学习速率BP算法中的自适应学习率调整方法进行学习速率 σ 的自适应调整,当误差以减小的方式趋于目标时,说明修正方向正确,可增加步长,使学习率增加;而当误差增加超过事先设定值时,说明修正过头,应减小步长,使学习率减小,即

$$\Delta\sigma(k) = \begin{cases} k_i \sigma(k-1), & E(k) < E(k-1) \\ k_d \sigma(k-1), & E(k) > E(k-1) \\ 0, & 其他 \end{cases} \qquad (3-55)$$

$$\sigma(k) = \sigma(k-1) + \Delta\sigma(k) \qquad (3-56)$$

式中,σ 为学习率;$k_i > 1$ 为学习率增量因子;$k_d < 1$ 为学习率减量因子;$E(k)$ 为第 k 次迭代的网络输出的总误差性能函数。

通过以上讨论可知,动量BP算法利用当前信息进行计算,梯度变化的监测算子和自适应学习速率利用历史信息预测变化后的算法位置。通过这样的改进提高了算法适应环境的能力。

根据上述分析可知神经网络输出层权值的学习算法为

$$\Delta w_{lj}(k) = \beta \Delta w_{lj}(k) + \alpha \Delta w_{lj}(k-1) + \lambda(\delta_1 h(k) - \delta_1 h(k-1)) +$$
$$\sigma(1-\beta)\delta_1 h(k) \qquad (3-57)$$

式中,$h(k)$ 为隐含层的输出,δ_1 计算公式为

$$\delta_1 = e(k) \frac{\partial y(k)}{\partial u(k)}(e(k) - e(k-1))g'(h(k)) \qquad (3-58)$$

网络隐含层权值的学习算法为

$$\Delta w_{ji}(k) = \beta \Delta w_{ji}(k) + \alpha \Delta w_{ji}(k-1) + \lambda(\delta_2 O(k) - \delta_2 O(k-1)) +$$
$$\sigma(1-\beta)\delta_2 O(k) \qquad (3-59)$$

式中,$O(k)$ 为输入层的输入,δ_2 计算公式为

$$\delta_2 = f'(h(k))\delta_1 \Delta w_{lj}(k) \tag{3-60}$$

本书选取隐含层数目最大值为 $N \geqslant m+n+3$,其中 m 和 n 分别为输入和输出神经元的个数,N 为隐含层神经元个数,在训练中逐步增加隐含层的数目直至设定的最大值。双动量因子 α 和 β 取值经过多次仿真验证,α 取值为 $0.4 \sim 0.8$,β 取值为 $0 \sim 0.5$。

基于上述分析,本书中改进的混合 BP 神经网络学习算法如下(表示为 HBP):

算法 3.1

Step1:初始化网络参数:设定网络隐含层个数最大值 N、权值 w_{li} 和 w_{ji} 初值、迭代终止精度 ε、学习率 σ、学习率增量因子 k_i、学习率减量因子 k_d、自适应因子 m_i 和 m_d、双动量因子 α 和 β 的值、参数 λ 的值;

Step2:令迭代次数 $k=0$,隐含层个数 $n_k=2$,根据输入数据计算网络的实际输出 y_l;

Step3:根据网络输出和实际输出计算误差,若 $f(x) \leqslant \varepsilon$,停止迭代,输出并记录网络参数,否则转 Step4;

Step4:计算梯度 g_k,$\varepsilon(\tau)$ 和 $v(k)$;

Step5:根据设定参数由式(3-31)到式(3-34)更新神经网络权值参数 w_{li} 和 w_{ji};

Step6:计算输出误差函数,若 $f(x) \leqslant \varepsilon$,停止迭代,否则转 Step7;

Step7:增加隐含层数目,令 $n_k = n_k + 1$,若 $n_k \leqslant N$,转 Step3,否则转 Step8;

Step8:若 $f(x) \leqslant \varepsilon$,停止迭代,否则转 Step3;

Step9:记录此时的 w_{li},w_{ji},n,则得到 BP 网络。

通过双动量因子结合自适应梯度下降方法的 BP 学习算法,可以在控制收敛速度的同时,满足系统的全局收敛性能,使得网络快速收敛到全局最小。经过大量的仿真验证,本书的算法对于非线性系统的映射是有效的,可以用于非线性系统的辨识。

3.4.3 神经网络辨识与特征提取

神经网络辨识是为了健康特征提取服务。要进行健康管理,首先需要提取表征每种故障情况下的特征,在提取故障特征时,为了简单起见,并不需要监测对象的整个模型,只需要监测对象模型中某些特定的模块,这样能减少特征提取的复杂性,继而减少整个健康管理系统的复杂度。被监测的模块应该包含反映

系统内部异常的特定模型参数,而且,这些模块的输入和输出在实际过程中都可以通过测量而得到,同时这些特征参数可以为后续的健康评估提供信息基础。

根据神经网络辨识结果,得到系统的实际模型参数以后,就可以构造出系统当前时刻的健康特征,系统的健康特征为

$$H_{\text{feature}} = (\Delta J_m, \Delta B_m, \Delta K_{\text{act}}, \Delta C_t, \Delta M_p, \Delta B_p) \qquad (3-61)$$

式中,$J_m \sim B_p$ 分别为神经网络辨识得到的模型参数;$J_{mref} \sim B_{pref}$ 分别为基准模型参数,即正常情况下的参考模型参数。$\Delta J_m = J_m - J_{mref}$,$\Delta B_m = B_m - B_{mref}$,$\Delta K_{\text{act}} = K_{\text{act}} - K_{\text{actref}}$,$\Delta C_t = C_t - C_{tref}$,$\Delta M_p = M_p - M_{pref}$,$\Delta B_p = B_p - B_{pref}$;

由此可见,系统的健康特征是由模型参数的变化量所构成的一个矢量,矢量的每一维对应系统的不同特征参数,这个不同的特征参数就构成了一个多维的特征参数空间。由上述内容可知,神经网络特征提取的流程如图3-2所示。

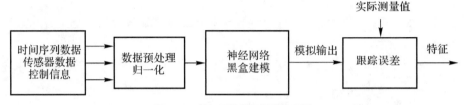

图 3-2 神经网络特征提取流程图

基于上述分析,基于神经网络辨识方法的系统健康特征的提取步骤如下:

步骤1:获取系统中特定模块的输入输出数据,这些特定模块包含了能够反映系统内部异常的模型参数。

步骤2:根据获得的模块输入输出数据,进行神经网络辨识,把采集的传感器信号作为神经网络的输入,系统的实际输出为网络的输出,以此对网络进行训练。网络的目标函数为系统实际输出值与网络输出的均方误差。

步骤3:比较实际模型参数与基准模型参数,构造系统当前时刻的健康特征矢量,这个特征矢量就是提取出来的系统健康特征,在系统运行过程中,比较实际输出与网络的辨识输出,输出残差("跟踪误差")即为当前时刻的特征值。

根据上文改进的神经网络算法,结合健康特征提取方法,本书提出如下的基于神经网络的健康特征提取算法:

算法 3.2

Step1:初始化网络参数:设定网络隐含层个数最大值 N、权值 w_{li} 和 w_{ji} 初值、迭代终止精度 ε、学习率 σ、学习率增量因子 k_i、学习率减量因子 k_d、自适应因子 m_i 和 m_d、双动量因子 α 和 β 的值、参数 λ 的值。

Step2:采集能够反映系统健康特征的特征参数作为网络的输入和输出数据

对,输入 $O=(P_m,\theta_m)$,输出 $H=(J_m,B_m,K_{act},C_t,M_p,B_p)$。

Step3:根据数据对和算法 3.1 建立神经辨识模型。

Step4:实时采集系统的特征数据输入训练好的 BP 神经网络,记录神经网络的输出数据。

Step5:将系统实时输出数据和神经网络模型输出的数据进行残差处理得到系统的健康特征参数,$H_{feature}=(\Delta J_m,\Delta B_m,\Delta K_{act},\Delta C_t,\Delta M_p,\Delta B_p)$。

|3.5 基于神经网络分类的健康特征提取|

基于分类方法的健康特征提取就是根据系统目前的状况,将系统特征参数所代表的健康特征进行分类。BP 神经网络对于复杂的非线性映射拟合的误差在理论上可以达到任意的程度。基于此,应用 BP 网络进行模式分类的方法得到了大量的研究,并且其应用领域还在不断扩大。美国珀杜大学的 Venkat 等人用神经网络诊断流化态催化裂化单元的故障,第一次将神经网络成功地应用于模式匹配和故障诊断中。近年来,对基于神经网络的故障模式分类方法更是进行了大量的研究,基于特定的故障模式分类问题,研究者对怎样提高网络的学习速度和映射能力进行了研究,但是针对不同问题有不同的解决方案。模式识别与特征提取是通过选择敏感特性和进行简单比较实现的,这对于简单系统容易做到,而对于复杂系统和复杂现象,就涉及故障模式和正常模式的识别问题,在很多情况下,特别是线性不可分的复杂决策区域,判别函数的形式复杂。神经网络作为一种自适应的模式识别技术,并不需要预先给出有关模式的经验知识和判别函数,它通过自身的学习机制自动形成所要求的决策区域。网络的特性由其拓扑结构、神经元特性、学习和训练规则所决定。它可以充分利用状态信息,对来自于不同状态的信息逐一进行训练而获得某种映射关系。因此,神经网络在模式识别与特征提取领域中应用广泛。

3.5.1 改进的BP神经网络模式分类算法

标准的反向传播算法根据最速下降的方向即梯度的负方向调整权值,这虽然是误差函数下降最快的方向,但不一定是算法收敛的最优方向。为了解决标准算法容易陷入局部极小的问题,许多学者都对学习算法做了一定的改进。其中采用共轭梯度的学习算法收敛速度快,而且由于共轭梯度算法不需要计算或存储二阶导数信息就具有二阶方法的功能,所以算法需要的存储空间小、计算代

价低。

共轭梯度法是由计算数学家 Hestenes 和 Stiefel 提出的,基本原理就是使得最速下降法具有共轭性,使得优化算法的精确线性搜索产生二次终止性。最初共轭梯度法的提出是为了求解线性方程组,逐步推广到求解一般非线性最优化问题。共轭梯度法是一种共轭方向法,其方向矢量不是预先给定的,而是在每次迭代时确定,在每一步计算当前的负梯度矢量,然后加上前一步方向矢量的线性组合,获得一个新的共轭梯度矢量,共轭梯度法的基本算法如下:

对如下的二次型求极值,有

$$f(\boldsymbol{x}) = (1/2)\boldsymbol{x}^{\mathrm{T}}\boldsymbol{G}\boldsymbol{x} + \boldsymbol{b}^{\mathrm{T}}\boldsymbol{x} + c \qquad (3-62)$$

式中,$\boldsymbol{G} \in \mathbf{R}^{n \times n}$ 是对称正定矩阵;$\boldsymbol{b} \in \mathbf{R}^{n \times 1}$ 为向量;c 是常数;$f(\boldsymbol{x})$ 的梯度为 $g_k = \dfrac{\partial f(\boldsymbol{x})}{\partial \boldsymbol{x}}$,那么对式(3-62)求极小值问题的共轭梯度法为

$$\left. \begin{aligned} \boldsymbol{x}_{k+1} &= \boldsymbol{x}_k + \boldsymbol{a}_k\boldsymbol{d}_k \\ \boldsymbol{d}_{k+1} &= -\boldsymbol{g}_{k+1} + \boldsymbol{\beta}_k\boldsymbol{d}_k \end{aligned} \right\} \qquad (3-63)$$

式中在二次函数情况下应用 Polak-Ribiere-Polyak(简称 PRP)公式计算 $\boldsymbol{\beta}_k$ 为

$$\left. \begin{aligned} a_k &= \frac{-\boldsymbol{g}_k^{\mathrm{T}}\boldsymbol{d}_k}{\boldsymbol{d}_k^{\mathrm{T}}\boldsymbol{G}\boldsymbol{d}_k} \\ \beta_k^{\mathrm{PRP}} &= \frac{\boldsymbol{g}_{k+1}^{\mathrm{T}}(\boldsymbol{g}_{k+1} - \boldsymbol{g}_k)}{\boldsymbol{g}_k^{\mathrm{T}}\boldsymbol{g}_k} \end{aligned} \right\} \qquad (3-64)$$

由算法可知,共轭梯度法比最速下降法稍微复杂一点,但却具有二次终止性,并且收敛速度更快。在上面的算法中对于一般的非二次函数,n 步以后共轭梯度法产生的搜索方向 d_k 不再共轭,因此 n 步后可以周期性地采用增加动量项的最速下降方向作为搜索方向,同时自适应地调整学习速率 σ。

为了最大限度地使用系统的有用信息,结合笔者的研究成果,本书采用前文提到的双动量因子结合梯度预测模型的算法,进而得到本书的 BP 网络学习算法可表示为

$$\left. \begin{aligned} \boldsymbol{x}_{k+1} &= \beta\boldsymbol{x}_k + \alpha\boldsymbol{x}_{k-1} + \lambda\boldsymbol{v}(k-1) + \boldsymbol{a}_k\boldsymbol{d}_k \\ \boldsymbol{d}_{k+1} &= -\boldsymbol{g}_{k+1} + \boldsymbol{\beta}_k\boldsymbol{d}_k \end{aligned} \right\} \qquad (3-65)$$

式中,β,α 和 λ 为算法 3.1 中的可选参数。

根据大量仿真验证,隐含层数目初值选取为 $N \geqslant \sqrt{m+n+a}$,a 为 1~100 之间的常数。

根据上面介绍的混合共轭梯度优化算法(CGBP),设计 BP 神经网络学习算法如下:

算法 3.3

Step1：设定网络隐含层个数 N、初始化网络权值 w_{li} 和 w_{ji} 为小的任意数、迭代终止精度 ε、自适应因子 m_i 和 m_d，双动量因子 α 和 β 的值、参数 λ 的值；

Step2：设置迭代次数 $k=0$，计算初始共轭方向 d_0；

Step3：根据式(3-64)确定共轭向量系数；

Step4：根据式(3-65)更新权值向量；

Step5：确定新的共轭梯度方向 $d_{k+1}=-g_{k+1}+\beta_k d_k$；

Step6：根据权值向量计算神经网络的输出，得到误差数据；

Step7：设 $k=k+1$，检验终止条件，若 $f(x)\leqslant\varepsilon$，停止迭代，否则转 Step3；

Step9：记录此时的 w_{li}，w_{ji}，N，得到 BP 网络。

3.5.2 基于分类方法的健康特征提取

基于神经网络的健康特征提取过程分为两步，首先，基于一定数量的训练样本集对神经网络进行训练，得到期望的特征网络；其次，根据当前采集的数据输入对系统进行分类，分类的过程即为利用神经网络进行健康特征提取的过程。在学习和提取健康特征之前，通常需要对采集的原始数据和训练样本数据进行适当的处理，目的是为网络提供合适的分类输入和训练样本，本书采用归一化数据处理方式。根据上述分析，应用神经网络分类技术进行系统健康特征提取的基本步骤如下：

步骤 1：对采集的系统原始数据进行归一化处理；

步骤 2：选择 BP 网络模型结构和参数，让输入和输出神经元的个数等于原始特征参数的维数；

步骤 3：选择合适的神经网络学习算法，以保证较高的收敛精度，利用误差反传法训练 BP 网络，通常满足系统特征提取性能下误差所需的精度即可；

步骤 4：将原始特征参数的所有样本输入训练好的 BP 网络，进行前向计算和测试，求出 BP 网络的输出值，即得到所提取的新特征。

3.5.3 神经网络模式分类数值仿真

根据上文的模式分类算法，对某型无人机飞行控制系统进行健康特征提取。飞机飞行的初始状态为，高度 5 000 m，初速为 150 m/s。配平时的变量值分别为，$\delta_e=-3.347\,3°$，$\delta_a=0°$，$\delta_r=0°$，$\alpha=6.047°$，其余状态变量均为零。

应用上文提出的神经网络模式分类算法对系统进行故障模式分类研究，此

处讨论对象的输入输出变量分别为$[\delta_e,\delta_r,\delta_a,\delta_T]$和$[p,q,r,\alpha,\beta]$。系统仿真时间为 20 s,采样周期为 0.02 s。平衡状态下系统的输出曲线如图 3-3 所示。

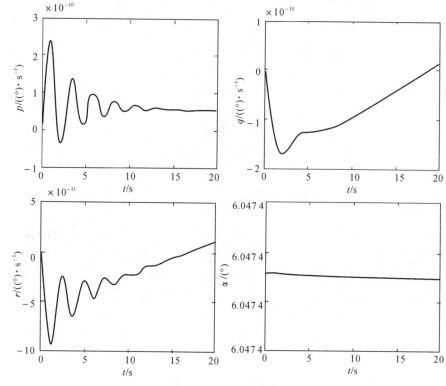

图 3-3   系统输出曲线

分别设定作动器故障(升降舵卡死故障、升降舵松浮故障、推力损失故障,部分推力缺失故障),传感器故障(迎角和俯仰角速率故障),仿真获取关于正常情况下数据(20 组)和各种故障模式的样本数据(各 20 组),在学习训练之前,将所获得的数据集分成训练集、验证集和测试集三部分,并且对数据进行归一化处理。用于训练、验证和测试的故障数据结构见表 3-1。

表 3-1   故障特征数据样本集

样本编号	归一化故障特征向量 P			故障特征向量 T					
	1	···	20	I	II	III	IV	V	VI
1	$P_{1,1}$	···	$P_{1,20}$	1	0	0	0	0	0
2	$P_{2,1}$	···	$P_{2,20}$	1	0	0	0	0	0
···	···	···	···	···	···	···	···	···	···

网络训练 100 步达到了预设精度($\Delta e \leqslant 10^{-4}$),图 3-4 和图 3-5 给出了训练误差、验证误差和测试误差的变化曲线,由曲线可以看出,验证误差和测试误差的变化是一致的,这说明样本集的划分是合理的。对训练好的网络输出结果和目标结果进行线性回归分析,分析结果如图 3-4 所示。从图中可以知道,网络对故障检测结果输出效果很好,与目标输出相关系数几乎达到 1。

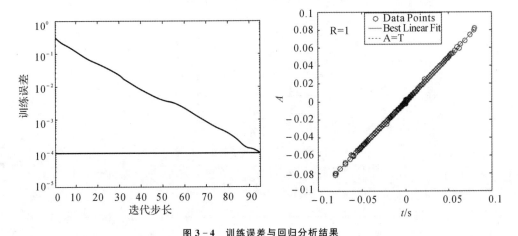

图 3-4 训练误差与回归分析结果

图 3-5 验证和测试误差结果

为检测网络的诊断能力,重新采集 6 组故障数据让网络进行诊断,对故障新数据的诊断结果见表 3-2。从仿真结果可以看到,BP 网络对本书设计的故障都可以准确识别出来。

表 3 - 2 故障模式分类结果

样 本	所属故障	诊断结果					
		升降舵故障 特征 1	升降舵故障 特征 2	推力系统 故障特征 1	推力系统 故障特征 2	迎角故障 特征	俯仰角速率 故障特征
1	升降舵故障 1	1.056 4	0.756 2	0.049 8	0.047 6	0.383 2	0.325 4
2	升降舵故障 2	0.895 5	1.005 9	0.092 4	0.062 4	0.416 1	0.235 4
3	推力故障 1	0.001 2	0.001 2	0.998 5	0.782 5	0.481 1	0.199 3
4	推力故障 2	0.016 2	0.056 2	0.673 1	1.003 9	0.322 9	0.154 0
5	迎角故障	0.425 6	0.396 1	0.539 8	0.601 4	1.008 6	0.329 5
6	俯仰角速率故障	0.398 1	0.285 1	0.252 1	0.153 4	0.206 7	1.000 3

上述数字仿真结果表明,BP 神经网络具有结构简单、训练时间短、逼近能力强的优点,适合于复杂、非线性和不确定性的系统的分析和研究;神经网络具有较强的非线性逼近能力,利用神经网络自身的分布式连接机制对知识进行表示、存储和推理,从而精确地进行故障模式识别。本书提出的算法充分利用了神经网络进行故障模式分类的优良特性,准确、可靠地对系统进行了故障模式分类。

|3.6 本 章 小 结|

本章主要应用神经网络辨识和故障模式分类技术进行系统的健康特征提取。分别应用改进的 BP 算法完成网络的辨识和分类。以故障系统数据为研究对象,采用改进的神经网络算法进行系统的健康特征提取。

第 4 章

健康评估方法

    健康评估是健康管理的又一个重要研究内容,得到系统的健康特征信息后,需要进一步进行系统健康状态的评估与确认。健康评估就是根据系统的健康特征信息评估系统的健康状况,给出带有置信度水平的系统健康状况的结论,并结合系统健康状况的历史信息、故障传播特性和系统运行特性,定性评估故障的影响,进而预报系统未来的健康状态。本书采用基于数据聚类的方法在特征参数构成的多维空间中,把当前的参数分布与各种已知故障情况下的参数分布进行比较,以确定当前数据与各种健康特征分布之间的相似程度,以实现基于数据驱动的健康预测,最终实现对当前系统健康状态的评估与分析。

|4.1 引　　言|

    随着系统的运行,系统的健康状态表现为从正常到性能下降直至功能失效的过程,此过程称为系统健康退化过程。健康评估是指系统运行过程中当前状态偏离正常状态的程度。要进行健康评估就需要建立相应的监测与健康评估模型。通常情况下,假设在系统运行的初期系统无故障,其健康评估等级为初级,系统处于完全健康状态。随着运行时间的增加,系统可能达到临界故障状态,其特征参数发生变化,但是假如临界故障状态不足以导致系统工作状态的改变,因此不能够进行故障的判断,但是随着时间的推移,系统的健康状况会随着故障程度的增加而继续变坏,同时系统的故障也将被检测到,并能给出相应的健康状态描述。基于上述分析,系统健康评估的基本思想就是在已知早期故障类型后,依据系统数据得到系统正常状态的特征参数,然后根据系统当前状态的特征参数,经过特定的算法计算出此刻特征和正常特征之间的距离,根据距离的大小判别当前状态偏离正常状态的程度,从而实现对系统的健康评估。H. Park 应用数据分析方法进行太空舱系统的健康监控;Schwabacher 研究了一种能够同时检测已知和未知故障的健康管理算法;L. David Iverson 使用聚类分析方法在不同模式中进行聚类,使用类间距离判断系统的健康状况;N. Oza 和 Srivastava 分别使用数据处理和数据挖掘技术进行健康监控;Seungkoo Lee 应用数据融合与特征提取方法完成对系统的健康评估;同时还有 J. Matthew, P. Dimitar, John Schmalzel 和 Felke 进行了健康评估方法的研究。总结已有的研究发现,实现根据特征之间的距离判断对系统进行健康评估最简捷有效的方法就是聚类分析方法。

聚类分析作为统计学的一个分支,已经被广泛研究了许多年。将物理或抽象对象的集合分组成由类似的对象组成的多个类的过程称为聚类。聚类是一种重要的数据分析技术,搜索并且识别一个有限的种类集合或簇集合,进而描述数据。目前,聚类分析方法已经广泛地应用到许多领域中,如数据分析、模式识别、图像处理等。通过聚类,能够识别数据属性之间的相互关系。聚类分析是多元统计分析的一种,把一个没有类别标记的数据集合按照某种准则划分为若干个子集,使相似的样本尽可能地归为一类,而将不相似的样本尽量划分到不同的类中。硬聚类把每个待辨识的对象严格地划分到某类中,具有非此即彼的性质,模糊聚类由于能够描述样本类属的中介性,能够客观地反映现实世界,已逐渐成为聚类分析的主流。在众多的模糊聚类算法中,模糊 K 均值聚类算法(Fuzzy K-Means,FKM)应用最广泛,目前已成为模式识别的一个重要分支。

模糊 K 均值聚类方法是基于目标函数的模糊聚类算法理论中最为完善、应用最为广泛的一种算法。模糊 K 均值算法最早是从硬聚类目标函数的优化中导出的。为了借助目标函数法求解聚类问题,人们利用均方逼近理论构造了带约束的非线性规划函数,以此来求解聚类问题。但是传统的模糊 K 均值聚类技术是一种局部搜索算法,其寻找最优解的方式是一种迭代的爬山技术,因此,存在着易陷入局部极小值和处理大数据量耗时的缺点。为了克服这些缺点,人们提出了各种优化算法以获得全局最优解。近年来,随着进化算法在解决优化问题方面的优良特性,基于进化算法的故障模式分类方法受到了人们的广泛关注。Meng Hui 和 L. Tseng 用遗传算法进行聚类分析;Cai Lin 等人利用基于遗传算法的模糊聚类方法进行故障模式分类。近几年来,人们又提出了许多基于进化算法的层次聚类算法来解决寻找数据集最优聚类的问题,如模拟退火算法(Simulated Annealing,SA)、粒子群算法(Particle Swarm Optimization,PSO)、

差分进化算法(Differential Evolution Algorithm,DEA)。

本书提出了一种进化模糊聚类算法进行无人机系统健康评估。进化聚类算法克服了模糊 K 均值算法对初始值敏感易陷于局部最优的缺点,同时算法有效利用了种群分布特性,提高了聚类结果的准确性,利用进化模糊聚类分析方法从状态信号中提取出系统的特征参数向量,构成能反映系统正常和各种故障状态特征的基准模式,从而完成对系统的健康评估。

|4.2 问题描述|

根据特征提取的结果,可以知道数据向量属于哪种故障类型,但是要详细进行健康状况评估,还需对数据进行进一步的分析研究。首先需要确定系统正常情况下以及每种已知故障发展进程(例如从 10% 故障发展到 100% 完全故障)对应的健康特征参数,然后将采集的数据和经验数据进行比较分析,从而确定当前时刻系统的健康状况。由于故障的发生和发展是一个连续的过程,同时对系统的危害程度也是相对的,所以应该采用一种"隶属"的概念,正确地划分系统的健康等级,从而完成对系统的健康评估。

健康管理系统获取新的系统健康状态数据后,系统当前的健康状态可以根据如下两个参数来确定:累积指数(Cumulative Index,CI)和进化指数(Evolutionary Index,EI)。

累积指数表征了系统健康状况从初始状态(t_0 时刻)发展到最终状态(t 时刻)的过程中,系统健康的全局性变化,其计算公式为

$$CI_{0,t} = -\frac{\beta_t - \beta_0}{\beta_0} = -\frac{\Delta\beta_{0,t}}{\beta_0} \qquad (4-1)$$

进化指数表征了系统健康从一个中间状态(t_i)发展到另一个中间状态(t_{i+1})时,系统健康的局部性的变化。进化指数的计算公式为

$$EI_{t_i,t_{i+1}} = -\frac{\beta_{t_{i+1}} - \beta_{t_i}}{\beta_{t_i}} = -\frac{\Delta\beta_{t_i,t_{i+1}}}{\beta_{t_i}} \qquad (4-2)$$

在上面两式中,β 为可靠性指数,β 与当前时刻系统健康状态的特征参数与已知系统特征参数之间的聚类中心有关。β 的计算公式如下:

$$\beta = \frac{|\overline{K}_r - K_c|}{\sqrt{K_r^2 + K_c^2}} \qquad (4-3)$$

式中,$\overline{K}_r$ 为已知系统特征参数与对应的故障模式所代表的聚类中心的距离;K_c 为当前时刻系统特征参数与对应的故障模式所代表的聚类中心的距离。

累积指数 CI 和进化指数 EI 表征了系统健康状态的变化,当 CI 和 EI 等于 0 时,表示系统没有出现健康降级;当 CI 和 EI 为正时,表示系统出现了健康降级;当 CI 和 EI 为负时,表示系统的健康有了改善。因而,当系统出现异常时,需要计算在当前时刻,系统对各种已知故障的累积指数 CI 和进化指数 EI,根据 CI 和 EI 的变化,就可以确定系统当前的健康状态。

基于上述分析,系统健康状态的评估方法如下:

Step 1:根据系统历史数据信息,确定系统故障类型所表示的聚类中心;

Step 2:计算当前时刻 i 相对已知故障 F_j 的可靠性指数 β_{ij}、累积指数 $CI_{t_i}(F_j)$ 和进化指数 $EI_{t_i}(F_j)$;

Step 3:根据 $CI_{t_i}(F_j)$ 和 $EI_{t_i}(F_j)(j=1,2,\cdots)$ 的取值,确定系统当前时刻健康状态与哪种已知故障的相关性最大,即当前时刻系统的故障类型和故障程度,从而完成对系统的健康评估。

4.3 改进的进化模糊聚类算法

常规的模糊聚类算法是一种局部搜索算法,特别是对于高维大样本数据,算法容易陷入局部最优。遗传算法以其稳健、易用、较少的受控参数和强大的全局搜索能力已经被成功地应用到各种优化研究领域,因此将全局优化方法与模糊聚类方法相结合,以弥补聚类方法中容易陷入局部最优的缺陷,充分发挥聚类方法的最优性能。

4.3.1 数据聚类算法

聚类分析方法是一个无监督的学习过程,是指按照事物的某些属性,将数据对象分组成为若干个类或簇。聚类分析作为统计学的一个分支,多年来已经进行了大量的研究,研究的内容主要集中在基于距离的聚类分析方法上面。算法的选择取决于数据的类型、聚类的目的和应用。为了使聚类方法的性能得到更大的提高,将全局优化方法与聚类方法结合,可弥补聚类方法中易陷入局部最优的缺陷,充分发挥聚类方法的最优性能。常采用的方法有遗传算法、免疫算法和蚂蚁算法等进化算法。近年来遗传算法的研究与发展,给聚类分析领域带来新的活力。

传统的聚类分析是一种硬划分,把每个对象都严格地划分到某个类中。而实际上大多数对象并没有严格的属性,这种硬划分并不能真正地反映对象和类

的实际关系,人们利用模糊集合理论把硬聚类的隶属函数从二值扩展到$[0,1]$区间,从而把硬划分的概念推广到模糊划分。最常用的模糊聚类方法就是模糊K均值聚类算法。FKM算法的基本思想是,通过反复修改聚类中心和隶属度矩阵来实现动态的迭代聚类,通过迭代把n个向量$x_i(i=1,2,\cdots,n)$分为c类($2\leqslant c\leqslant n$),确定聚类中心$V=\{c_1,c_2,\cdots,c_c\}$,使得目标函数达到最小,从而使生成的簇尽可能地紧凑。FKM算法用隶属度$u_{ij}(i=1,2,\cdots,c;j=1,2,\cdots,n)$来确定每个数据点属于某个聚类的程度。隶属度矩阵为$U=(u_{ij})_{c\times n}$,其中$u_{ij}$表示第$j$个样本数据属于第$i$类的隶属度且满足

$$u_{ij}\in[0,1],\quad \sum_{i=1}^{c}u_{ij}=1 \qquad (4-4)$$

FKM的目标函数为

$$J(U,V)=\sum_{j=1}^{n}\sum_{i=1}^{c}u_{ij}^{m}d_{ij}^{2} \qquad (4-5)$$

式中,c_i为模糊组i的聚类中心;$d_{ij}=\|c_i-x_j\|$为第i个聚类中心与第j个数据点间的欧几里得距离;$m\in[1,\infty)$是一个模糊加权指数。

FKM算法就是求在满足式(4-5)的情况下,使目标函数J取最小值的聚类结果。J的条件极值可以由拉格朗日乘数法求得。J在式(4-5)下的条件极值可以表示为

$$J(U,V)=\sum_{j=1}^{n}\sum_{i=1}^{c}u_{ij}^{m}d_{ij}^{2}+\lambda\Big(\sum_{i=1}^{c}u_{ij}-1\Big) \qquad (4-6)$$

式中,λ为常数因子。

函数J的两个一阶偏导数为

$$\frac{\partial J}{\partial u_{ij}}=mu_{ij}^{m-1}d_{ij}^{2}+\lambda \qquad (4-7)$$

$$\frac{\partial J}{\partial c_i}=-2\sum_{j=1}^{n}u_{ij}^{m}d_{ij} \qquad (4-8)$$

由拉格朗日乘数法可知,J取得极值的必要条件为

$$\left.\begin{aligned}\frac{\partial J}{\partial u_{ij}}&=0\\[2pt]\frac{\partial J}{\partial c_i}&=0\end{aligned}\right\} \qquad (4-9)$$

由式(4-5)与式(4-9)组成的方程组得到的聚类中心和隶属度的迭代公式如下:

$$I_j=\{i\mid 1\leqslant i\leqslant c,d_{ij}=0\},\quad \overline{I_j}=\{1,2,\cdots,c\}-I_j$$

$$c_i = \frac{\sum_{j=1}^{n} u_{ij}^m x_j}{\sum_{j=1}^{n} u_{ij}^m} \qquad (4-10)$$

$$\left.\begin{array}{l} u_{ij} = \dfrac{1}{\sum_{k=1}^{c} \left(\dfrac{d_{ij}}{d_{kj}}\right)^{2/(m-1)}}, \qquad \text{当 } I_j = \varphi \text{ 时} \\[40pt] \forall\, i \in \bar{I}_j,\, u_{ij} = 0,\, \sum_{i \in I_j} u_{ij} = 1, \qquad \text{当 } I_j \ne \varphi \text{ 时} \end{array}\right\} \qquad (4-11)$$

则式(4-10)和式(4-11)表示的(U,V)是式(4-9)可能的条件极值点。式(4-9)的最小值是存在的,则式(4-10)和式(4-11)表示的(U,V)中一定包含着最小值点。FKM 算法的任务就是通过迭代寻找这个最小极值点。

因此,FKM 聚类算法的核心思想就是通过迭代调整(U,V)的值,使得目标函数 J 值最小。该算法的具体运算步骤如下:

步骤 1:选取聚类数 c,加权指数 m,迭代次数 n,误差阈值 ε,初始化聚类中心 c_i;

步骤 2:根据式(4-11)计算隶属度值;

步骤 3:根据式(4-10)更新聚类中心值;

步骤 4:计算误差值 $e = \sum_{i=1}^{k} \| c_{i,n+1} - c_{i,n} \|$,如果 $e < \varepsilon$,则终止迭代输出结果,否则 $n = n+1$,返回步骤 2。

4.3.2 改进的遗传算法

遗传算法开始于问题可能潜在解集的一个种群(population),该种群由一些经过基因(gene)编码(coding)的一定数目的个体(individual)组成。根据问题的特点,制订适当的适应度函数(fitness function),对每一代种群,根据问题域中个体的适应度(fitness)大小选择(selection)个体,利用遗传算子(genetic operator)进行杂交(crossover)和变异(mutation)操作,从而产生出代表新的解集的下一代种群。这样不断进化,最后收敛到一个最适应环境的个体上,从而求得问题的最优解。

基本遗传算法(Simple Genetic Algorithm,SGA)只采用选择、交叉、变异三个基本操作算子。可以表示为

$$\mathrm{SGA} = (C, E, P_0, M, \Phi, \Gamma, \psi, T) \qquad (4-12)$$

式中,C 为个体的编码方法;E 为个体适应度评价函数;P_0 为初始种群;M 为种群大小;Φ 为选择算子;Γ 为交叉算子;ψ 为变异算子;T 为遗传算法终止条件。标准的遗传算法的操作算子一般都包括选择、交叉和变异三种基本形式,它们作为自然选择过程以及遗传过程发生的生殖、杂交和变异的主要载体构成了遗传算法的核心,使得算法具有强大的搜索能力。基本遗传算法(GA)基本步骤如下:

Step 1:设定群体中个体的数目 n,交叉概率 p_c,变异概率 p_m,算法终止条件 T;

Step 2:随机初始化初始种群,设定进化代数;

Step 3:用适应度函数计算每条基因串的适应度值;

Step 4:利用遗传算子集 $\{\Phi,\Gamma,\psi\}$ 中的算子,在一定的概率参数控制下产生后代;

Step 5:用子代代替父代,产生新一代个体并保持数目不变;

Step 6:判断是否满足算法终止条件,不满足返回步骤 4,否则得到最优解。

对于高维非线性函数优化问题,尽管遗传算法能够搜索到全局最优解,但有时也会陷入局部最优解,或者收敛性能下降。混沌序列具有遍历性和随机性,该性质可以用于优化问题,作为搜索过程中增加种群多样性、避免陷入局部最优的一种优化机制,提高搜索效率。遗传算法产生早熟的根本原因是随迭代次数的增加种群个体迅速向当代最优解靠拢。随着种群的不断进化,变异和交叉操作不能改变种群的多样性,种群的多样性减小,个体之间的差异越来越小,算法可能无法找到全局最优解。

混沌是存在于非线性系统中的一种较为普遍的现象,混沌是有着精致内在结构的一类现象。混沌运动具有遍历性、随机性、规律性等特点,混沌运动能在一定范围内按其自身的"规律"不重复地遍历所有状态。因此,如果利用混沌变量进行优化搜索,无疑会比随机搜索更具优越性。目前有广泛应用与优化搜索的混沌模型——Logistic 映射,具有形式简单、产生混沌时间序列短等优点。Logistic 映射的定义如下:

$$z_{i+1} = \mu z_i(1 - z_i), \quad z_i \in [0,1], \quad \mu \in (2,4) \tag{4-13}$$

$\mu \in [0,4]$ 为分叉参数,当 $\mu=4$ 时,Logistic 映射序列就完全处于混沌状态且混沌变量 z 在 $(0,1)$ 范围内遍历。

改进的遗传算法基本思想体现在两个方面:一是选择适合本次应用的遗传算子;二是在进化初始种群和每一次进化操作完成之后,加入混沌小扰动,以提高算法的全局搜索能力和算法的稳定性。基于上述分析,本书采用的改进遗传算法(HGA)基本步骤如下:

算法 4.1(HGA)

Step1：分别设定算法的最大迭代次数 G_{max}，交叉概率 p_c，变异概率 p_m，参数变量界限 x_j^L 与 x_j^U，当前迭代次数 g 并将其初始化为 1，根据优化函数变量的个数 D 选择种群规模 $N_P = 12*D$，混沌扰动范围 $[a,b]$。

Step2：在初始化种群中加入混沌小扰动变量。随机产生一个 D 维，每个分量数值在 $[0,1]$ 之间的向量 $\boldsymbol{z}_0 = [z_{0,1} \quad z_{0,2} \quad \cdots \quad z_{0,D}]$，由式（4-13）所示映射的形式产生 N_P 个不同轨迹的混沌向量 $\boldsymbol{y}_s = [y_{s,1} \quad y_{s,2} \quad \cdots \quad y_{s,D}], s=1,2,\cdots,$ $N_P(N_P \gg N)$，将 y_s 各分量 $y_{s,1}, y_{s,2}, \cdots, y_{s,D}$ 由载波到优化变量的取值范围得到 N_P 个个体 X_s，则有

$$\boldsymbol{X}_s = \boldsymbol{X}_{min} + \boldsymbol{y}_s(\boldsymbol{X}_{max} - \boldsymbol{X}_{min}) \tag{4-14}$$

计算 N_P 个个体 $\boldsymbol{X}_s$ 的适应度值，从 N_P 个初始个体中选择性能较好的 N 个个体构成算法的初始种群。

Step3：利用遗传算子完成变异、交叉、选择操作。

Step4：对当前种群个体进行混沌扰动，随机产生一个 D 维的且每个分量都在 $(0,1)$ 间的随机数矢量 $\boldsymbol{z}$。根据式（4-13）所示的形式，得到混沌分量为

$$z_{i+1} = 4z_i(1-z_i), \quad i=1,2,\cdots,N_P \tag{4-15}$$

将各混沌分量载入当前种群各个体中：

$$x_{i,g} = x_{i,g}(1 + z_i * randn), \quad i=1,2,\cdots,N_P \tag{4-16}$$

式中，randn 为服从 $N(0,1)$ 的随机数。

Step5：找出最优个体。若 $g = G_{max}$，则停止迭代输出全局最优个体及全局最优适应度值，否则 $g = g+1$ 转 Step3。

对于算法 4.1，遗传算子的选择采用以下的方式：

（1）编码方式：遗传聚类算法中，待优化的参数是 c 个初始聚类的中心，这里使用二进制编码，每条染色体由 c 个聚类中心组成，对于 m 维的样本向量，待优化的变量数是 $c \times m$。

（2）适应度函数：采用基于排序的适应度函数。

（3）选择算子：选择算子采用随机遍历抽样。

（4）交叉算子：交叉算子采用单点交叉算子。

（5）变异算子：采用非均匀变异。设 $\boldsymbol{x} = [x_1 \quad \cdots \quad x_n]$ 为选择变异的个体，基因值 x_i 的取值范围为 $[l_i, v_i]$，i_T 是在给定环境 T 下算法的迭代次数，i_{max} 是在给定环境 T 下算法的最大迭代次数，则新的基因值为

$$x'_i = \begin{cases} x_i + \Delta(i_T, v_i - x_i), & random(0,1) = 0 \\ x_i - \Delta(i_T, x_i - l_i), & random(0,1) = 1 \end{cases} \tag{4-17}$$

式中，$\Delta(i_T, y) = y(1 - r^{(1-i_T/i_{max})^\lambda})$；$r \in (0,1)$ 是一个随机数；λ 是决定代数影响力大小的参数（这里 $\lambda = 0.15$）。非均匀变异可使得算法在环境 T 初始阶段进行

均匀搜索,而在运行后期进行局部搜索。

4.3.3　改进的进化模糊K均值聚类算法

模糊进化聚类算法就是利用改进的遗传算法对样本向量集进行模糊 K 均值聚类,其主要思想体现在以下三方面:

(1)考虑到本书所用数据为高维大样本数据,因此模糊进化算法的编码方式采用对聚类中心值的编码方式。

(2)算法对样本向量集的划分采用模糊划分,即用隶属度来确定每个向量属于某个聚类的程度。隶属度矩阵为 $\boldsymbol{U} = (u_{ij})_{c \times n}$,其中 $u_{ij} \in [0, 1]$ 满足 $\sum\limits_{i=1}^{c} u_{ij} = 1$。

(3)模糊进化聚类算法的本质是一种基于划分的聚类方法,本书选取如下适应度函数:

$$J(\boldsymbol{U}, \boldsymbol{V}) = \sum_{j=1}^{n} \sum_{i=1}^{c} u_{ij}^{m} d_{ij}^{2} \qquad (4-18)$$

式中,c 为类别数;$d_{ij} = \parallel c_i - x_j \parallel$ 为第 i 个聚类中心与第 j 个数据向量间的欧几里德距离;c_i 为第 i 个聚类中心向量;$m \in [1, \infty)$ 是加权指数;u_{ij} 为模糊隶属度。

基于上述分析,GAFKM 聚类算法的基本操作步骤如下(算法流程如图 4-1 所示):

算法 4.2(GAFKM)

Step1:控制参数初始化:分别设定算法的最大迭代次数 G_{max}、当前迭代次数 g 并将其初始化为1、种群规模 N_P、搜索空间的维数 D、聚类数 c、缩放因子 F、交叉概率 p_c、变异概率 p_m、加权指数 m、参数变量界限 x_j^L 与 x_j^U。

Step2:利用混沌小扰动变量初始化种群,即初始化 c 个聚类中心,并生成初始种群,对每个聚类中心计算各样本的隶属度,以及每个个体的适应度值。

Step3:设循环计数变量 $g = 0$。

Step4:按改进差分进化算法流程完成一次进化操作。

Step5:对新产生的个体用式(4-10)和式(4-11)计算 c 个聚类中心、各样本的隶属度,以及每个个体的适应度值 f'_i。

Step6:计算种群个体的适应度值,找出适应度值最小的个体作为本代最优个体。若本代最优适应度值小于全局最优适应度值,则用本代最优个体和最优适应度值代替全局最优个体和全局最优适应度值,否则不变。

Step7:若 $g = G_{max}$,则停止进化并输出全局最优个体与全局最优适应度值,

否则 $g = g + 1$，然后转到 Step4。

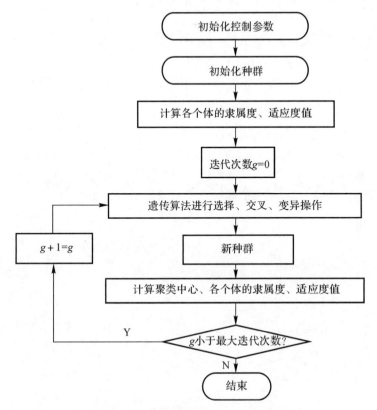

图 4-1 GAFKM 聚类算法（算法 4.2）流程图

4.3.4 数值仿真

1. 改进的遗传算法仿真验证

采用 4 个标准测试函数验证改进的遗传算法（HGA）的优化性能，并与基本遗传算法（SGA）进行性能比较，4 个标准测试函数如下：

(1) Schaffer 函数：$f_1(x) = 0.5 + \dfrac{\sin^2 \sqrt{x_1^2 + x_2^2} - 0.5}{[1 + 0.001(x_1^2 + x_2^2)]^2}$，$-100 \leqslant x_i \leqslant 100$。

(2) Sphere 函数：$f_2(x) = \displaystyle\sum_{i=1}^{N} x_i^2$，$-100 \leqslant x_i \leqslant 100$。

（3）Rosenbrock 函数：$f_3(x) = \sum\limits_{i=1}^{D-1}\left[100\left(x_{i+1}-x_i^2\right)^2 + \left(x_i-1\right)^2\right], -100 \leqslant x_i \leqslant 100$。

（4）Rastrigin 函数：$f_4(x) = \sum\limits_{i=1}^{D}\left[x_i^2 - 10\cos(2\pi x_i) + 10\right], -5.12 \leqslant x_i \leqslant 5.12$。

在测试中，HGA 算法的参数设置为，种群个体个数 $N=150$，交叉概率和变异概率的初始值分别为 $p_c=0.4$，$p_m=0.3$，最大迭代次数 $T=500$。GA 算法的参数设置为，$N=150$，$p_c=0.4$，$p_m=0.3$，$T=500$。为减小随机性的影响，每一种问题都重复 50 遍实验。两种算法的适应度函数收敛曲线如图 4-2～图 4-5 所示。适应度值的最优值、平均值和标准差的测试结果见表 4-1。

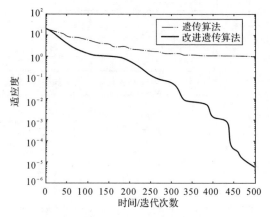

图 4-2　测试函数 f_1 的适应度值曲线

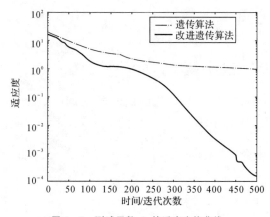

图 4-3　测试函数 f_2 的适应度值曲线

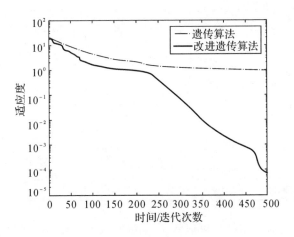

图 4 - 4　测试函数 f_3 的适应度值曲线

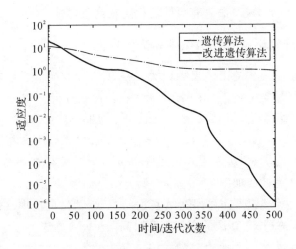

图 4 - 5　测试函数 f_4 的适应度值曲线

　　各图中的纵坐标都采用适应度的对数表示。从以上各图中也可以很直观地看出,HGA 算法的收敛速度和优化性能都明显地优于 GA 算法。通过以上比较和分析可以看出,HGA 算法具有较好的全局搜索能力,能够在搜索全局最优解与保持种群多样性之间做到很好的平衡,并且收敛速度也很快,具有很强的优化性能和稳定性。

表 4 - 1　测试结果

函　数	算　法	最优值	平均值	标准差
f_1	HGA	0	0	0
	GA	1.722 6E−18	2.445 3E−03	1.194 3E−04
f_2	HGA	1.345 2E−28	2.098 1E−30	2.440 1E−30
	GA	1.029 8E−18	3.097 5E−16	5.792 3E−17
f_3	HGA	1	1.234 2	1.149 1
	GA	8.341 2	0.992 4E+01	2.954 1E+01
f_4	HGA	0.999 8	2.800 2	1.501 2
	GA	1.989 4	1.167 8E+01	8.971 6

通过表 4 - 1 的测试结果可以看出,HGA 算法具有相当强的优化能力,从适应度的最优值和平均值可以看出,HGA 算法的优化结果都优于 GA 算法,从优化结果可以看出,HGA 算法具有更好的稳定性和鲁棒性。

2.改进的进化模糊 K 均值聚类算法仿真验证

为了验证本书提出的遗传模糊聚类算法(GAFKM)的有效性,本节通过简单的数据集进行聚类分析,并与 FKM 算法进行比较分析。

随机生成一组数据,由 100 个二维平面上的点组成,分别用 GAFKM 和 FKM 算法将这些点聚类成 3 个和 4 个集合。GAFKM 算法参数选择:种群规模 $N_P=40$,最大迭代次数 $G_{max}=20$,交叉概率 $p_c=0.1$,变异概率 $p_m=0.5$。两种算法的最优适应度曲线如图 4 - 6 所示,聚类结果如图 4 - 7 和 4 - 8 所示(图(a)为 GAFKM 算法结果,图(b)为 FKM 算法结果)。从适应度曲线图和聚类结果图中可以看出 GAFKM 算法的求解精度要高于 FKM 算法。

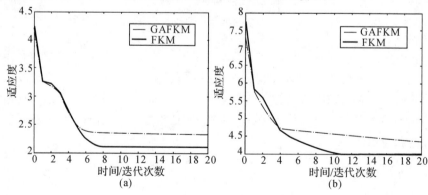

图 4 - 6　两种算法的最优适应度曲线比较

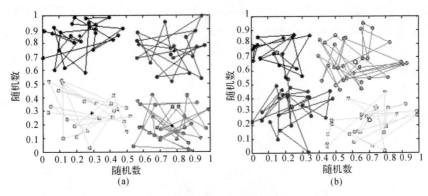

图 4 - 7   两种算法的聚类结果

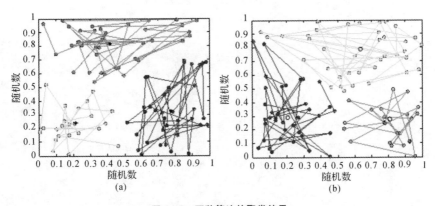

图 4 - 8   两种算法的聚类结果

通过仿真结果可以看出 GAFKM 算法的聚类效果明显高于 FKM 算法,算法求解精度高,稳定可靠、鲁棒性好、简单实用,本书设计的 GAFKM 算法的综合性能明显优于 FKM 算法。

|4.4　基于数据聚类的健康评估技术|

4.4.1　数据预处理

为了有效地实现故障模式的分类识别,需要对飞行控制系统产生的原始输出数据进行特征提取,提取出最能反映故障本质的特征模式向量。由于系统中

各输出数据的物理意义不同,导致数据的量纲也不一定相同,这样对聚类结果必然产生影响。因此在进行故障模式识别之前需要对各个特征参数进行预处理,常用的数据预处理方法有多种,本书选择均值预处理方法,即按照下式对一个数据向量的所有数据均用其平均值去除,从而得到量纲统一的新数据向量,有

$$x'_i = \frac{x_i}{\overline{x}_i} = \left\{ \frac{x_{i1}}{\overline{x}_i}, \frac{x_{i2}}{\overline{x}_i}, \cdots, \frac{x_{in}}{\overline{x}_i} \right\} \qquad (4-19)$$

式中,$\overline{x}$ 是数据向量 $\boldsymbol{x}$ 的均值,$\overline{x} = \frac{1}{n} \sum_{i=1}^{n} |x_i|$。

在实际问题中,不同的数据可能有不同的量纲。为了使不同量纲的数据也能进行比较,需要对数据进行适当的变换。通常需要做以下几种变换:

(1)平移-标准差变换:

$$x'_{ik} = \frac{x_{ik} - \overline{x}_k}{s_k}, \quad i = 1, 2, \cdots, m, \quad k = 1, 2, \cdots, n \qquad (4-20)$$

式中,$\overline{x}_k = \frac{1}{m} \sum_{i=1}^{m} x_{ik}$,$s_k = \sqrt{\frac{1}{m} \sum_{i=1}^{m} (x_{ik} - \overline{x}_k)^2}$。

经过变换后,每个变量的均值为 0,标准差为 1,且消除了量纲的影响。

(2)平移-极差变换:

$$x''_{ik} = \frac{x'_{ik} - \min_{1 \leqslant i \leqslant m} \{x'_{ik}\}}{\max_{1 \leqslant i \leqslant m} \{x'_{ik}\} - \min_{1 \leqslant i \leqslant m} \{x'_{ik}\}}, \quad k = 1, 2, \cdots, n \qquad (4-21)$$

显然有 $0 \leqslant x''_{ik} \leqslant 1$,而且也消除了量纲的影响。

4.4.2　基于聚类的健康评估

根据上文的描述,健康管理系统根据系统的健康特征参数获取新的系统健康状态数据后,系统当前的健康状态可以由累积指数和进化指数来描述,根据聚类中心的距离得到系统的可靠性指数,就可以完成对系统的健康状况评估。具体的分析如下:

假设故障种类分别为 2%F_1,2%F_2 和 2%F_3,当前时刻为 t_2,当前时刻系统的健康状态对已知故障 F_j 的累积指数和进化指数分别为 $\mathrm{CI}_{t_2}(F_j)$ 和 $\mathrm{EI}_{t_2}(F_j)$,可靠性指数为 $\beta_{2j}(j=1,2,3)$;在历史时刻 t_0,t_1,系统的健康状态对已知故障 F_j 的累积指数、进化指数以及可靠性指数分别为 $\mathrm{CI}_{t_0}(F_j),\mathrm{EI}_{t_0}(F_j)$ 和 β_{0j},$\mathrm{CI}_{t_1}(F_j),\mathrm{EI}_{t_1}(F_j)$ 和 $\beta_{1j}(j=1,2,3)$。 如果累积指数 $\mathrm{CI}_{t_i}(F_j)$ 和进化指数 $\mathrm{EI}_{t_i}(F_j)(i=0,1,2;j=1,2,3)$ 的值为负,表明在时刻 t_i,系统的健康状态正在远离故障 F_j;如果累积指数 $\mathrm{CI}_{t_i}(F_j)$ 和进化指数 $\mathrm{EI}_{t_i}(F_j)(i=0,1,2;j=1,2,3)$ 的

值为正,表明在时刻 t_i,系统的健康状态正朝故障 F_j 移动。

基于上述分析,对系统进行健康评估的步骤如下:

步骤 1:根据上文的算法得到系统的健康特征参数;

步骤 2:根据得到的数据结合系统的历史数据,进行遗传模糊 K 均值聚类分析,找到系统的聚类中心和隶属度;

步骤 3:根据聚类中心,按照式(4-3)计算可靠性指数,进而得到系统的累积指数和进化指数;

步骤 4:根据累积指数和进化指数判断系统当前的健康状态。

|4.5 本章小结|

根据特征提取的结果,可以知道数据向量属于哪种故障类型,但是要详细进行健康状况评估,还需对数据进行进一步的分析研究。由于故障的发生和发展是一个连续的过程,同时对系统的危害程度也是相对的,本书提出了一种进化模糊聚类算法,利用进化模糊聚类分析方法从状态信号中提取出系统的特征参数向量,构成能反映系统正常和各种故障状态特征的基准模式,然后用最大隶属度准则识别待检测模式,正确地划分系统的健康等级,从而完成对系统的健康评估。

第 5 章

健康预测方法

健康预测是健康管理中非常重要的内容，也是健康管理系统的一个显著特征。健康预测的目的是预测系统未来的健康状态并确定系统从当前的健康状态发展到功能完全失效的时间。应用时间序列分析方法往往能够获得预期的预测效果。时序分析的基本思想就是根据系统中某一变量的观测值，研究其在一定时期内的变动过程，从中寻找和分析事物的变化特征、发展趋势和规律。通过处理预测目标本身的时间序列数据，获得研究对象随时间的演变特性与规律，进而预测事物的未来发展趋势。本章主要研究基于指数平滑和自回归滑动平均模型技术的健康预测方法。

|5.1 引　言|

近几年来，基于研究对象测试数据的预测和健康管理技术作为重要的技术方法受到飞行器研制和使用部门的高度重视。其中预测是健康管理技术研究和关注的关键问题，有大量的相关科研机构进行此类问题的研究。Edward Balaban Chetan Kulkarni 根据系统当前的健康状态和未来预期使用状况进行电子产品使用寿命预测；W. Gregory Bartram 研究了集成各种来自于不同信号源的异类信息进行系统的健康预测与故障诊断；Dawn An 详细描述了各种健康预测方法的特点，分析比较了不同预测方法的优、缺点，应用特性和使用范围；Rajesh Neerrukat 提出了一种预测模型进行航空器故障降级和使用寿命的预测，此预测模型应用系统物理特性和数据特性建立，系统中不同的物理特性被提

取,以进行系统的健康预测;C. Wilkinson 进行了航空电子系统的预测与健康管理方法研究;P. Sandborn 通过模式识别方法进行电子系统的预测与健康管理方法研究;E. Scanff 进行了直升机航空电子系统寿命预测方法研究;J. Michael 研究了怎样选择基于数据驱动的预测与健康管理方法;Mark Schwabacher 总结了基于智能技术的预测与健康管理;Xu 进行了电子系统的故障预测与健康管理技术研究。对上述研究分析发现,健康预测技术已经成为健康管理系统的核心研究内容,大多采用数据驱动的方法进行健康预测的分析研究。

对系统进行健康预测主要是指系统从正常状态发展成性能降级状态的这个过程的预测,也就是当系统的状态没有发生改变,而从系统测量的数据中能够预测出发生故障或者性能降级的时间。在对设备进行维护和健康管理操作时,在不同的阶段需要采用不同的预测方法,通过先进传感器和检测技术检测早期故障,以这些检测结果收集信息进行诊断和预测,了解故障发展的模式,从而给出维修决策,最后利用数据统计分析得到剩余寿命预测模型,及时给出预测结果和维修建议。系统运行过程中由于不可避免地会发生各种各样的故障或者出现性能降级,所以仅仅依靠常规的可靠性预计和可靠性试验评估方法很难给出令人满意的预测效果,因为这些方法主要通过可靠性试验得到构建,缺乏实际使用过程中的工程实际信息。但是系统实时运行中所产生的数据最能够反映真实的故障和性能降级水平,而这些数据可以看作是一系列随时间发展变化的数据,将其按时间顺序排列起来,便能组成一组时间序列。因此采用时间序列法对系统的运行数据进行分析,并进行系统的健康管理和性能预测。时间序列预测方法的基本思想是预测一个对象的未来变化趋势,即通过时间序列的历史数据揭示现象随时间变化的规律,从而对该现象的未来做出预测。目前时间序列预测的主要方法有指数平滑法和自回归滑动平均模型预测方法。

综上所述,时间序列分析方法能较好地进行系统的故障预测,已经广泛应用于设备的故障诊断与健康预测研究领域。基于上述分析,考虑到无人机系统健康预测的特点,本章重点介绍应用时间序列分析的指数平滑和自回归移动平均模型方法进行无人机飞行控制系统执行器健康预测。

5.2 问题描述

进行系统的健康管理主要是管理和预测系统在运行过程中不正常条件演变成组件故障的进程。对系统运行情况的持续监控是从小异常就开始被监视和管理,直到进行维修活动或者更换元器件,同时与此系统管理部件的影响和附加的损害也被持续监视。通过对故障进程的及时检测和监视,任何时刻都能了解到部件的健康状态,未来故障事件也能被及时预测与发现,以便及时采取相应的措施。也就是说,可以在一定合理的、可接受的程度上预测组件的剩余使用寿命。在组件的当前状态和完全失效点之间,剩余寿命的估计是持续的。因为预测估计是在当前进行的,所以从组件的第一次使用到完全失效,寿命的估计必须是一个动态的过程。预测估计跟静态的、预先的寿命期望估计(例如平均寿命时间)完全不一样,相反,预测估计是一个基于条件的、精度和不确定性都是动态的剩余寿命估计方法。

剩余使用寿命是指系统从当前的健康状态发展到功能完全失效,即故障发生之间的时间。剩余使用寿命预测是健康管理技术的一个显著特征,是通过七层结构中的预测层来实现的。预测层的主要功能就是预测系统的故障发展进程,继而预测系统在使用工作包线内的剩余使用寿命。在健康管理中,系统剩余使用寿命的预测可以通过观察系统健康状态的变化来实现,但是必须基于两个必要条件:①系统的健康状态数据可以通过测量来得到;②系统的健康状态数据与系统的剩余使用寿命估计相关。

健康预测的实质就是通过当前时刻的数据去推断系统未来的行为,因此对某个变量下一个时点或者时间阶段内取值的判断是预测的重要功能。为此,需要了解如何确定预测值和度量预测的精度。假设可以观察到一组随机变量 X_t 的样本值,然后利用这些数据预测随机变量 Y_{t+1} 的值,最简单的情形就是利用 Y_t 的前 m 个样本值预测 Y_{t+1},此时 X_t 可以描述为 $X_t = \{Y_t, Y_{t-1}, \cdots, Y_{t-m+1}\}$。假设 $Y^*_{t+1|t}$ 表示根据 X_t 对于 Y_{t+1} 做出的预测。通常情况下,利用损失函数来度量预测效果的优劣。以预测值与真实值之间的偏离作为损失,用预测的均方误差作为度量的损失函数可以表示为,$\mathrm{MSE}(Y^*_{t+1|t}) = E(Y_{t+1} - Y^*_{t+1|t})^2$。对于采用线性函数进行预测分析时,上述问题可以转化为如下描述,若已知随机变量 X_1,$\cdots$,X_n,需对随机变量 Y 进行预测,则可用 $X_1, \cdots, X_n$ 的线性函数

$$a_1 X_1 + \cdots + a_n Y_n + b = \boldsymbol{a}^\mathrm{T} \boldsymbol{X} + b \tag{5-1}$$

作为 Y 的线性预测,这里 $a_1, \cdots, a_n, b$ 为常数,$\boldsymbol{X} = \begin{bmatrix} X_1 & \cdots & X_n \end{bmatrix}^\mathrm{T}$,$\boldsymbol{a} = \begin{bmatrix} a_1 & \cdots & a_n \end{bmatrix}^\mathrm{T}$。此时,可用预测的均方误差(Mean Square Error,MSE)说明预测的效果。

$$\mathrm{MSE}(\boldsymbol{a}^\mathrm{T} \boldsymbol{X} + b) = E(|\boldsymbol{a}^\mathrm{T} \boldsymbol{X} + b - Y|^2) \tag{5-2}$$

基于上述分析与问题描述,下文主要应用时间序列分析方法进行系统健康预测研究。

|5.3　时间序列预测|

在系统的运行中,常常需要对未来的状况进行预测,唯有把握未来,才能做出正确的决策。这对于可靠性要求高的系统显得尤为重要。具体来说,已收集到系统运行的若干历史数据,如何据此预测该系统在未来某时刻可能的状况。实际中常用的预测方法就是用适合的模型描述历史数据随时间变化的规律,进而用此模型推测未来。如前所述,时间序列模型就是利用时间序列中的相关信息建立起来的,因而它是时间序列动态性和发展变化规律的客观描述,可以采用建立的时间序列模型对时间序列的未来取值进行预测。时间序列分析是一种根据动态数据揭示系统动态规律的统计方法,其基本思想是根据系统有限长度的运行记录数据,建立能较精确地反映序列中所包含的动态依存关系的数学模型,并以此来对系统的未来进行预报。通过处理预测目标本身的时间序列数据,获得事物随时间的演变特性与规律,进而预测事物的未来发展。在一定条件下,被预测事物的过去变化趋势会延续到未来。暗示着历史数据存在着某些信息,利用它们可以解释与预测时间序列的现在和未来。时间序列的预测和评估技术相对完善,其预测情景相对明确。

时间序列是一种常见的数据形式。同一现象在不同时间上的相继观察值排列而成的序列,称为时间序列。根据观察时间的不同,时间序列中的时间可以是年份、季度、月份、周或其他任何时间形式。时间序列可以分为平稳序列和非平稳序列两大类,平稳序列中的各个观察值基本上在某个固定的水平上波动,虽然在不同的时间段波动的程度不同,但并不存在某种规律,而且其波动可以看成是随机的。非平稳序列又可以分为有趋势的序列、有趋势和季节性的序列、几种成分混合而成的复合型序列。根据飞行控制系统的研究特点,本书仅研究基于平稳序列的健康预测技术。

时间序列预测分析方法有很多种,包括回归分析法、分解分析法、移动平均法、指数平滑法和自回归滑动平均模型(Auto - Regressive and Moving Average Model,ARMA)等。回归分析方法计算简单,但是要求积累了一定的数据,且序列与时间存在某种函数关系,这种函数关系往往难以建立;分解分析法计算简单,但是对于信息量要求较高;移动平均法计算简单,能较好地反映时间序列的趋势及其变化,但当序列存在随机性时,存在预测值滞后于实际值的问题;指数平滑法操作简单,适应性强,但是建立模型耗时长,预测精度一般;ARMA 模型较灵活,适用于故障预测,预测精度较高。由上述比较分析可看出,各种时间序列分析法中,指数平滑法和 ARMA 模型的前提条件最少,对数据量要求较少,能处理周期性变化的序列,故适用于故障预测。总结目前的研究成果,各种时间序列分析法中,指数平滑法、自适应过滤法和 ARMA 模型的前提条件最少,对数据量要求较少,能处理周期性变化的序列,仅 ARMA 模型要求序列平稳,而任务较为固定的产品(民用飞机)故障率序列通常能满足这一要求,故适用于故障率预测。在各种时间序列分析中,ARMA 模型的软件支持度最好,且运算精度较高,因此 ARMA 模型是各种时间序列法中最适用于产品故障率预测的方法。因此本书选择指数平滑法和 ARMA 模型方法进行健康预测的研究。

5.4　基于指数平滑技术的健康预测

指数平滑法(Exponential Smoothing)是对过去的观察值加权平均进行预测的一种方法,该方法使得第 $t+1$ 时刻的预测值等于 t 时刻的实际观察值与第 t 时刻指数预测值的加权平均值。指数平滑法是 Robert G. Brown 提出的,认为时间序列的态势具有稳定性或规则性,因此时间序列可被合理地顺势推延,并且最近的时刻的形势,在某种程度上会持续到最近的未来,故将较大的权数放在最近的数据上。指数平滑法是建立在如下基础上的加权平均法:即认为时间序列中的近期数据对未来值的影响比早期数据对未来值的影响更大。于是通过对时间序列的数据进行加权处理,越是近期的数据,其权数越大,反之权数越小,且反映出时间序列中对预测点值的影响程度。根据平滑的要求,可以有一次、二次甚至三次指数平滑。

5.4.1　指数平滑技术

1. 一次指数平滑法

设时间序列为 $x_1,x_2 x_3,\cdots,x_N$,一次指数平滑序列的递推公式为

$$\left.\begin{array}{l} S_t^1 = ax_t + (1-a)S_{t-1}^1, \quad 0 < a < 1, 1 \leqslant t \leqslant N \\ S_0^1 = x_1 \end{array}\right\} \quad (5-3)$$

式中,S_t^1 表示第 t 时刻的一次指数平滑值;a 称为平滑系数。递推公式中,初始值 S_0^1 常用时间序列的首项 x_1(适用于历史数据个数较多的情况),如果历史数据个数较少,可以选用最初几个时刻的数据平均值作为初始值 S_0^1,这些选择都有一

定的经验性和主观性。同时不同的平滑系数 a 对平滑结果影响较大,实际中应该进行讨论与修订。

2. 二次指数平滑法

对于呈现出线性趋势的时间序列,在一次指数平滑数列的基础上用同一个平滑系数 a 再进行一次指数平滑,就是二次指数平滑。构成二次指数平滑数列 S_t^2 的递推公式如下:令初始值 $S_0^1 = S_0^2 = x_1$,则有

$$\left.\begin{aligned} S_t^1 &= ax_t + (1-a)S_{t-1}^1 \\ S_t^2 &= aS_t^1 + (1-a)S_{t-1}^2 \end{aligned}\right\} \tag{5-4}$$

二次指数平滑的目的是对原时间序列进行两次平滑,使得其将不规则变动或周期变动的量尽量消除掉,让时间序列的长期趋势性更能显示出来。对于平滑系数,同样有一个合理选择的问题。一般情况下,先选取原则上较合理的多个 a 值分别计算,得到不同的数列 S_t^1 和 S_t^2,再根据均方差最小原则确定较为合理的 a 值,并得到相应的二次指数平滑值。二次指数平滑法较适用于具有线性趋势的时间序列。

3. 三次指数平滑法

当时间序列呈现非线性趋势时,可以采用 Brown 非线性指数平滑法进行预测。其基本原理是在一次指数平滑、二次指数平滑数列的基础上,再进行一次指数平滑,即三次指数平滑,然后,以此对非线性模型的参数进行估计,从而达到对非线性时间序列进行预测的目的。设时间序列为 $x_1, x_2, \cdots, x_N$,那么,第 t 时刻的三次指数平滑数列 $S_t^3 (t = 1, 2, \cdots, N)$ 按以下递推公式计算,有

$$\left.\begin{aligned} S_t^1 &= ax_t + (1-a)S_{t-1}^1 \\ S_t^2 &= aS_t^1 + (1-a)S_{t-1}^2 \\ S_t^3 &= aS_t^2 + (1-a)S_{t-1}^2 \end{aligned}\right\} \tag{5-5}$$

一般来说,取初始值 $S_0^1 = S_0^2 = S_0^3 = x_1$,且取同一个平滑系数 a。根据选定的较合理的平滑系数 a 值的计算结果 S_t^1, S_t^2 和 S_t^3,按下式计算系数,有

$$\left.\begin{aligned} a_t &= 3S_t^1 - 3S_t^2 + S_t^3 \\ b_t &= \frac{a}{2(1-a)^2}\left[(6-5a)S_t^1 - (10-8a)S_t^2 + (4-3a)S_t^3\right] \\ c_t &= \frac{a^2}{2(1-a)^2}(S_t^1 - 2S_t^2 + S_t^3) \end{aligned}\right\} \tag{5-6}$$

合理的平滑系数 a 选定按均方差或平均绝对误差最小所对应的平滑系数为原则。因此,应该在一个合适的评价标准基础上选择一个合理的平滑系数 a。

首先计算多个平滑系数 a 相对应的平滑数列,然后分别计算其平均绝对误差 MAD,以 MAD 最小者对应的平滑系数及其预测值为最合理的,即

$$\text{MAD} = \frac{1}{N}\sum_{t=1}^{N}|e_t|, \quad e_t = x_t - S_{t-1}^1 = x_t - y_t \tag{5-7}$$

式(5-7)中的 $e_t = x_t - S_{t-1}^1 = x_t - y_t$ 反映了各个时点的平滑值 S_{t-1}^1 与实际值 x_t 之间的误差。根据下式,计算误差数列 e_t 的自相关系数,有

$$r_t = \frac{1}{N}\sum_{t=k+1}^{N}X_t X_{t-k}, \quad k = 0,1,2,\cdots,N-1 \tag{5-8}$$

构造统计量 χ_a^2,若统计量满足下式,则说明误差数列具有随机性,可以认为此时的预测是有效的,即

$$Q = (N-1)\sum_{t=1}^{m}r_t^2 < \chi_a^2(m-1) \tag{5-9}$$

指数平滑预测法是移动平均法的改进。该方法的公式简单,也容易实现。它既保留了移动平均法的优点,又可减少数据的存储量。同时由于它能把各历史数据充分平滑,能较为准确地反映数据点的变化趋势。但是该方法在使用过程中存在一个明显不足即平滑指数的选择无确定的方法,实际中只能凭借个人工作经验来选择。这样的平滑模型并不能较真实地、动态地反映时间序列。

5.4.2　健康预测方法

随着系统性能的不断降级,系统当前状态的特征分布与故障分布区域(表示系统功能完全失效)之间的距离会越来越小。在系统的特征空间中,使用统计趋势分析方法,通过跟踪和延伸每个特征参数的变化路径和趋势,把每个特征的变化趋势在特征空间中融合起来,就可以确定系统从当前的健康状态发展到故障区域(功能完全失效)的时间。

在进行系统健康预测时,可以采用指数平滑法来跟踪和预测系统特征参数在特征空间中的未来进程。用指数平滑法对系统的特征参数进行预测时,首先,基于特征参数的当前值和历史值,可以做一步或多步预测,然后对预测值进行平滑处理,并用于下一步的预测。

假设当前时刻为 t,那么采用三次指数平滑法预测 t 时刻以后系统健康特征发展趋势的步骤如下:

Step1:对特征参数 $H_{\text{feature}}(i)(i=1,2,\cdots,n)$,设定初值 $S_0^1 = S_0^2 = S_0^3 = x_1$,$x_1$ 取 $H_{\text{feature}}(i)$ 在初始时刻的实际值,根据选定的较合理的平滑系数 a 值,根据式(5-5)计算 S_t^1,S_t^2 和 S_t^3;

Step2：根据式(5-6)计算平滑系数；

Step3：根据式(5-5)计算特征参数 $H_{feature}(i)$ 在 k 时刻的平滑值 $S_k(k=2,3,\cdots)$，目的是消除滞后，更新特征参数 $H_{feature}(i)$ 在 k 时刻的趋势值；

Step4：计算 $H_{feature}(i)$ 在 $k+1$ 时刻的预测值 F_{k+1} 或 $k+m$ 时刻的预测值 F_{k+m}；

Step5：$i=i+1$，对特征参数 $H_{feature}(i+1)$ 进行预测；

Step6：根据式(5-7)计算绝对误差，在平滑系数计算的结果中挑选最小的均方差所对应的平滑系数，转 Step2；

Step7：根据式(5-8)和式(5-9)计算自相关系数，判断预测的有效性；

Step8：根据当前时刻的取值，得到预测结果。

计算所有特征参数的预测值以后，在特征参数组成的特征空间中，预测特征的发展趋势，根据预测的特征趋势，采用健康评估方法，计算系统的未来健康状态，直到特征参数达到故障所在特征区域，即系统完全失效，这个最终时刻与时刻 t 之间的差值就是系统的剩余使用寿命。

|5.5 基于ARMA模型的健康预测|

产品在使用过程中不可避免地会发生各种各样的故障。然而，上述的可靠性预计和可靠性试验评估都很难给出令人满意的预测效果，因为这些方法主要通过可靠性试验得到构建，缺乏实际使用过程中的工程实际信息。

为了解决上述可靠度(故障率)预测方法的精确性问题，国内外学者进行了多方面的努力，也取得了一定成果。美国 Bellcore 实验室、美国 Telcordia 公司、美国可靠性分析中心(RAC)、法国工业协会先后尝试了通过过程评估、试验数据、使用数据对研制阶段的传统可靠性预计进行修正的方法，并相继颁布了标准，形成了软件工具。以美国马里兰大学 Petch 教授为代表的学者将故障物理技术应用于研制阶段的故障率预测，并进入了 IEEE 标准 1413.1。然而这些方法计算复杂，在实际操作上存在一定困难。同时产品使用环境复杂，能用于研制阶段分析或试验评价的信息有限，因此难以在研制阶段获得准确的故障率预测结果。

相比而言，使用(工作现场)数据最能够反映真实的产品故障率水平，它们可以看作是一系列随时间发展变化的数据，将其按时间顺序排列起来，便能组成一组时间序列。自回归移动平均模型(ARMA)能较好地解决研究对象在不同时间阶段的数据分析，无须识别产品所处阶段，所需数据量少，且预测精度较高。

目前已有研究者将其应用于系统的故障和性能降级的预测。

考虑预测问题首先应确定衡量预测效果的标准,通常情况下采用的标准是预测误差的均方值达到最小。设当前时刻为 t,已经知道平稳时间序列 X_t 在时刻 t 及以前时刻的观察值 $X_t, X_{t-1}, X_{t-2}, \cdots$,现在用序列 X_t 在时刻 t 对 $t+l$ 时刻的观察值 $X_{t+l}(l > 0)$ 进行预测,这种预测称为以 t 为原点,向前期(或步长)为 l 的预测,预测值记为 $\hat{X}_t(l)$。预测误差为

$$e_t(l) = X_{t+l} - \hat{X}_t(l) \qquad (5-10)$$

预测误差的均方值为

$$E[e_t^2(l)] = E\{[X_{t+l} - \hat{X}_t(l)]^2\} \qquad (5-11)$$

现在需要解决的问题是在时刻 t 用 $X_t, X_{t-1}, X_{t-2}, \cdots$ 对 $X_{t+l}(l > 0)$ 的取值进行预测,而 $X_{t+l}(l > 0)$ 是一个未知的随机变量,由于 X_t 之间具有相关性, $X_{t+l}(l > 0)$ 的概率分布是有条件的(即在 $X_t, X_{t-1}, X_{t-2}, \cdots$ 已给定的条件下)。在正态性假定下,有

$$(X_{t+l} \mid X_t, X_{t-1}, X_{t-2}, \cdots) \sim N(E(X_{t+l}), \mathrm{Var}(X_{t+l})) \qquad (5-12)$$

X_{t+l} 的期望也是有条件的,一个直观的想法就是用 X_{t+l} 的条件期望作为 X_{t+l} 预测值,即

$$\hat{X}_t(l) = E((X_{t+l} \mid X_t, X_{t-1}, X_{t-2}, \cdots)) \qquad (5-13)$$

为了利用条件期望计算预测值,需要先了解有关时间序列 X_t 和随机扰动 a_t 的条件期望所具有的性质。

性质 1 常量的条件期望是其本身。

性质 2 对 ARMA 序列而言,现在时刻与过去时刻的观测值及扰动的条件期望是其本身,即

$$E(X_k \mid X_t, X_{t-1}, X_{t-2}, \cdots) = X_k, \quad k \leqslant t \qquad (5-14)$$

$$E(a_k \mid X_t, X_{t-1}, X_{t-2}, \cdots) = a_k, \quad k \leqslant t \qquad (5-15)$$

性质 3 未来扰动的条件期望为零,即

$$E(a_{t+l} \mid X_t, X_{t-1}, X_{t-2}, \cdots) = 0, \quad l > 0 \qquad (5-16)$$

性质 4 未来取值的条件期望为未来取值的预测值,即

$$E(X_{t+l} \mid X_t, X_{t-1}, X_{t-2}, \cdots) = \hat{X}_{t+l}, \quad l > 0 \qquad (5-17)$$

5.5.1　基于自回归滑动平均模型的预测

自回归滑动平均模型(Autoregressive Moving Average Model,ARMA)是分析平稳随机信号的一种成熟而有效的方法。其基本定义如下:

定义　ARMA(p, q) 模型　设 $\{\xi_t : t \in \mathbf{Z}\} \sim N(\mu, \sigma^2), a_k \in \mathbf{R}, k = 1, \cdots,$

$p, b_k \in \mathbf{R}, k = 1, \cdots, q$ 为常数,且 $a_p \neq 0, b_p \neq 0$。多项式 $A(z) = 1 - \sum\limits_{k=1}^{p} a_k z^k$ 与

$B(z) = 1 - \sum\limits_{k=1}^{q} b_k z^k$ 无公共零点,则称序列 $\{x_t : t \in \mathbf{Z}\}$ 所满足的 p 阶常系数线性

差分方程

$$X_t - \varphi_1 X_{t-1} - \varphi_2 X_{t-2} - \cdots - \varphi_n X_{t-p} = a_t - \theta_1 a_{t-1} - \theta_2 a_{t-2} - \cdots - \theta_m a_{t-q}$$

$$(5-18)$$

为 p 阶自回归 q 阶滑动平均模型,记为 ARMA(p,q) 模型。满足 ARMA(p,q) 模型的平稳序列称为 p 阶自回归 q 阶滑动平均序列,记为 ARMA(p,q) 序列。当 $\mu = 0$ 时,称为中心 ARMA(p,q) 模型。

利用模型的差分方程形式预测计算相对简单,实际中最常用。现在先从几个简单模型的预测出发,最后给出差分方程形式预测的一般形式。

1. AR(1) 模型预测(Autoregressive Model)

设序列 X_t 适合 AR(1) 模型,则 X_{t+l} 可表示为

$$X_{t+l} = \varphi_1 X_{t+l-1} + a_{t+l} \tag{5-19}$$

$l = 1$ 时求条件期望,有

$$\hat{X}_t(1) = \varphi_1 X_t \tag{5-20}$$

$l = 2$ 时求条件期望,有

$$\hat{X}_t(2) = E[(\varphi_1 X_{t+1} + a_{t+2}) \mid X_t, X_{t-1}, X_{t-2}, \cdots] = \varphi_1 \hat{X}_t(1) = \varphi_1^2 X_t$$

$$(5-21)$$

一般地,当 $l > 1$ 有

$$\hat{X}_t(l) = E[(\varphi_1 X_{t+l-1} + a_{t+l}) \mid X_t, X_{t-1}, X_{t-2}, \cdots] = \varphi_1 \hat{X}_t(l-1) \tag{5-22}$$

2. ARMA(1,1) 模型预测

设序列 X_t 适合 ARMA(1,1) 模型

$$X_t - \varphi_1 X_{t-1} = a_t - \theta_1 a_{t-1} \tag{5-23}$$

X_{t+l} 可表示为

$$X_{t+l} = \varphi_1 X_{t+l-1} + a_{t+l} - \theta_1 a_{t+l-1} \tag{5-24}$$

$l = 1$ 时求条件期望,有

$$\hat{X}_t(1) = E[(\varphi_1 X_t + a_{t+1} - \theta_1 a_t) \mid X_t, X_{t-1}, X_{t-2}, \cdots] = \varphi_1 X_t - \theta_1 a_t$$

$$(5-25)$$

式中,$a_t = X_t - \hat{X}_{t-1}(1) = X_t - \varphi_1 X_{t-1} + \theta_1 a_{t-1}$。

$l = 2$ 时求条件期望,有

$$\hat{X}_t(2) = E\big[(\varphi_1 X_{t+1} + a_{t+2} - \theta_1 a_{t+1}) \mid X_t, X_{t-1}, X_{t-2}, \cdots\big] = \varphi_1 \hat{X}_t(1) \tag{5-26}$$

一般地，当 $l > 1$ 时，有

$$\hat{X}_t(l) = E\big[(\varphi_1 X_{t+l-1} + a_{t+l} - \theta_1 a_{t+l-1}) \mid X_t, X_{t-1}, X_{t-2}, \cdots\big] = \varphi_1 \hat{X}_t(l-1) \tag{5-27}$$

3. MA(1) 模型预测(Moving Average Model)

设序列 X_t 适合 MA(1) 模型

$$X_t = a_t - \theta_1 a_{t-1} \tag{5-28}$$

X_{t+l} 可表示为

$$X_{t+l} = a_{t+l} - \theta_1 a_{t+l-1} \tag{5-29}$$

$l=1$ 时求条件期望，有

$$\hat{X}_t(1) = E\big[(a_{t+1} - \theta_1 a_t) \mid X_t, X_{t-1}, X_{t-2}, \cdots\big] = -\theta_1 a_t \tag{5-30}$$

式中，$a_t = X_t - \hat{X}_{t-1}(1) = X_t + \theta_1 a_{t-1}$，需要递推计算。

$l=2$ 时求条件期望，有

$$\hat{X}_t(2) = E\big[(a_{t+2} - \theta_1 a_{t+1}) \mid X_t, X_{t-1}, X_{t-2}, \cdots\big] = 0 \tag{5-31}$$

一般地，有

$$\hat{X}_t(l) = 0 \quad (l > 2) \tag{5-32}$$

类似地，对于 MA(m) 模型而言，超过 m 步的预测值均为零。

4. ARMA(n,m) 模型预测的一般结果

由 ARMA 模型可将 X_{t+l} 表示为

$$X_{t+l} = \varphi_1 X_{t+l-1} + \varphi_2 X_{t+l-2} + \cdots + \varphi_n X_{t+l-n} + a_{t+l} - \theta_1 a_{t+l-1} -$$
$$\theta_2 a_{t+l-2} - \cdots - \theta_m a_{t+l-m} \tag{5-33}$$

利用条件期望的性质求条件期望，当 $l \leqslant \max\{m,n\}$ 时，有

$$\hat{X}_t(l) = E(X_{t+l} \mid X_t, X_{t-1}, X_{t-2}, \cdots) = \varphi_1 \hat{X}_t(l-1) + \varphi_2 \hat{X}_t(l-2) + \cdots +$$
$$\varphi_{l-1} \hat{X}_t(1) + \varphi_l X_t + \cdots + \varphi_n X_{t+l-n} - \theta_1 a_t - \theta_2 a_{t-1} - \cdots - \theta_m a_{t+l-m} \tag{5-34}$$

当 $l > m$ 时，式(5-34)中滑动平均部分全部消失，有

$$\hat{X}_t(l) = \varphi_1 \hat{X}_t(l-1) + \varphi_2 \hat{X}_t(l-2) + \cdots + \varphi_n \hat{X}(l-n) \tag{5-35}$$

式中，对于 $j \geqslant 0$ 理解为 $\hat{X}_t(-j) = X_{t-j}$，即各步的预测结果满足差分方程的自回归部分。式(5-35)的通解(即预测函数形式)为

$$\hat{X}_t(l) = b_0^t f_0(l) + b_1^t f_1(l) + \cdots + b_{n-1}^t f_{n-1}(l) \tag{5-36}$$

这里 $l > m-n$，其中 $f_0(l), f_1(l), \cdots, f_{n-1}(l)$ 的形式由模型特征方程

$$\lambda^n - \varphi_1 \lambda^{n-1} - \cdots - \varphi_{n-1} \lambda - \varphi_n = 0 \qquad (5-37)$$

的根决定,作为 l 的函数,通常它们可能包含多项式、指数、正弦和余弦以及这些函数的乘积。当预测原点 t 给定时,系数 $b_0^t, b_1^t, \cdots, b_{n-1}^t$ 都是常数,并由模型的滑动平均部分确定,随着预测原点的变化,这些系数也将改变,以使预测值适应于序列已观测部分的特性。对于 ARMA(n, m) 模型,自回归部分决定了预测函数的形式,而滑动平均部分则用于确定预测函数中的系数。

5.5.2 健康预测方法

当无人机系统工作时,BIT 系统实时进行监控,同时根据监控数据结合历史信息进行健康预测,判断系统的使用寿命。一旦监测数据能够反映系统的健康状况,就可以对其建立合适的 ARMA 模型。本书应用 Box - Jenkins 方法进行模型的构建和分析,就是通过自相关分析完成对已知时间序列数据的处理,从而实现时间序列依存关系的定量确定。以自相关分析为中心,完成对 ARMA 模型的识别、估计、预测以及显著性检验。

1. 进行数据预处理

根据无人机系统自动驾驶仪的工作状况,首先获取时间序列数据。为了得到自相关函数的有效估计,至少需要 50 个观测值。绘制故障时间序列随时间变化的曲线图,观察时间序列数据的变化。根据时间序列数据的变化进行序列的平稳化,这样做是为了满足 ARMA 模型建模的前提:$\{X_t\}$ 为平稳时间序列。若时间序列数据存在周期性,则需通过相邻周期差分消除周期性。若存在单调性,则需进行差分运算,对其进行平稳处理。一般而言,若某时间序列具有线性的趋势,则可以对其进行一次差分而将线性趋势剔除掉;若某时间序列具有指数的趋势,则可以取对数将指数趋势化为线性趋势,然后再进行差分以消除线性趋势。如果不使用序列的均值,则可以对差分运算后的序列进行零均值化,以便于进行自相关分析。

2. 相关性估计和模型识别

所谓自相关是指对于一个时间序列,其在 t 时刻的值 x 与 t 时刻之前的变量值之间存在一定的相关性,即同一个变量在不同时刻的取值之间存在相关性。利用相关函数可以进行模型的判定,下面给出序列的自相关函数和偏自相关函数。

自相关函数描述了间隔为 k 的数据点对 X_t 和 X_{t+k} 之间的线性相关关系,其

理论表达式为

$$\rho_k = \frac{E\left[(X_t - \bar{X})(X_{t-k} - \bar{X})\right]}{\sigma^2} \qquad (5-38)$$

如果时间序列 X_t 为零均值序列,则式(5-38)可以表示为,$\rho_k = \frac{\gamma_k}{\gamma_0}$。其中 γ_k 为 k 步滞后自协方差函数,具体形式为,$\gamma_k = E(X_t, X_{t-k})$,而 γ_0 则是宽平稳时间序列的标准差,为常数。

如果时间序列数据已经被零均值化,则计算样本自相关函数形式为

$$\hat{\rho}_k = \frac{\sum_{t=1}^{n-k} X_t X_{t-k}}{\sum_{t=1}^{n} X_t^2} \qquad (5-39)$$

以自相关函数为工具分别对 AR 模型和 MA 模型进行分析,可得到 MA(q) 的自相关函数在滞后 q 步后为 0,即发生截尾。据此,可以对模型进行识别,对 MA 模型作初步定阶。然而,AR 模型和 ARMA 模型的自相关函数,其表现为拖尾而不是截尾,故必须引入新的数学工具——偏自相关函数。

偏相关函数是一种条件相关函数,或部分相关函数。在给定 $X_{t-1}, X_{t-2}, \cdots, X_{t-k+1}$ 的条件下,X_t 和 X_{t-k} 条件相关。偏自相关函数是对 X_t 与 X_{t-k} 之间未被 $X_{t-1}, X_{t-2}, \cdots, X_{t-k+1}$ 所解释的相关的度量,因此 AR 模型描述的是 $X_{t-1}, X_{t-2}, \cdots, X_{t-k}$ 对 X_t 的影响,其系数 ϕ_{kk} 表示的是 X_{t-k} 对 X_t 的解释能力。其样本表示形式为

$$\hat{\phi}_{kk} = \begin{cases} \hat{\rho}_1, & k=1 \\ \dfrac{\hat{\rho}_k - \sum_{j=1}^{k-1} \hat{\phi}_{k-1,j} \hat{\rho}_{k-j}}{1 - \sum_{j=1}^{k-1} \hat{\phi}_{k-1,j} \hat{\rho}_{k-j}}, & k=2,3,\cdots \end{cases} \qquad (5-40)$$

以偏自相关函数为工具分别对 AR 模型和 MA 模型进行分析,可得 AR(p) 的自相关函数在滞后 p 步后为 0,即发生截尾。据此,可以对模型进行识别,对 AR 模型作初步定阶。然而,MA 模型和 ARMA 模型的自相关函数,其表现为拖尾而不是截尾。

对预测序列作自相关分析,检验随机性和平稳性。若随机性和平稳性得到验证,说明可以采用 ARMA 模型进行时间序列分析。具体情况如下:

• 时间序列自相关函数在 q 步截尾(当 $k>q$ 时,自相关函数为 0),且偏自相关函数被负指数函数控制收敛到 0,则可判断时间序列为 MA(q)。

· 偏自相关函数在 p 步截尾,且自相关函数序列被负指数函数控制收敛到零,则可判断时间序列为 AR(p) 序列。

· 若自相关函数和偏自相关函数序列皆不截尾,但都被负指数函数控制收敛到 0,则时间序列有可能是 ARMA 序列。

3. 模型参数估计

对模型的阶数进行初步估计,在此基础上进行模型的参数估计,本书应用最小二乘估计方法进行时间序列参数估计,以实际值和模型拟合值之差的二次方和达到最小为原则对参数进行估计,AR(p) 模型的最小二乘估计如下:

在中心 AR(p) 模型(1.1)中,若将 $\varepsilon_t = X_t - \sum_{k=1}^{p} a_k X_{t-k}$ 看成用 $\sum_{k=1}^{p} a_k X_{t-k}$ 估计 X_t 得到的误差,$t = p+1, p+2, \cdots, n$,则误差二次方和为

$$S(a_1, \cdots, a_p) = \sum_{t=p+1}^{n} \left(X_t - \sum_{k=1}^{p} a_k X_{t-k} \right)^2 \quad (5-41)$$

选择 $a_k, k=1,\cdots,p$ 的估计 $\hat{a}_k, k=1,\cdots,p$ 为以下极值问题的解:

$$\min_{a_1,\cdots,a_p} S(a_1,\cdots,a_p) \quad (5-42)$$

若记

$$\boldsymbol{X} = \begin{pmatrix} X_p & X_{p-1} & \cdots & X_1 \\ X_{p+1} & X_p & \cdots & X_2 \\ \vdots & \vdots & & \vdots \\ X_{n-1} & X_{n-2} & \cdots & X_{n-p} \end{pmatrix}$$
$$\boldsymbol{Y} = \begin{pmatrix} X_{p+1} \\ X_{p+2} \\ \vdots \\ X_n \end{pmatrix} \quad (5-43)$$

则 $\hat{a}_k, k=1,\cdots,p$ 满足以下线性方程组

$$\boldsymbol{X}^{\mathrm{T}}\boldsymbol{X} = \begin{pmatrix} \hat{a}_1 \\ \vdots \\ \hat{a}_p \end{pmatrix} = \boldsymbol{X}^{\mathrm{T}}\boldsymbol{Y} \quad (5-44)$$

可以证明,方程式(5-44)总是有解的。特别地,当 $\boldsymbol{X}'\boldsymbol{X}$ 可逆时,方程有唯一解

$$\begin{pmatrix} \hat{a}_1 \\ \vdots \\ \hat{a}_p \end{pmatrix} = (\boldsymbol{X}^{\mathrm{T}}\boldsymbol{X})^{-1}\boldsymbol{X}^{\mathrm{T}}\boldsymbol{Y} \quad (5-45)$$

在得到了 $\hat{a}_k, k=1,\cdots,p$ 后,选择 σ^2 的最小二乘估计为

$$\hat{\sigma}^2 = \frac{S(\hat{a}_1, \cdots, a_p)}{n-p} \qquad (5-46)$$

按照上述应用最小二乘估计进行 AR(p) 模型参数估计的思想,可以进行 MA(q) 和 ARMA(p,q) 的参数估计,从而得到时间序列的 ARMA 模型。

4. 模型的精确定阶

确定了时间序列模型类型之后,还需要知道模型的阶数。本书应用最小信息准则 AIC(A - Information Criterion)进行模型阶数的判断。

设 $\{X_t\}$ 为一个随机时间序列,对其拟合 ARMA(n,m) 模型。那么 AIC 准则定义为

$$\text{AIC}(n,m) = -2\ln[L] + 2r \approx N\ln(\hat{\sigma}_a^2) + 2r + \zeta \qquad (5-47)$$

式中,L 是模型的最大似然估计;$\hat{\sigma}_a^2$ 是残差方差的最大似然估计;$r = m+n$ 是模型的独立参数个数;ζ 为给定的常数。那么对事先给定的 ARMA 模型阶数 $M(N)$,如果

$$\text{AIC}(n_0, m_0) = \min_{1 \leqslant n, m \leqslant M(N)} \text{AIC}(n,m) \qquad (5-48)$$

取 n_0 和 m_0 为模型的最佳阶数。对模型作精确定阶,直到寻找到最理想的模型,确定模型最终的阶数与参数。具体运用时,在规定范围内使模型阶数从低到高,分别计算 AIC 值,最后确定使其值最小的阶数是模型的合适阶数。

5. 模型的适应性检验

完成模型识别、定阶和参数估计后,必须判断此模型是否适用于描述时间序列。时间序列的适合模型应该完全解释系统数据序列的相关性,从而模型中残差序列 $\{a_t\}$ 应该是白噪声序列,模型的适应性检验实质就是检验序列 $\{a_t\}$ 是否为白噪声序列。残差序列 $\{a_t\}$ 通常采用 ARMA 模型的逆推方法可得

$$\bar{a}_t = X_t - \bar{\varphi}_1 X_{t-1} - \bar{\varphi}_2 X_{t-2} - \cdots - \bar{\varphi}_n X_{t-n} + \bar{\theta}_1 a_{t-1} + \bar{\theta}_2 a_{t-2} + \cdots + \bar{\theta}_m a_{t-m}$$

$$(5-49)$$

本书采用相关性估计。相关函数方法是通过考察并计算残差序列 $\{a_t\}$ 的自相关函数来判断残差序列的独立性的。自相关函数描述了间隔为 t 的数据点对 X_t 和 X_{t+k} 之间的线性相关关系,当时间序列数据已经被零均值化时,某一个样本数据计算样本自相关函数形式为

$$\hat{\rho}_k = \frac{\sum_{t=1}^{n-k} X_t X_{t-k}}{\sum_{t=1}^{n} X_t^{\,2}} \qquad (5-50)$$

如果残差序列 $\{a_t\}$ 为白噪声序列,那么 $\hat{\rho}_k$ 是互不相关的,且近似于正态分布 $\hat{\rho}_k \sim N(0, 1/N)$,因此,如果 $\hat{\rho}_k \leqslant 1.96/\sqrt{N}$,则可以接受 $\hat{\rho}_k = 0$ 的假设,认为 $\{a_t\}$ 是独立的。从而完成时间序列预测。

总结上述过程,应用时间序列 ARMA 模型进行健康预测的基本步骤如下:

步骤 1:采集数据并进行处理,转化为时间序列的标准形式;

步骤 2:计算时间序列的自相关和偏自相关函数;

步骤 3:对时间序列进行差分,得到平稳随机序列;

步骤 4:计算差分后序列的自相关和偏自相关函数,识别模型阶数,选择初始模型;

步骤 5:采用最小二乘法对模型进行参数估计,得到参数估计值;

步骤 6:对估计得到的模型残差进行适应性检验,决定是否接受模型,否则进行模型参数修改,重复上述过程,直至得到预测模型。

5.6 ARMA健康预测仿真分析

当无人机系统工作时,BIT 系统实时进行监控,同时根据监控数据结合历史信息进行健康预测,判断系统的使用寿命。一旦收集到足够的监测数据,并且这些数据能够反映系统的健康状况时,就可以对其建立合适的 ARMA 模型,以便对系统的健康状况进行预测。本节以某无人机系统自动驾驶仪为研究对象,进行健康预测仿真分析。

自动驾驶仪故障可定位到航线可更换单元(Line Replace Unit,LRU)级别,以便于进行更换和维修。故障的表现为驾驶仪失效,故障原因是根据故障征兆信息所直接指向的目标的相关 LRU。以"自动驾驶仪断开"为例,飞行控制系统的某个模式字显示自动驾驶仪自动断开,该故障信息直接指向的是驾驶仪控制板的连接杆断开,但由于其相关 LRU 和连线较复杂,因此其故障原因并不一定是连接杆断开,而是有可能导致"连接杆断开"的深层原因。该故障信息所牵涉的相关故障的逻辑结构如图 5-1 所示。进行自动驾驶仪健康预测同样存在这样的逻辑关系,也就是说自动驾驶仪的健康寿命受到各个 LRU 的影响,其相互关系也可以用图 5-1 来表示。

图 5-1 中的信息在层级上更为具体地揭示了顶级故障征兆的原因,也揭示了底层元器件对自动驾驶仪健康状况的影响。

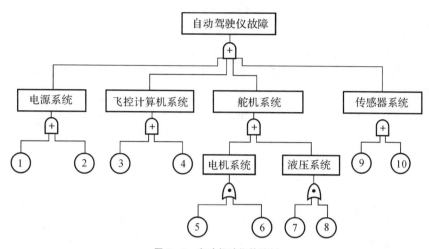

图 5-1 自动驾驶仪故障树

1—电源失效； 2—电压不稳； 3—数据总线故障； 4—输入输出故障； 5—线圈断线； 6—衔铁卡住；

7—液压源失效； 8—作动筒阀芯卡死； 9—姿态陀螺故障； 10—空速管故障

根据无人机系统自动驾驶仪的工作状况,首先获取时间序列数据。为了得到自相关函数有效估计,至少需要 50 个观测值。然后,绘制故障时间序列随时间变化的曲线图,观察时间序列数据的变化。首先找到自动驾驶仪的一个预测状态量,本书取故障前工作小时为样本,收集数据得到上文从 1～10 数字表示的引起自动驾驶仪故障前驾驶仪工作的时间,对下一次故障有可能出现的时间进行预测。

根据 5.5.2 节的方法进行预测,预测结果如图 5-2～图 5-4 所示。由图 5-2 可以看出初始时间序列数据为一个近似随机序列,对其进行零均值化处理得到需要的数据,计算其自相关函数和偏自相关函数,如图 5-3 所示,由此判断此序列为 ARMA 模型。对模型进行参数辨识与定阶,然后进行预测分析,本节选用的是预测后续 6 个点的方法,预测结果如图 5-4 所示,由图可以看出下次故障的时间约为 1 220 h。

由上述仿真分析过程可以看出,利用 ARMA 模型对自动驾驶仪故障进行预测,根据选取的预测变量的不同,采用的模型以及预测的结果也会不同。由于自动驾驶仪和大部分机电产品一样,发生的故障大部分属于随机故障,所以运用 ARMA 模型进行故障预测简单有效,如果状态变量选择合适,预测结果会比较准确。本书应用时间序列进行健康预测仅仅针对理想状态下的故障情况,对于自动驾驶仪这样复杂的机载机电系统,如果要进行精确的健康预测,还需要进行大量的试验与研究工作。通过上述分析可以看出,指数平滑法操作简单,适应性强,但是建立模型耗时长,预测精度一般;ARMA 模型较灵活,适用于故障预测,

预测精度较高,但是前期对模型的判断和定位较复杂。因此在对预测精度要求不高且要求预测快速的情况下采用指数平滑法能获得预期的效果,比如对执行器故障的实时预测和在线监控;如果需要得到系统精确的分析预测结果,同时对预测时间没有过高的要求,那么选用 ARMA 模型方法能够得到预期的结果,比如进行执行器和自动驾驶仪的事后维修和维护。

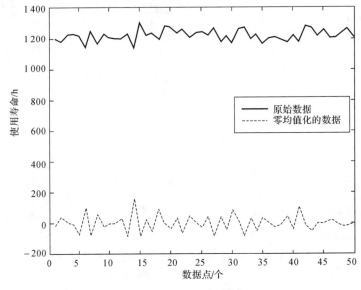

图 5-2　初始时间序列数据

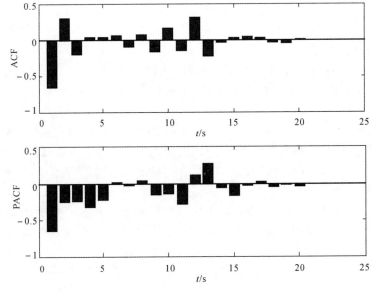

图 5-3　自相关函数和偏自相关函数

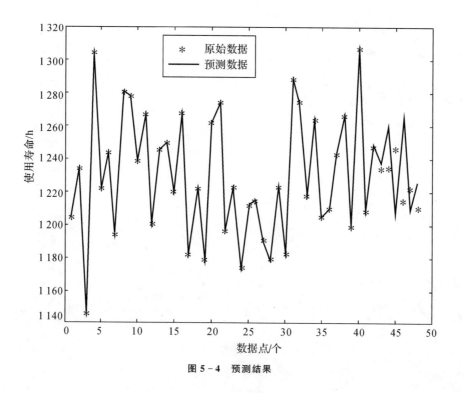

图 5 - 4　预测结果

|5.7　本　章　小　结|

　　健康预测是健康管理中非常重要的一步,也是健康管理系统的一个显著特征。健康预测的目的是预测系统未来的健康状态并确定系统从当前的健康状态发展到功能完全失效的时间。应用数据时间序列分析方法往往能够获得预期的预测效果。本书应用两种时间序列分析方法进行系统的健康预测,首先采用指数平滑法来跟踪和预测系统特征参数在特征空间中的未来进程预测特征的发展趋势,根据预测的特征趋势,得到健康预测结果。然后根据监测数据结合历史信息形成时间序列,一旦监测数据能够反映系统的健康状况则建立 ARMA 预测模型,判断系统的剩余使用寿命,进而完成系统的健康预测。

第 6 章

故障缓和与重构

　　健康管理是指检验和监控系统健康状况,采取正确适当的措施以维护系统执行其功能或安全运行的能力。飞行器健康管理的基本要求为在足够的时间内,充分检测异常和未知异常,及时对系统的健康状况做出反应,通过分析数据和执行决策分析,提供正确的健康管理措施,以便对系统异常、降级或故障进行有效的决策、缓和、修复和重构能力,从而增加系统安全性和可靠性。前面几章主要进行系统健康行为的监控、评估和预测分析,本章主要研究系统健康管理行为的决策、缓和与重构。

|6.1 引　　言|

　　在健康管理分析中,一旦通过监控和分析方法发现系统出现或者将出现异常,那么必须快速做出决策,以便于对系统进行缓和、修复和重构。对于飞行控制系统来说,由于大部分部件都是余度配置,进行缓和与修复的主要手段就是进行余度管理和切换重构,但是如果系统发生故障超出余度管理的功能之外,就必须采用有效的管理方式进行系统的修复与重构。

　　系统出现性能降级或者故障后采用的缓和方法其实就是一种决策方式。缓和是指在系统出现异常情况时,通过决策判断以便决定对故障进行处理,最大可能保证系统的有效性。缓和的实施往往建立在对故障评估的基础上,一旦确定了不正常条件,就需要做出决策以最小化故障带来的影响。健康管理系统通常通过下面的方式进行故障缓和:帮助了解故障对系统造成的影响,以及这些影响

如何影响任务;确定机载人员或任务控制组需要执行的措施;执行系统重构命令;提出可选的任务计划,以便在故障情况下优化任务。

修复包括更换或用其他方式将故障部件恢复到正常状态。飞行过程中,对安全关键设备而言,修复就是使用机载的余度设备通过余度管理算法切除并替换故障设备,但是在余度设备被使用后,也就是当飞行控制系统的余度等级降低后,飞行器的总体健康状态就受到了影响,因为飞行器的设备运行状况已经发生了变化。如果飞行器在地面上,决策就非常简单,只需对系统进行修复或者进行维修。但是如果飞行器在空中,就需要更加复杂的决策,如果不能够立即进行维修,必须要在故障情况下飞行,如果有足够的余度,故障对任务的影响会很小。然而,即使对全冗余系统,一旦备份系统开始使用,则整个系统的余度会减少,因此必须在此基础上对任务风险进行重新评估。

重构是飞行控制系统所特有的一种修复方式,主要是指根据飞行控制系统的结构特点,针对飞行控制系统的传感器或者执行机构,应用相应的控制方法完成子系统性能降级或者故障后系统的重构,力图使得系统恢复到原有性能。

本章主要进行基于贝叶斯决策方法的故障辅助决策,以判断故障对飞行控制系统的危害程度,并且在这种故障模式下完成任务的风险,从而找到最佳的解决方案,以达到故障缓和的目的;基于概率统计的实时在线故障诊断决策方法,进行飞行控制系统传感器和作动器的快速故障诊断;基于神经网络的自适应动态逆重构控制方法,进行作动器故障的实时重构控制;基于卡尔曼滤波信息融合算法的飞行控制系统传感器信息重构。通过以上内容的研究完成健康管理功能的故障缓和与重构控制。

|6.2 决策支持与故障缓和|

决策支持层接收来自状态监测、健康评估和预测层的数据,并根据前面各层的输出结果产生相应的维修措施(例如在被监测系统、子系统、部件发生故障之前采取维修措施)。该层为维修资源管理和其他监视综合健康管理系统的性能和有效性的处理过程提供支撑。决策支持层综合所需要的信息,基于系统、子系统或部件的健康状态信息和预测健康相关的信息,做出合适的决策,产生部件更换、维修活动等建议措施。

6.2.1 决策支持

在无人机系统健康管理体系中,进行决策主要有两个目的。①根据系统健康状况(故障或者性能降级)进行性能分析评估,以制定正确的维修或维护计划;②根据在飞行过程中评估系统在性能降级或者故障发生时完成任务的风险,以便做出正确的决策。根据各种事件发生的先验概率进行决策一般具有较大的风险。减少这种风险的办法是通过科学实验、调查、统计分析等方法获得较为准确的情报信息,以修正先验概率。利用贝叶斯定理求得后验概率,进行决策的方法,称为贝叶斯决策方法。贝叶斯决策能对信息的价值或目前的行为状况做出科学的判断;能对调查结果的可能性加以数量化的评价;贝叶斯决策将先验知识和主观概率有机地结合起来;贝叶斯定理是基于概率统计的推理方法,它以概率密度函数为基础。许多学者对贝叶斯理论应用于测试决策领域进行了研究。

将研究对象的特征空间分为 $P_1, P_2, \cdots, P_n$ 个区域,分别代表 n 个模式类别,用 $\omega_1, \omega_2, \cdots, \omega_n$ 表示,其先验概率为 $P(\omega_i), i=1,2,\cdots,n, \boldsymbol{x} \in P^d$ 为特征空间 P 的 d 维向量,其概率分布为 $f(\boldsymbol{x} \mid \omega_i)$,由全概率公式,对于特征空间中任一向量 $\boldsymbol{x}$,有

$$P(\boldsymbol{x}) = \sum_{i=1}^{n} f(\boldsymbol{x} \mid \omega_i) P(\omega_i) \tag{6-1}$$

利用贝叶斯定理计算后验概率,当特征向量 $\boldsymbol{x}$ 已知,落入第 i 个类别的概率为

$$P(\omega_i \mid \boldsymbol{x}) = \frac{f(\boldsymbol{x} \mid \omega_i) P(\omega_i)}{P(\boldsymbol{x})} \tag{6-2}$$

在实际中,必须考虑决策失误带来的风险,若决策空间 Q 由 n 个决策 $a_i(i=1,2,\cdots,n)$ 组成,即 $Q=\{a_1,a_2,\cdots,a_n\}$,损失函数为 $L(a_i,\omega_j), i,j=1,2,\cdots,n$。由于具体采用的决策将随样本 $\boldsymbol{x}$ 的取值而定,因此,决策 a 可看成样本的函数,记为 $a(\boldsymbol{x})$。对于整个样本空间,其决策的期望风险可定义为

$$R = \int_{\Re^d} R(a(\boldsymbol{x}) \mid \boldsymbol{x}) P(\boldsymbol{x}) \mathrm{d}\boldsymbol{x} \tag{6-3}$$

式(6-3)表明了在整个特征空间中,对于所有的 $\boldsymbol{x}$ 采取相应决策 $a(\boldsymbol{x})$ 所带来的平均风险。而对于某个样本 $\boldsymbol{x}$,在采取决策 a_i 时的条件风险为

$$R(a_i \mid \boldsymbol{x}) = \sum_{j=1}^{n} L(a_i, \omega_j) P(\omega_j \mid \boldsymbol{x}), \quad i=1,2,\cdots,n \tag{6-4}$$

对于来自 m 个不同观测空间的一组样本 $\boldsymbol{x}_k, k=1,2,\cdots,m$,在同一决策空间 Q 中,设其对应的损失函数为 $L_k(a_i,\omega_j), i,j=1,2,\cdots,n; k=1,2,\cdots,m$。采取决

策 a_i 时的条件风险为

$$R(a_i \mid \boldsymbol{x}_1, \cdots, \boldsymbol{x}_m) = \sum_{k=1}^{m} \sum_{j=1}^{n} L_k(a_i, \omega_j) P(\omega_j \mid \boldsymbol{x}_1, \cdots, \boldsymbol{x}_m) \qquad (6-5)$$

可得最终的贝叶斯决策规则:若下式成立,则 $\boldsymbol{x} \in \omega_j, j = 1, 2, \cdots, n$

$$R(a_j \mid \boldsymbol{x}_1, \boldsymbol{x}_2, \cdots, \boldsymbol{x}_m) = \min_{i=1,2,\cdots,n} R(a_i \mid \boldsymbol{x}_1, \boldsymbol{x}_2, \cdots, \boldsymbol{x}_m) \qquad (6-6)$$

6.2.2 故障缓和

当系统发生故障时,必须对故障进行处理,最大可能保证平台和任务的有效性。缓和的实施建立在对故障影响评估的基础上,一旦确定了不正常条件,就需要做出决策以最小化故障带来的影响。

健康管理系统通常通过下面的方式进行故障缓和:帮助了解故障对系统造成的影响,以及这些影响如何影响任务;确定机载人员或任务控制组需要执行的措施;执行系统重构命令;提出可选的任务计划,以便在故障情况下优化任务。

本书讨论的故障缓和主要是进行辅助决策,以判断故障对飞行控制系统的危害程度,并且在这种故障模式下完成任务的风险,从而找到最佳的解决方案。例如:当飞机姿态陀螺发生故障时,将影响反馈控制的效果,这时根据不同的任务要求和控制律方案建立基于任务的贝叶斯决策体系进行决策,得到最佳的任务完成模式或返场或者进行传感器信号的自修复。

基于上述分析,本书中最小风险贝叶斯决策的步骤如下:

步骤1:根据飞机完成的任务 $\boldsymbol{x}$ 的情况进行统计分析,得到某一部件故障时完成不同任务的概率 $P(\omega_j), p(\boldsymbol{x}/\omega_j), j = 1, 2, \cdots, m$;

步骤2:在已知 $P(\omega_j), p(\boldsymbol{x}/\omega_j), j = 1, 2, \cdots, m$,并给出待识别的 $\boldsymbol{x}$ 情况下,根据贝叶斯公式计算后验概率;

步骤3:利用计算出的后验概率及决策表,按式(6-5)计算出采取 $\alpha_i, i = 1, 2, \cdots, n$ 的条件风险 $R(\alpha_i/\boldsymbol{x})$;

步骤4:对步骤3中得到的 a 个条件风险值 $R(\alpha_i/\boldsymbol{x}), i = 1, 2, \cdots, n$,进行比较,找出使条件风险最小的决策 α_k,即 $R(\alpha_k/\boldsymbol{x}) = \min_{i=1,2,\cdots,a} R(\alpha_i/\boldsymbol{x})$,则 α_k 就是最小风险贝叶斯决策。

应该指出的是,最小风险贝叶斯决策除了要有符合实际情况的先验概率 $P(\omega_j)$ 及类条件概率密度 $p(\boldsymbol{x}/\omega_j), j = 1, 2, \cdots, m$ 外,还必须要有合适的损失函数 $\lambda(\alpha_i, \omega_j), i = 1, 2, \cdots, n, j = 1, 2, \cdots, m$。实际工作中要列出合适的决策表不易,要根据具体问题分析错误决策造成损失的严重程度,经过多次实验确定或者与专家共同确定。

|6.3 信号残差分析与实时故障诊断|

基于决策支持的故障缓和方法主要是针对机载或者地面维护系统对系统性能进行快速的判断,以便得到很好的方案进行故障的缓和与系统的降级处理。对于飞行控制系统来说,对发生故障后的处理是系统正常运行的保证。除了使用上述的决策系统进行系统的故障分析和处理以外,本书还讨论了一种实时在线的故障诊断决策方法,以便于系统进行实时在线的快速重构。

6.3.1 问题描述

无人机飞行控制系统主要是由执行检测任务的传感器分系统、执行计算任务的计算机分系统和驱动舵面偏转的作动器分系统组成的。在各个分系统中都有执行实时监控的 BIT 系统,对于一般的电器或者电路故障都可以完成检测与监控。但是对于系统级的故障还需要采用相应的算法来进行快速诊断。本书主要针对作动器和传感器分系统采用相应的实时诊断方法来进行处理。

常见的作动器故障行为有操纵面卡死、输出恒偏差失效、操纵面损伤、松浮和饱和。现在分别描述其故障发生时的模型。

1. 作动器卡死

第 i 个作动器卡死的故障模型可描述为 $u_{iout}(t) = a_i$,式中,a_i 为常数,$i = 1,2,\cdots,p$。在实际控制系统中,作动器的输出有一个限制范围,即,$u_{imin} \leqslant u_{iin}(t) \leqslant u_{imax}$,若超过这个范围,则作动器的输出值不再变化,因此有 $u_{imin} \leqslant a_i \leqslant u_{imax}$,如果 $a_i = u_{imin}$ 或 $a_i = u_{imax}$,就是所谓的作动器开路失效。

2. 作动器恒偏差失效

第 i 个作动器恒偏差的故障模型为,$u_{iout}(t) = u_{iin}(t) + \Delta i$,式中,$\Delta i$ 为常数。

3. 操纵面损伤

第 i 个操纵面损伤的故障模式可表述为 $u_{iout}(t) = \beta_i u_{iin}(t)$,其中,$\beta_i$ 为损伤比例系数且 $0 \leqslant \beta_i \leqslant 1$。当 $\beta_i = 0$ 时,相当于第 i 个操纵面在 u_{imin} 处卡死的故障;当 $\beta_i = 1$ 时,即属第 i 个操纵面正常情况。

4. 操纵面松浮

第 i 个操纵面松浮的故障模式可描述为 $u_{iout}(t)=0$,松浮是一种特殊的故障类型,表示操纵面不受控制,只是随着飞机的飞行呈飘浮状态。

5. 操纵面饱和

第 i 个操纵面饱和的故障模式可描述为 $u_{iout}(t)=u_{imin}$ 或者 $u_{iout}(t)=u_{imax}$,此种情况表示操纵面停留在输出的最大(或者最小)状态,就是所谓的作动器开路失效状态。

在无人机飞行控制系统中,常用的传感器包括纵向加速度计、法向加速度计、横向加速度计、滚转速率陀螺、俯仰速率陀螺、偏航速率陀螺、滚转姿态陀螺、俯仰姿态陀螺、航向陀螺、高度表、攻角和侧滑角传感器。传感器的故障将引起系统输入信号的变化,同时影响反馈控制系统的性能,根据传感器的特点建立传感器发生故障时系统的模型。令 y_{iout} 表示第 i 个传感器的实际输出,y_{iin} 为第 i 个传感器正常时输出。

(1) 传感器偏置故障。第 i 个传感器发生偏置故障的故障模式为 $y_{iout}(t)=y_{iin}(t)+S(t)$,其中,$S(t)$ 为恒定或随机小信号。

(2) 传感器冲击故障。第 i 个传感器发生冲击故障的故障模式为 $y_{iout}(t)=y_{iin}(t)+\delta(t)$,其中,$\delta(t)$ 为脉冲信号。

(3) 传感器短路或开路故障。第 i 个传感器发生短路或开路故障的故障模式为 $y_{iout}(t)=y_{iin}(t)_{max}$ 或 0,式中,$y_{iin}(t)_{max}$ 为输出信号的最大值。

(4) 传感器恒值输出故障。第 i 个传感器恒值输出的故障模式为 $y_{iout}(t)=a_i$,其中,a_i 为常数。

(5) 传感器增益变化故障。第 i 个传感器增益变化的故障模式为 $y_{iout}(t)=\beta_i y_{iin}(t)$,其中,$\beta_i$ 为增益变化的比例系数。

(6) 传感器漂移故障。第 i 个传感器漂移的故障模式为 $y_{iout}(t)=y_{iin}(t)+kx(t)$,其中,$kx(t)$ 为偏移率。漂移故障物理成因为信号以某一速率偏移原信号。

(7) 周期性干扰。第 i 个传感器周期性干扰的故障模式为 $y_{iout}(t)=y_{iin}(t)+A\sin(t)$,故障物理成因为原信号基础上叠加某一频率的信号。

(8) 非线性死区。第 i 个传感器非线性死区的故障模式为

$$y_{iout}(t)=\begin{cases} 0, & t_1<t<t_2 \\ -y_{iin}(t)_{max} \text{ 或 } y_{iin}(t)_{max}, & t_3<t<t_4 \end{cases}$$

故障物理成因为原信号在某一段为 0,另一时间段信号为饱和正(负)最大值。

6.3.2　信号重构与残差分析

在线故障诊断是故障缓和与重构研究的主要内容之一,就是指采用快速有效的算法完成系统的实时故障诊断。

1. 作动器在线诊断算法

等价关系法是一种简单实用的实时在线故障诊断方法,其基本原理就是把测量到的系统输出信号先投影到与系统能观测性子空间的正交补上,从而生成残差,然后采用统计决策方法进行故障的诊断。

通常情况下,飞行控制系统可以用线性连续动态方程描述,在未考虑测量噪声和系统噪声的条件下,可定义正常的系统为

$$\left.\begin{aligned} \dot{\boldsymbol{x}}(t)_{(N\times1)} &= \boldsymbol{A}_{(N\times N)}\,\boldsymbol{x}(t)_{(N\times1)} + \boldsymbol{B}_{(N\times M)}\,\boldsymbol{u}(t)_{(M\times1)} \\ \boldsymbol{y}(t)_{I\times1} &= \boldsymbol{C}_{(I\times N)}\,\boldsymbol{u}(t)_{(N\times1)} \end{aligned}\right\} \tag{6-7}$$

状态方程中:$\boldsymbol{A}$ 是 $N\times N$ 阶系统矩阵;$\boldsymbol{X}(t)=\begin{bmatrix}x_1(t) & x_2(t) & \cdots\end{bmatrix}^{\mathrm{T}}$ 是 N 维状态变量;$\boldsymbol{B}$ 是 $N\times M$ 阶输入矩阵;$\boldsymbol{u}(t)=\begin{bmatrix}u_1(t) & u_2(t) & \cdots\end{bmatrix}^{\mathrm{T}}$ 是 M 维输入向量;输出方程中:$\boldsymbol{C}$ 是 $I\times N$ 阶输出矩阵;$\boldsymbol{Y}(t)=\begin{bmatrix}y_1(t) & y_2(t) & \cdots\end{bmatrix}^{\mathrm{T}}$ 是 I 维输出向量。将上面状态方程进行扩展,使其包含附加噪声、干扰和故障,即

$$\left.\begin{aligned} \dot{\boldsymbol{x}}(t) &= \boldsymbol{A}\boldsymbol{x}(t) + \boldsymbol{B}\boldsymbol{u}(t) + \boldsymbol{B}_{\mathrm{f}}\boldsymbol{f}(t) + \boldsymbol{B}_{\mathrm{d}}\boldsymbol{d}(t) + \boldsymbol{B}_{\mathrm{n}}\boldsymbol{n}(t) \\ \boldsymbol{y}(t) &= \boldsymbol{C}\boldsymbol{x}(t) + \boldsymbol{D}\boldsymbol{u}(t) + \boldsymbol{D}_{\mathrm{f}}\boldsymbol{f}(t) + \boldsymbol{D}_{\mathrm{d}}\boldsymbol{d}(t) + \boldsymbol{D}_{\mathrm{n}}\boldsymbol{n}(t) \end{aligned}\right\} \tag{6-8}$$

式中,下标 f 是用来标识与故障相关的矩阵;下标 d 是用来标识与干扰相关的矩阵;下标 n 是用来标识与噪声相关的矩阵。状态方程式(6-8)可以按传递函数形式写为

$$\boldsymbol{y}(t) = \boldsymbol{P}(q)\boldsymbol{u}(t) + \boldsymbol{P}_{\mathrm{f}}(q)\boldsymbol{f}(t) + \boldsymbol{P}_{\mathrm{d}}(q)\boldsymbol{d}(t) + \boldsymbol{P}_{\mathrm{n}}(q)\boldsymbol{n}(t) \tag{6-9}$$

基于传递函数的等价关系法生成的残差必须通过观测获得,残差的广义方程可表示为

$$\boldsymbol{r}(t) = \boldsymbol{V}(q)\boldsymbol{u}(t) + \boldsymbol{W}(q)\boldsymbol{y}(t) \tag{6-10}$$

式中,$\boldsymbol{r}(t)$ 是残差向量;$\boldsymbol{V}(q)$ 和 $\boldsymbol{W}(q)$ 是传递函数矩阵。当未知输入(故障 $\boldsymbol{f}(t)$、干扰 $\boldsymbol{d}(t)$ 和噪声 $\boldsymbol{n}(t)$)是零时,残差也应该是零。

将系统方程式(6-9)带入式(6-10),并且设未知输入为零,得到

$$\boldsymbol{V}(q)\boldsymbol{u}(t) + \boldsymbol{W}(q)\boldsymbol{P}(q)\boldsymbol{u}(t) = \boldsymbol{0} \tag{6-11}$$

要使得式(6-11)对所有的输入均成立,必须有 $\boldsymbol{V}(q) = -\boldsymbol{W}(q)\boldsymbol{P}(q)$,将其带入式(6-10)得到

$$\boldsymbol{r}(t) = \boldsymbol{W}(q)[\boldsymbol{y}(t) - \boldsymbol{P}(q)\boldsymbol{u}(t)] \tag{6-12}$$

这里假设已经通过试验或者基本原理知道了系统的传递函数 $P(q)$（或者状态空间方程）。这样传递函数 $W(q)$ 的设计就成为基于等价关系的故障诊断系统的重点。

作动器输入信号 $u(t)$ 作用下的线位移传感器的解析输出值 $P(q)$ 由传递函数的拉氏反变换求得。结合线位移传感器的测量输出值 $y(t)$，并代入公式（6-12），有作动器检测的线位移残差：

$$r(t) = W(q)[y(t) - P(q)u(t)] \tag{6-13}$$

上式取传递函数 $W(q) = 1$，可得

$$r(t) = y(t) - P(q)u(t) \tag{6-14}$$

作动器局部检测的残差产生机制如图 6-1 所示。

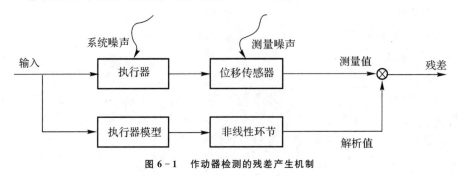

图 6-1　作动器检测的残差产生机制

2.传感器在线诊断方法

按照飞机机体轴角速率和欧拉角的运动学关系，获得速率陀螺和姿态陀螺的一体化输出，角速率和欧拉角的关系为

$$\left. \begin{aligned} p &= \dot{\phi} - \dot{\psi}\sin\theta \\ q &= \dot{\theta}\cos\phi + \dot{\psi}\cos\theta\sin\phi \\ r &= \dot{\psi}\cos\theta\cos\phi - \dot{\theta}\sin\phi \end{aligned} \right\} \tag{6-15}$$

式中，p，q，r 分别为滚转角速率、俯仰角速率和偏航角速率；ψ，θ，ϕ 分别为偏航角、俯仰角和滚转角。在进行解析余度设计时，假定欧拉角的测量信号为正常信号，那么就可以将其作为测量的冗余信息，来计算出三个角速率，这样可以利用三个角速率的估计值和实际测量值形成残差，进行故障诊断。

在实际工程问题中，常存在由不连续或带随机噪声的量测信号合理地提取连续信号及微分信号的问题。过去采用线性微分器及线性滤波等手段，提出了不少解决问题的办法，然而"线性"办法还不能令人满意地解决此类问题。韩京清研究员利用二阶最速开关系统构造出跟踪不连续输入信号并提取"近似微分"

信号的"机构",提出了"非线性跟踪-微分器"的概念。

所谓跟踪-微分器是这样的机构:对它输入信号 $v(t)$,它将输出两个信号 z_1 和 z_2,其中 z_1 跟踪 $v(t)$,而 $z_2 = \dot{z}_1$,从而把 z_2 作为 $v(t)$ 的"近似微分"。若系统为

$$\left.\begin{array}{l} \dot{z}_1 = z_2 \\ \dot{z}_2 = f(z_1, z_2) \end{array}\right\} \qquad (6-16)$$

的任意解均满足:$z_1(t) \rightarrow 0, z_2(t) \rightarrow 0 \ (t \rightarrow \infty)$,则对任意有界可积函数 $v(t)$ 和任意常数 $T > 0$,系统

$$\left\{\begin{array}{l} \dot{x}_1 = x_2 \\ \dot{x}_2 = R^2 f\left(x_1 - v, \dfrac{x_2}{R}\right) \end{array}\right.$$

的解 $x_1(t)$ 满足 $\lim\limits_{R \rightarrow \infty} \int_0^T |x_1(t) - v(t)| \, dt = 0$,只要保证系统式(6-16)的任意解满足 $z_i(t) \rightarrow 0 \ (t \rightarrow \infty)$,结论即成立。离散化的一阶跟踪-微分器的差分方程为

$$\left.\begin{array}{l} x_1(k+1) = x_1(k) + h^* x_2(k) \\ x_2(k+1) = x_2(k) + h * \text{fst2}(x_1(k), x_2(k), v(k), r, h) \end{array}\right\} \qquad (6-17)$$

式中,fst2(•)由下式给出:

$$\left.\begin{array}{l} \delta = hr, \quad \delta_1 = h\delta \\ e(k) = x_1(k) - v(k), \quad z_1(k) = e(k) + h x_2(k) \\ g(k) = \begin{cases} x_2(k) - \text{sign}(z_1(k))(\delta - \sqrt{\delta^2 + 8r |z_1(k)|}/2), & |z_1(k)| < \delta_1 \\ x_2(k) + z_1(k)/h, & |z_1(k)| < \delta_1 \end{cases} \\ \text{fst2}(x_1(k), x_2(k), v(k), r, h) = \begin{cases} -r\text{sign}(g(k)), & |g(k) < \delta| \\ -rg(k)/\delta, & |g(k) \geqslant \delta| \end{cases} \end{array}\right\}$$

$$(6-18)$$

式中,v 是被跟踪的输入信号;x_1 和 x_2 是跟踪-微分器的状态变量;h 是离散化采样步长;r 是反映跟踪快慢的速度因子。由 TD 的离散形式可知,由于输出信号 x_1 和 x_2 是由积分得到的,能有效抑制噪声,x_1 为 v 的跟踪信号,其跟踪速度可以根据速度因子 r 调节,跟踪-微分器可用于过程控制。

跟踪-微分器的实质是利用数值积分优于数值微分的事实,将给定信号的微分转化为对一组微分方程的积分问题,即可实现任意信号的跟踪及微分。

本书应用上述跟踪-微分器方法进行角速率信号的解析计算,从而和实测的角速率信号形成残差,进而进行传感器的故障诊断。同时应用传感器的解析信号完成关键传感器的信号重构设计。

6.3.3 在线统计决策

基于上文生成的残差,应用统计决策方法可以得到故障诊断结果。本书应用二元假设检验方法完成对残差的分析。

二元假设检验的基本原理为,对某事物的状态有两种假设 H_0 和 H_1,现要根据 $(0,T)$ 时间内的观测量 $z(t)$ 判决 H_0 为真或 H_1 为真。在故障检测中,H_0 表示无故障,H_1 表示有故障。从概率统计学的角度分析有以下 4 种可能性:

(1)H_0 为真,判断 H_1 为真,称为误检,其概率写成 P_F;

(2)H_1 为真,判断 H_0 为真,称为漏检,其概率写成 P_M;

(3)H_0 为真,判断 H_0 为真,称为无误检,其概率为 $1-P_F$;

(4)H_1 为真,判断 H_1 为真,这称为正确检测,其概率为 $P_D = 1-P_M$。

设观测值 z 构成的观测空间为 Z,将 Z 划分为两个互不相交的子空间 Z_0 和 Z_1,$Z = Z_0 + Z_1$。判决规则是,当 $z \in Z_0$ 时,判断 H_0 为真;当 $z \in Z_1$ 时,判断 H_1 为真。

设观测值 z 在 H_0 或 H_1 为真时的条件概率密度 $p(z \mid H_0)$ 和 $p(z \mid H_1)$ 已知,于是可得

$$\left. \begin{aligned} P_F &= \int_{z_1} p(z \mid H_0) \mathrm{d}z \\ P_M &= \int_{z_0} p(z \mid H_1) \mathrm{d}z = 1 - \int_{z_1} p(z \mid H_1) \mathrm{d}z \end{aligned} \right\} \tag{6-19}$$

本书应用平均检测时间最短的序贯概率比检验准则完成对残差的分析和故障诊断。序贯概率比检验(Sequential Probability Ratio Test)并不预先规定观测样本的数目(对应于观测时间),而是在检验过程中不断增加观测数据,一直到满足要求的 P_F 和 P_M 为止。对 N 次独立样本 $R(N) = \{r(1), r(2), \cdots, r(N)\}$ 建立似然比,有

$$L_N(R) = \frac{p(R(N) \mid H_1)}{p(R(N) \mid H_0)} = \frac{p[r(1), \cdots, r(n) \mid H_1]}{p[r(1), \cdots, r(n) \mid H_0]} = \prod_{k=1}^{N} L(r(k))$$

$$\tag{6-20}$$

式中,$L(r(k)) = \dfrac{p(R(k) \mid H_1)}{p(R(k) \mid H_0)}$,给出两个门限 $T(H_1)$ 和 $T(H_0)$,则序贯概率比检验的判决规则为

$$\left. \begin{aligned} L_N(R) &\geqslant T(H_1) \rightarrow \text{判决 } H_1 \text{ 真} \\ L_N(R) &\leqslant T(H_0) \rightarrow \text{判决 } H_0 \text{ 真} \\ T(H_0) &< L_N(R) < T(H_1) \rightarrow \text{增加数据继续检验} \end{aligned} \right\} \tag{6-21}$$

序贯概率比检验的门限 $T(H_0)$ 和 $T(H_1)$，可根据要求的 P_F 和 P_M 确定，满足

$$L_N(R) = \frac{p(R(N) \mid H_1)}{p(R(N) \mid H_0)} = T(H_1) \qquad (6-22)$$

时，$R(N)$ 落在判决区域 Z_1 中。在判决区域 Z_1 中积分式(6-22)可得

$$\int_{Z_1} p(R(N) \mid H_1)\mathrm{d}R = T(H_1)\int_{Z_1} p(R(N) \mid H_0)\mathrm{d}R \qquad (6-23)$$

即，$P_D = T(H_1)P_F$。故有 $T(H_1) = \dfrac{P_D}{P_F} = \dfrac{1-P_M}{P_F} > 1$，同样，当满足

$$L_N(R) = \frac{p(R(N) \mid H_1)}{p(R(N) \mid H_0)} = T(H_0) \qquad (6-24)$$

时，$R(N)$ 落在判决区域 Z_0 中。在判决区 Z_0 中积分式(6-24)可得

$$\int_{Z_0} p(R(N) \mid H_1)\mathrm{d}R = T(H_0)\int_{Z_0} p(R(N) \mid H_0)\mathrm{d}R \qquad (6-25)$$

即，$P_M = T(H_0)(1-P_F)$，故 $T(H_0) = \dfrac{P_M}{1-P_F} < 1$。

正常工作的作动器残差由零均值高斯分布的白噪声组成，反映了传感器测量噪声、作动器残差产生系统的系统噪声。作动器故障时残差中将出现反映故障的偏差值。在较短的检测时间内假定该偏差恒定，则在无故障假设 H_0 与故障假设 H_1 条件下残差组成：

$$\left.\begin{array}{l} H_0 : r(k) = n(k) \\ H_1 : r(k) = s + n(k) \end{array}\right\} \qquad (6-26)$$

式中，s 是故障信息；$n(k)$ 是高斯白噪声。残差 $r(k)$ 的条件概率密度为

$$\left.\begin{array}{l} H_0 : p[r(k) \mid H_0] = \dfrac{1}{\sqrt{2\pi}\,\sigma}\exp[-r^2/2\sigma^2] \\[2mm] H_1 : p[r(k) \mid H_1] = \dfrac{1}{\sqrt{2\pi}\,\sigma}\exp[-(r-s)^2/2\sigma^2] \end{array}\right\} \qquad (6-27)$$

式中，$\sigma^2 \approx \sigma_c^2 + \sigma_x^2$ 是零均值白噪声 $n(k)$ 的方差。$n(k)$ 的方差由传感器的测量白噪声 $n_c(k)$（其方差是 σ_c^2），以及由残差产生系统的系统噪声 $n_x(k)$（其方差是 σ_x^2）合成。

为了获得准确性和实时性之间的折中，本书中作动器和传感器故障的故障概率比检验采用预警检测与校验检测相结合：预警检测采用双边检验法；校验检测采用序贯概率比检验，在进一步限定虚警概率和漏报率条件下提高检测精度。

1. 故障的预警检测

故障的预警检测采用移动窗口平均检测法。当残差信号 r 的 N 次采样数据

序列 $\boldsymbol{r}_N = [r_1 \quad r_2 \quad \cdots \quad r_N]^T$ 相互独立,最近 N 次采样的 N 维条件概率对数似然比:

$$\ln l(\boldsymbol{r}_N) = \ln \prod_{n=1}^{N} l(r_n) = \sum_{n=1}^{N} \left[\frac{sr(n)}{\sigma^2} - \frac{s^2}{2\sigma^2} \right] = \frac{s}{\sigma^2} \left[\sum_{n=1}^{N} r(n) - \sum_{n=1}^{N} \frac{s}{2} \right] \underset{H_0}{\overset{H_1}{\gtrless}} l_0$$

$$(6-28)$$

式(6-28)的等价形式为

$$S_T = \frac{1}{N} \sum_{n=1}^{N} r(n) \underset{H_0}{\overset{H_1}{\gtrless}} \frac{\sigma^2}{Ns} l_0 + \frac{1}{N} \sum_{n=1}^{N} \frac{s}{2} \qquad (6-29)$$

S_T 是残差信号 $r(k)$ 的移动平均值,其条件均值和方差修正形式为

$$\left.\begin{aligned} E(S_T \mid H_0) &= 0 \\ E(S_T \mid H_1) &= s \\ \mathrm{Var}(S_T) &= \sigma_T^2 = \frac{\sigma^2}{N} \approx \sigma_c^2 + \sigma_x^2 N \end{aligned}\right\} \qquad (6-30)$$

确定虚警率下的双边检验判决准则:

$$\left.\begin{aligned} H_0 &: -l_T < S_T < l_T \\ H_1 &: -\infty < S_T < -l_T \text{ 或 } l_T < S_T < \infty \end{aligned}\right\} \qquad (6-31)$$

式中,$\pm l_T$ 为预警门限值,该门限由下式确定:

$$P_{FA} = 2 \int_{l_T}^{\infty} p(S_T \mid H_0) \mathrm{d}S_T = 2 \int_{l_T}^{\infty} \frac{1}{\sqrt{2\pi}\,\sigma_T} \exp(-S_T^2 / 2\sigma^2) \mathrm{d}S_T \qquad (6-32)$$

式中,P_{FA} 是给定虚警概率,通过计算或查表可获得门限值。设 c_σ 为由 P_{FA} 确定的常数,则可得 $l_T = c_\sigma \sigma_T$。

2. 故障的校验检测

故障的预警检测超过门限 l_T 时刻触发校验检测。校验检测采用平均检测时间最短的序贯概率比检测算法。该检验算法计算最近的 k 次采样数据序列

$$\boldsymbol{r}_k = [r_1 \quad r_2 \quad \cdots \quad r_k]^T$$

的 k 维条件概率对数似然比 $l(\boldsymbol{r}_k)$ 并与门限值比较进行故障确定,即

$$\ln l(\boldsymbol{r}_k) = \ln \prod_{n=1}^{k} l(r_n) = \sum_{n=1}^{k} \left[\frac{sr(n)}{\sigma^2} - \frac{s^2}{2\sigma^2} \right] = \frac{s}{\sigma^2} \left(\sum_{n=1}^{k} r(n) - \sum_{i=1}^{k} \frac{s}{2} \right) \underset{H_0}{\overset{H_1}{\gtrless}} l_0$$

$$(6-33)$$

式(6-33)的等价形式为

$$S_V = \sum_{n=1}^{k} \left[r(n) - \frac{s}{2} \right] \mathop{\gtrless}_{H_0}^{H_1} \frac{\sigma^2}{s} l_0 \qquad (6-34)$$

S_V 的条件概率均值和方差修正形式为

$$\left. \begin{aligned} E(S_V \mid H_0) &= -\frac{ks}{2} \\ E(S_V \mid H_1) &= \frac{ks}{2} \\ \mathrm{Var}(S_V) &= \sigma_V^2 \approx k\sigma_c^2 + k^2\sigma_x^2 \end{aligned} \right\} \qquad (6-35)$$

那么 S_V 的新门限 l_V 为

$$l_V = E\left[S_V(k_{\max}) \mid H_1 \right] = \frac{1}{2} k_{\max} s_{V\min} \qquad (6-36)$$

当 $\alpha = \beta$ 时有对称双门限 $\pm l_V$。同时由于实际残差中的故障信号可能为负值,故对信号 S_V 取绝对值,获得检验判决规则如下:

$$\left. \begin{aligned} H_0: \quad & S_V \leqslant -l_V \\ H_1: \quad & S_V \geqslant l_V \\ \text{继续采样:} \quad & -l_V \leqslant S_V < l_V \end{aligned} \right\} \qquad (6-37)$$

6.3.4 在线诊断仿真分析

基于上文的设计,应用某型飞机解析模型进行作动器和传感器的在线故障诊断仿真分析,通过建立的解析关系得到残差,运用统计方法对残差进行分析,从而进行故障检测,在线诊断的基本步骤如下:

步骤1:根据不同待诊断对象的特点设定测量噪声,设定虚警率、漏报率、统计分析的移动窗口宽度和最大校验检测宽度,计算移动窗口检测的预警阈值和序贯概率比检测的校验阈值;

步骤2:根据建立的解析关系得到对象的残差;

步骤3:采用移动窗口法对诊断对象的残差进行预警分析;

步骤4:对预警的诊断对象采用序贯概率比方法进行校验检测,实时地得到诊断结果。

根据建立的无人机飞行控制系统模型进行仿真设计,飞行仿真进入条件为高度 3 000 m,马赫数为 0.6,采样周期为 0.01 s。飞机配平初始状态变量为 $\alpha = 3.230\ 1°$;各操纵舵面的初始偏转为 $\delta_a = \delta_r = 0°$,$\delta_e = -2.23°$。

1.作动器在线诊断仿真

仿真中,对升降舵、方向舵和副翼的卡死、恒偏差和增益故障进行诊断仿真,其中系统产生的残差噪声均值为-3.162×10^{-5}、方差为$1.026\,4\times10^{-6}$,系统测量噪声标准差为1×10^{-7},系统仿真结果如图6-2~图6-6所示。

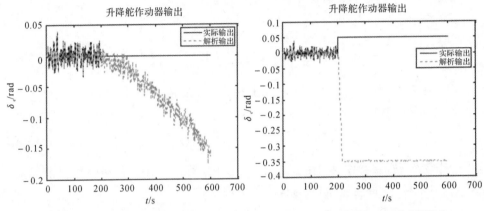

图6-2　卡死在 0 rad 的故障曲线　　　　图6-3　卡死在 0.05 rad 的故障曲线

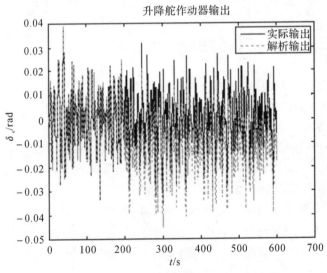

图6-4　升降舵作动器输出恒偏差 0.01 rad 的故障曲线

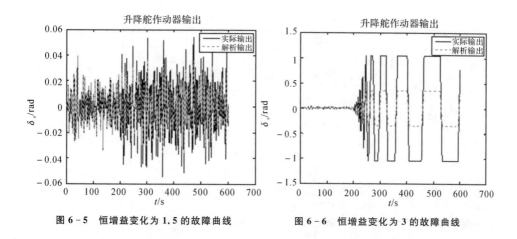

图 6-5 恒增益变化为 1.5 的故障曲线   图 6-6 恒增益变化为 3 的故障曲线

按照上面的统计检验理论,将检验步骤分为预警和校验两个步骤。计算各作动器的预警和校验的阈值,在虚警率为 0.05,移动窗口宽度为 5 的情况下,算得其预警阈值为 0.004 515;在虚警率和漏报率为 0.05,序贯概率比最大校验宽度为 10 的情况下,算得其校验上下限分别为 0.002 0,−0.002 0,计算出预警和校验时间见表 6-1。

表 6-1 升降舵作动器诊断结果

作动器	故障类型	故障大小	预警时间/s	校验时间/s
升降舵作动器	卡死	0 rad	202	207
升降舵作动器	卡死	0.05 rad	201	203
升降舵作动器	恒偏差	0.01 rad	202	208
升降舵作动器	增益变化	1.5	206	215
升降舵作动器	增益变化	3	202	207

分别进行方向舵和副翼故障检测仿真,其结果如图 6-7～图 6-14 所示,诊断用时见表 6-2 和表 6-3。由上述仿真结果可以看出,对于偏差、卡死故障以及增益变化故障的检测达到了满意的效果;除了某些较小的增益变化的作动器故障,其故障诊断结果也令人满意。本书所用方法具有实时性强,可快速诊断故障的特点。

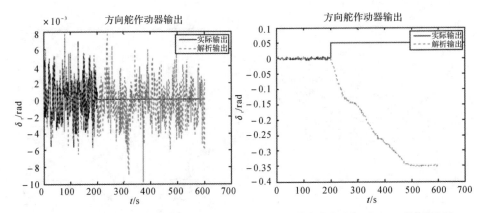

图 6-7　方向舵卡死在 0 rad 的故障曲线　　　图 6-8　方向舵卡死在 0.05 rad 的故障曲线

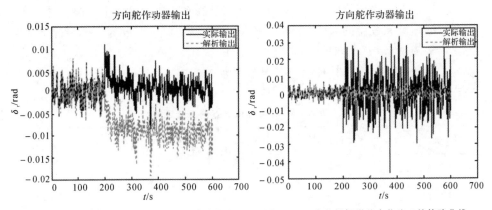

图 6-9　方向舵恒偏差为 0.01 rad 的故障曲线　　　图 6-10　方向舵恒增益变化为 5 的故障曲线

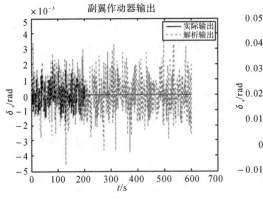

图 6-11　副翼卡死在 0.05 rad 的故障曲线

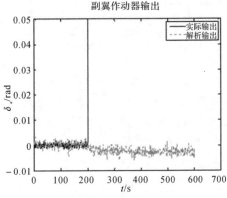

图 6-12　副翼卡死在 0 rad 的故障曲线

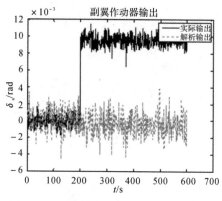

图 6 – 13　副翼恒偏差为 0.01 rad 的故障曲线　　图 6 – 14　副翼恒增益变化为 8 的故障曲线

表 6 – 2　方向舵作动器诊断结果

作动器	故障类型	故障大小	预警时间/s	校验时间/s
方向舵作动器	卡死	0 rad	202	204
方向舵作动器	卡死	0.05 rad	201	203
方向舵作动器	恒偏差	0.01 rad	202	208
方向舵作动器	增益变化	5	202	211

表 6 – 3　副翼作动器诊断结果

作动器	故障类型	故障大小	预警时间/s	校验时间/s
副翼作动器	卡死	0 rad	202	204
副翼作动器	卡死	0.05 rad	201	203
副翼作动器	恒偏差	0.01 rad	202	208
副翼作动器	增益变化	8	204	214

2. 传感器在线诊断仿真

仿真中,对滚转角速率传感器、俯仰角速率传感器和偏航角速率传感器故障进行了仿真,其中滚转角速率传感器的解析余度残差产生系统的噪声均值为 $1.239\ 4\times10^{-4}$,方差为 $1.861\ 0\times10^{-6}$;俯仰角速率传感器残差产生系统的噪声均值为 $1.050\ 7\times10^{-4}$,方差为 $2.116\ 2\times10^{-6}$;偏航角速率传感器残差产生系统的噪声均值为 $1.660\ 4\times10^{-5}$,方差为 $1.908\ 3\times10^{-6}$ 以及传感器的测量噪声标准差为 1×10^{-7}。

按照前文的统计检验理论,将传感器故障的检验步骤分为预警和校验两个步骤,同时计算各传感器的预警和校验阈值。仿真结果如图6-15~图6-26所示,诊断用时见表6-4~表6-6。

表6-4 滚转角速率传感器 p 诊断结果

作动器	故障类型	故障大小	预警时间/s	校验时间/s
滚转角速率传感器 p	恒值输出	0.05 rad/s	202	204
滚转角速率传感器 p	偏置故障	0.01 rad/s	204	213
滚转角速率传感器 p	偏置故障	0.03 rad/s	202	205
滚转角速率传感器 p	增益变化	8 rad/s	204	209

表6-5 俯仰角速率传感器 q 诊断结果

作动器	故障类型	故障大小	预警时间/s	校验时间/s
俯仰角速率传感器 q	恒值输出	0.01 rad/s	204	208
俯仰角速率传感器 q	偏置故障	0.01 rad/s	205	213
俯仰角速率传感器 q	偏置故障	0.03 rad/s	202	205
俯仰角速率传感器 q	增益变化	3 rad/s	206	213

表6-6 偏航角速率传感器 r 诊断结果

作动器	故障类型	故障大小	预警时间/s	校验时间/s
偏航角速率传感器 r	恒值输出	0.05 rad/s	202	204
偏航角速率传感器 r	偏置故障	0.01 rad/s	204	212
偏航角速率传感器 r	偏置故障	0.03 rad/s	202	205
偏航角速率传感器 r	增益变化	8	210	217

滚转角速率传感器在虚警率为0.05,移动窗口宽度为5的情况下,计算得到预警阈值为0.006 5;在虚警率和漏报率为0.05,序贯概率比最大校验宽度为10的情况下,算得其校验上下限为0.002 865,−0.002 865。

俯仰角速率传感器在虚警率为0.05,移动窗口宽度为5的情况下,计算得到其预警阈值为0.005 9;在虚警率和漏报率为0.05,序贯概率比最大校验宽度为10的情况下,算得其校验上下限为0.002 688,−0.002 688。

偏航角速率传感器在虚警率为0.05,移动窗口宽度为5的情况下,计算得到其预警阈值为0.006 1;在虚警率和漏报率为0.05,序贯概率比最大校验宽度为10的情况下,算得其校验上下限为0.002 722,−0.002 722。

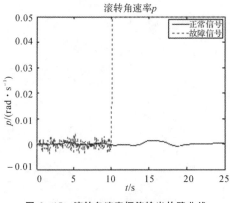

图 6 - 15　滚转角速率恒值输出故障曲线　　　图 6 - 16　滚转角速率偏置 0.01 rad/s 曲线

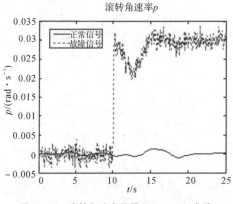
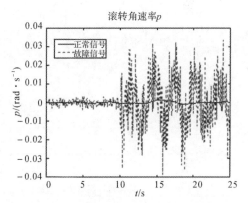

图 6 - 17　滚转角速率偏置 0.03 rad/s 曲线　　　图 6 - 18　滚转角速率增益变化故障曲线

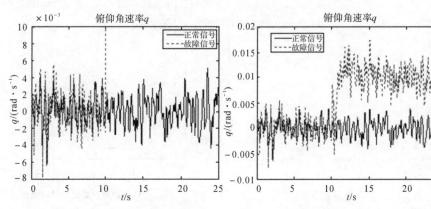

图 6 - 19　俯仰角速率恒值输出故障曲线　　　图 6 - 20　俯仰角速率偏置 0.01 rad/s 曲线

无人机健康管理

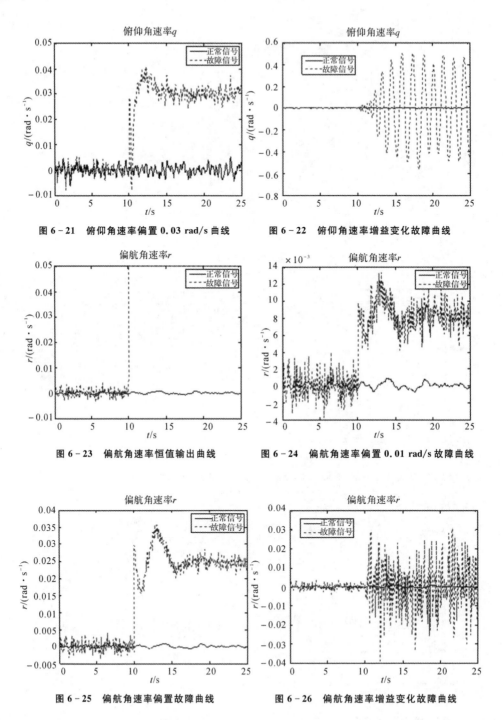

图 6-21　俯仰角速率偏置 0.03 rad/s 曲线　　图 6-22　俯仰角速率增益变化故障曲线

图 6-23　偏航角速率恒值输出曲线　　图 6-24　偏航角速率偏置 0.01 rad/s 故障曲线

图 6-25　偏航角速率偏置故障曲线　　图 6-26　偏航角速率增益变化故障曲线

144

由上述仿真结果可以看出,对于传感器的故障检测达到了满意的效果,采用的微分跟踪器能够实时跟踪姿态陀螺的解算估计出角速率信号。对于传感器常见故障恒值输出、偏置和增益变化故障都能够很快地监测出来。本书所用方法实时性强,可快速诊断常见故障。

本书提出的故障检测方法仅仅是在飞机处于定直平飞阶段进行处理的结果,其算法可以推广到飞机各个飞行状态,但是对于预警或校验阈值还需要根据实际情况进行多次统计计算获得。

|6.4   作动器故障自适应重构|

系统故障时使系统转入新工作结构而采取的管理措施称为重构。重构能使飞机充分利用系统的信号与资源,达到安全可靠的目的,并完成系统规定的任务。一般飞行控制系统主要由传感器、计算机、执行机构三大部分组成,不同的部件故障时,采用不同的重构方法。本章主要阐述执行机构故障时的重构控制方法。飞行控制系统执行机构的故障改变了飞机的动力学特性,使得飞机的状态和参数发生了变化,原来的控制律可能失效,并且给系统带来了附加的扰动和不确定性。神经网络自适应控制方法能够使实际受控系统的输出跟随参考模型的输出,以达到理想的控制性能,在处理扰动和不确定非线性飞行控制问题时具有重要的优势,可为故障后的飞行控制系统提供重要的重构控制方法。本节应用前向神经网络的优良特性,设计自适应神经网络逆容错控制方法进行飞行控制系统执行机构故障的重构控制。

6.4.1   问题描述

通常情况下,飞行控制系统可以用离散连续非线性动态方程描述为

$$\left.\begin{aligned} x(k+1) &= f(x,u,k) + \delta(k) \\ y(k) &= g(x,u,k) \end{aligned}\right\} \qquad (6-38)$$

式中,$x(k) \in \mathbf{R}^n$ 为状态向量;$u(k) \in \mathbf{R}^m$ 为输入向量;$y(k) \in \mathbf{R}^l$ 为输出向量 f:$\mathbf{R}^n \to \mathbf{R}^n$ 和 $g:\mathbf{R}^m \to \mathbf{R}^m$ 为光滑连续的非线性映射函数;$\delta(k) \in \mathbf{R}^n$ 为系统的测量噪声和对象扰动。

飞机作动器故障包括操纵面的卡死、损失、松浮和饱和等。不同故障情况可

以被参数化为如下形式：

$$
u_i(k) = \begin{cases}
u_{ci}(k), & F_i(k) = 1 & \text{无故障发生} \\
F_i(k) \times u_{ci}(k), & 0 < F_i(k) < 1 & \text{操纵面损伤} \\
u_{ci}(k_F), & F_i(k) = 0 & \text{操纵面卡死} \\
u_{ci\min} \ \text{或} \ u_{ci\max}, & F_i(k) = 0 & \text{操纵面饱和} \\
\text{sign}(k), & F_i(k) = 0 & \text{操纵面松浮}
\end{cases}
\tag{6-39}
$$

式中，$u_{ci}(k)$ 是第 i 个操纵面产生的控制信号；$u_{ci\min}$ 和 $u_{ci\max}$ 表示最小和最大输出；$u_{ci}(k_F)$ 表示在 k_F 时刻操纵面卡死；$u_i(k)$ 是操纵面实际输出信号；F_i 为不同控制面的损伤程度，$i = 1, 2, \cdots, m$。故障后系统可表示为

$$
\left.\begin{aligned}
x(k+1) &= f'(x, u, k) + Ed(k) + Gf_a(k) \\
y(k) &= g'(x, u, k)
\end{aligned}\right\}
\tag{6-40}
$$

式中，$d(k) \in \mathbf{R}^l$ 为扰动向量；$f_a(k) \in \mathbf{R}^q$ 表示作动器故障函数；E 和 G 为相应阶数的故障矩阵。

对于上述系统所描述的飞行控制系统，进行电传飞行控制律设计时，可选取如下的指令滤波参考模型，有

$$
p_m(s) = \frac{1}{s + \tau_{\text{roll}}} p_{\text{com}}(s)
$$

$$
n_{zm}(s) = \frac{\omega_{\text{pitch}}^2}{s^2 + 2\xi_{\text{pitch}}\omega_{\text{pitch}}s + \omega_{\text{pitch}}^2} n_{z\text{com}}(s)
\tag{6-41}
$$

式中，p_m 和 n_{zm} 分别为参考模型输出的滚转角速率和法向过载；p_{com} 和 $n_{z\text{com}}$ 分别为指令模型输入；τ_{roll}，ξ_{pitch} 和 ω_{pitch} 分别为相应的滚转时间常数、纵向阻尼和自然频率，设计中这三个参数可以按照飞行品质规范的要求给出。

神经网络自适应重构飞行控制系统就是使得故障情况下的飞机能跟踪参考指令的输入，神经网络根据设计的学习算法调整自身权值，从而保证系统良好的动态性能，确保整个容错控制系统稳定。

6.4.2　关键作动器故障重构算法

飞行控制系统的故障改变了飞机的动力学特性，使得飞机的状态和参数发生了变化，为了解决故障引起的参数的不确定性和随机干扰的影响，本书应用改进的 BP 网络学习算法，进行动态逆系统建模误差的自适应补偿。利用飞行控制系统的非线性动力学模型，建立飞机的逆模型，组成串联前馈的逆控制，由于神经网络具有精确地非线性辨识能力和较强的抗干扰能力，所以系统的对象扰

动和测量噪声可以得到消除,采用 BP 神经网络对逆模型和系统模型之间的误差进行自适应调整,利用误差来改变神经网络的结构和参数,使得系统达到满意的动态性能,这样使得系统具有较强的抗干扰能力,并且能补偿系统的建模不确定因素。

动态逆控制方法要求系统的模型必须精确已知。然而在实际系统中由于建模误差的存在,不可能建立精确的数学模型,因此必须对模型逆误差进行补偿。

采用动态逆方法进行基本控制律设计,考虑如下二阶系统:

$$\ddot{x} = f(x, \dot{x}, \delta) \tag{6-42}$$

式中,x 为状态向量;δ 为控制量;$x, \dot{x} \in \mathbf{R}^n, \delta \in \mathbf{R}^m, m \geqslant n$。为了实现反馈线性化,引入伪控制量 ν,使得系统状态量和伪控制量之间为线性关系,有

$$\ddot{x} = \nu \tag{6-43}$$

式中,伪控制量的物理意义是由 δ 获得的系统状态量的理想动态响应,即

$$\nu = f(x, \dot{x}, \delta_{\mathrm{cmd}}) \tag{6-44}$$

在理想情况下,系统的控制量可以通过对 f 进行求逆而得到。但是由于运动方程 $f(x, \dot{x}, \delta)$ 很难精确地描述实际系统。于是在设计动态逆控制律时,通常选用近似函数 $\hat{f}(x, \dot{x}, \delta)$ 作为系统的数学模型,则相应的伪控制量可以表示为

$$\nu = \hat{f}(x, \dot{x}, \delta) \tag{6-45}$$

通过对 $\hat{f}$ 求逆,得到系统的控制量为

$$\delta_{\mathrm{cmd}} = \hat{f}^{-1}(x, \dot{x}, \nu) \tag{6-46}$$

由于采用近似函数代替原系统,在进行求逆运算时会引起误差,则形成如下形式的动态逆误差:

$$\varepsilon_{\mathrm{inv}} = f(x, \dot{x}, \delta) - \hat{f}(x, \dot{x}, \delta) \tag{6-47}$$

对于动态逆飞行控制系统,逆误差会导致控制效果变差,因此引入自适应控制结构,利用自适应控制器来实时抵消系统中的逆误差。由于神经网络存在诸多优点,因此可以用神经网络控制器进行自适应控制。在控制器结构上,神经网络控制与自适应控制都包括控制律的实现和控制律的调节两部分。神经网络控制律的调节由权值的改变来实现,而自适应控制律的调节由其自适应算法来实现。本书所设计的控制系统结构图如图 6-27 所示。图中主要包括以下几个环节:① 参考模型,其作用是通过对指令信号进行滤波,将指令信号 x_c 转换成参考模型信号 x_m 和 $\dot{x}_m$;② 线性控制器,其作用是实现所要求的动态响应品质,采用飞行控制律设计中的比例微分控制;③ 动态逆控制器,其作用是计算作动器指

令信号形成前馈补偿控制器;④ 自适应神经网络环节,其输出信号 v_{ad} 叠加到控制量中,以消除逆误差的影响,实现指令跟踪性能,加强动态逆控制器的控制效果。

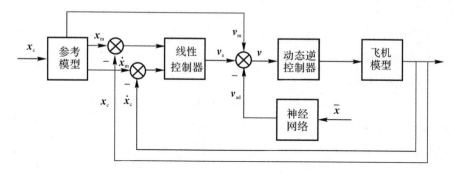

图 6-27　自适应神经网络动态逆控制系统结构图

　　本章选用单层前向神经网络进行补偿,令 v 表示网络的输入与隐层节点的权值,w 为隐节点与输出节点的权值,x 为网络输入(输入信号为,传感器反馈输入、参考误差输入、系统输入)。网络隐层传递函数采用正负对称的 Sigmoid 函数 $\beta(x)$,输出层传递函数采用线性函数。则神经网络补偿器可表示为

$$v_{ad}(w,v,x) = w^{\mathrm{T}}\beta(v^{\mathrm{T}}x) \qquad (6-48)$$

　　为了消除逆误差,自适应环节的输出信号 v_{ad} 叠加到伪控制信号 v 中,因此伪控制信号由三部分组成,即

$$v = v_m + v_e - v_{ad} \qquad (6-49)$$

式中,v_m 为参考模型输出的伪控制量。为了保证跟踪误差的稳定,采用比例-微分形式的线性控制器。对于二阶系统,线性控制器的输出为

$$v_e = \begin{bmatrix} K_p & K_d \end{bmatrix} e \qquad (6-50)$$

式中,e 为参考模型跟踪误差,定义为 $e = \begin{bmatrix} x_m - x \\ \dot{x}_m - \dot{x} \end{bmatrix}$。由式(6-42)~式(6-50)可得

$$\ddot{x}_m - \ddot{x} = f_m(x_m,\dot{x}_m,x_c) - (v + \varepsilon_{inv}) = -v_e + v_{ad} - \varepsilon_{inv} \qquad (6-51)$$

　　定义:

$$A_e = \begin{bmatrix} 0 & I \\ -K_p & -K_d \end{bmatrix}, \quad B_e = \begin{bmatrix} 0 \\ I \end{bmatrix} \qquad (6-52)$$

则跟踪误差的动态特性可以写成如下形式:

$$\dot{e} = A_e e + B_e(v_{ad} - \varepsilon_{inv}) \qquad (6-53)$$

148

由式（6-52）可知，通过合理选择 K_p，K_d，系统矩阵 A_e 可为 Hurwitz 矩阵。由于神经网络具有良好的逼近连续非线性函数的特性，若神经网络输出能够完全补偿逆误差，则系统跟踪误差渐进趋向于零。

要使得误差 $\lim_{t\to\infty} e = 0$，只需 A 和 B 满足下面的李雅普诺夫等式

$$A^T P + P^T A = -Q \tag{6-54}$$

式中，P 为任意对称正定矩阵；Q 为正实矩阵。同时保证神经网络逆建模误差有界，就可以保证整个自适应系统的渐近稳定性。

控制系统的设计需满足以下假设条件：

假设 6.1：所有输入信号有界；

假设 6.2：外界干扰 $\delta(k)$ 有界；

假设 6.3：神经网络理想权值有界，即有 $\|w^*\| \leqslant w_M$ 和 $\|v^*\| \leqslant v_M$，w_M 和 v_M 为已知正常数。

根据上述假设条件，选择神经网络参数自适应律为

$$
\begin{aligned}
\dot{w} &= -\sigma(\beta e^T PB + \eta \| e^T PB \| w) \\
\dot{v} &= -\lambda(\beta e^T PB + \tau \| e^T \| v)
\end{aligned}
\tag{6-55}
$$

式中，η 和 τ 为动量项；σ 和 λ 为学习速率。

基于上述分析，神经网络自适应重构控制器（DADC）设计步骤如下：

步骤1：根据飞行控制系统六自由度非线性模型的特点，建立如图 6-27 所示的控制系统结构图；

步骤2：选择输入输出和状态变量，进行动态逆模型的解算；

步骤3：选择 BP 网络参数结构和初值，构建在线辨识逆模型；

步骤4：进行线性控制律设计，选择满足式（6-54）的 A_e 阵和对应 P 和 Q 矩阵，进而得到比例微分控制律参数 K_p 和 K_d；

步骤5：选择参与补偿的 BP 网络参数，设定 η，σ 和 λ，根据参数自适应律式（6-55）进行网络结构和参数的在线调整；

步骤6：重复上述步骤，直至满足设计要求。

6.4.3　作动器故障的重构仿真分析

飞行仿真条件为高度 $6\,000 \sim 9\,000$ m，速度保持在 $Ma = 0.6$，采样周期为 0.01 s，仿真时间为 50 s。飞机配平初始状态变量为 $\alpha = 6.238\,2°$，$\beta = 0°$，$p = q = r = 0°$；各操纵舵面的初始偏转为 $\delta_{el} = \delta_{er} = -2.999\,6°$，$\delta_{al} = \delta_{ar} = \delta_r = 0°$。

输入指令为左副翼 δ_{al}、右副翼 δ_{ar}、左平尾 δ_{el}、右平尾 δ_{er}、方向舵 δ_r 和推力 δ_t，系统的输出为俯仰角速率 q、滚转角速率 p、偏航角速率 r、迎角 α、侧滑角 β、法向过载 n_z。

正常系统仿真结果如图 6-28 所示（图中虚线表示参考模型的输出，实线表示传统 PID 控制器控制输出，点画线为 DADC 混合控制器的输出）。由仿真结果可以看出，DADC 的控制效果都能满足设计要求，从过载和滚转角速率曲线可知，调节时间、超调量和稳态误差都满足系统要求。

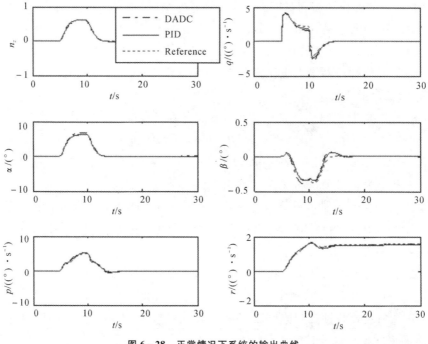

图 6-28   正常情况下系统的输出曲线

（1）故障类型 1（操纵面卡死故障）：作动器在某时刻突然卡死在 3°。

右平尾 δ_{er} 在 10 s 时突然卡死在 3°、右副翼 δ_{ar} 在 10 s 时突然卡死在 3°、方向舵 δ_r 在 10 s 时突然卡死在 3° 的仿真结果分别如图 6-29～图 6-31 所示（图中实线表示传统 PID 控制器控制输出，虚线为参考模型输出，点画线为 DADC 混合控制器的输出），由仿真曲线可以看出，三种情况下本书采用的自适应神经网络动态逆控制方法都能很好完成故障时的容错重构控制。由于多操纵面的控制，差动副翼补偿了平尾卡死的纵向力矩的平衡，也补偿了方向舵卡死的侧向力矩的平衡，从而完成方向舵故障时的航向操纵。

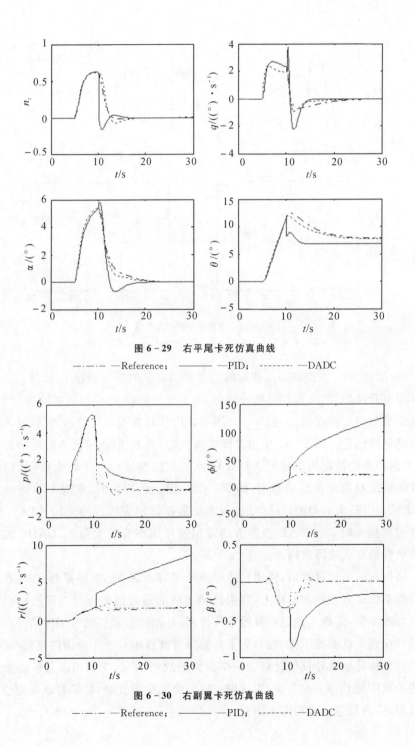

图 6 - 29　右平尾卡死仿真曲线

———·———Reference；————PID；————DADC

图 6 - 30　右副翼卡死仿真曲线

———·———Reference；————PID；————DADC

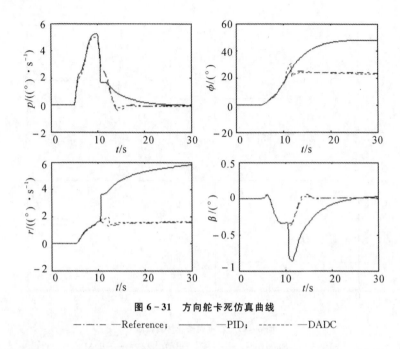

图 6-31 方向舵卡死仿真曲线

—·—·— Reference；————— PID；--------DADC

(2)故障类型 2(操纵面损伤故障)：作动器在某时刻突然损失 40％。

设定升降舵、副翼和方向舵分别在 10 s 时突然损失 40％的故障进行仿真。仿真结果分别如图 6-32～图 6-34 所示。由仿真曲线可以看出，三种故障情况下系统仍然稳定。图 6-32 中当升降舵损失时，常规 PID 控制律出现明显的超调，对俯仰角的控制出现静差。DADC 控制方法在故障发生时有波动，但是很快就能恢复对系统的精确控制；图 6-33 中当副翼损失时，常规 PID 进行控制时，滚转角有较大的静差，DADC 控制方法能很好地完成故障重构；图 6-34 中当方向舵损失时，常规 PID 控制方法对偏航角速率有较大偏差，DADC 控制方法能很好地完成故障重构。

从仿真结果可以看出，使用自适应神经网络动态逆的容错控制方法，在不改变控制系统原有性能的基础上，利用神经网络的逼近能力充分补偿故障引起的系统参数变化，实现了良好的容错重构控制；补偿建模误差的神经网络是在多次离线和在线训练前提下得到的；为了对健康管理技术有一个全面的理解与研究，本书的重构算法设计仅仅针对单个操纵面的故障情况，主要用以验证健康管理功能的故障缓和与重构方法，实际中的故障情况会很复杂，如果要取得理想的控制效果，应进行进一步的深入研究。

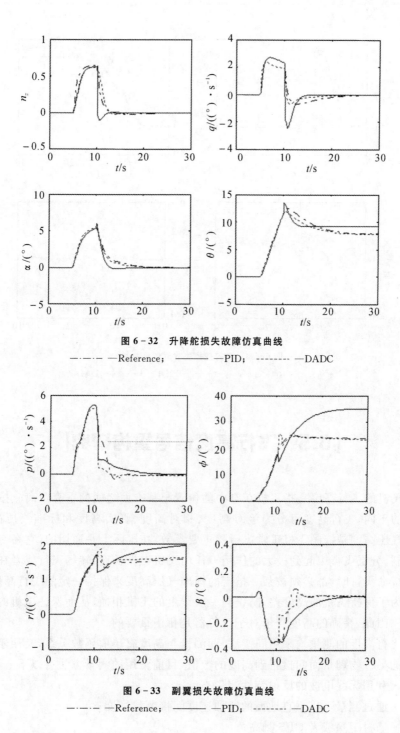

图 6－32　升降舵损失故障仿真曲线

—·—Reference；　——PID；　------DADC

图 6－33　副翼损失故障仿真曲线

—·—Reference；　——PID；　------DADC

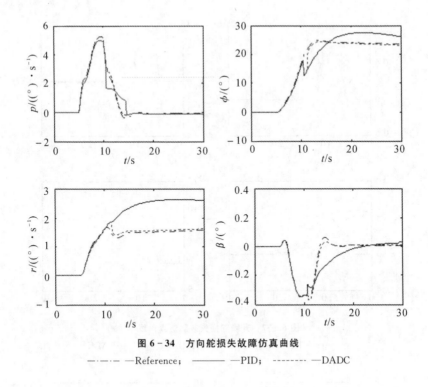

图 6-34　方向舵损失故障仿真曲线

— · — · —Reference；————PID；— — — — —DADC

|6.5　飞行高度信号重构研究|

　　飞机的飞行高度是指飞机在空中的位置与基准面之间的垂直距离。按照基准面的不同,飞行高度可分为绝对高度、相对高度、真实高度和标准气压高度。标准气压高度是控制飞机正常飞行的重要参数,在国际上是通用的,它在空中交通管制、分层飞行中起到极大的作用。任何飞机在做长途、转场飞行或者在指定空域待命飞行时,都必须按某一指定的标准气压高度来保持一定的飞行高度,主要是为了保持飞机的高度差,防止同一航线上的飞机相撞,从而保证飞机的飞行安全。因此,精确的高度测量对于飞行器是相当重要的。

　　飞行高度的测量均采用间接法,即测量与高度有单值函数关系,又便于准确测量的另一物理量而间接得到高度的数值,目前常用的测量方法有以下 4 种。

　　·利用无线电波的反射特性测量高度;

　　·通过测量飞机垂直地面的线加速度间接测量高度;

　　·通过卫星或者 GPS 测高;

·通过测量大气参数进行测高。

本节给出一种高度重构算法,将静压信号作为一个观测信号,通过滤波算法实现高度传感器故障情况下的高度信号重构。

6.5.1 扩展卡尔曼滤波

如果被估计的状态或观测变量与状态的关系是非线性的,应该怎么处理呢?扩展卡尔曼滤波理论就是针对这种情况提出的。与泰勒级数展开的原理类似,对于非线性关系可以通过求解过程和量测方程的偏导来将系统线性化,再计算当前估计,扩展卡尔曼滤波解算过程如图 6 - 35 所示。

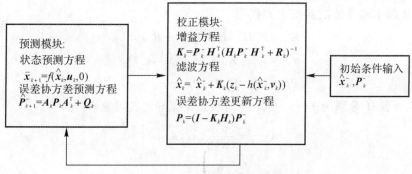

图 6 - 35   扩展卡尔曼滤波算法过程

非线性离散系统状态方程和观测方程的一般形式为

$$\left.\begin{array}{c} x_{k+1} = f(x_k, u_k) + w_k \\ y_k = g(x_k, u_k) + v_k \end{array}\right\} \qquad (6-56)$$

式中,w_k,v_k 满足

$$E[w_k] = 0, \quad E[w_k w_k^{\mathrm{T}}] = Q_k$$

$$E[v_k] = 0, \quad E[v_k v_k^{\mathrm{T}}] = R_k$$

式中,w_k,v_k 不相关;Q_k 为非负定阵;R_k 为正定阵,并且 $E[w_k v_k^{\mathrm{T}}] = 0$。

线性化包括标称状态的线性化和最优状态的线性化,这里采用最优状态的线性化过程。在每一个最优估计的时刻点,根据一阶泰勒级数展开将 $f(x_k, u_k)$,$g(x_k, u_k)$ 线性化。假设 $f(\cdot, \cdot)$,$g(\cdot, \cdot)$ 在所有的采样点可微,则有

$$f(x_k, u_k) \approx f(\hat{x}_k, u_k) + \frac{\partial f(x_k, u_k)}{\partial x_k}\bigg|_{x_k = \hat{x}_k} (x_k - \hat{x}_k) \qquad (6-57)$$

$$g(x_k, u_k) \approx g(\hat{x}_k, u_k) + \frac{\partial g(x_k, u_k)}{\partial x_k}\bigg|_{x_k = \hat{x}_k} (x_k - \hat{x}_k) \qquad (6-58)$$

定义 $\quad \hat{A}_k = \dfrac{\partial f(x_k, u_k)}{\partial x_k}\bigg|_{x_k = \hat{x}_k}, \quad \hat{C}_k = \dfrac{\partial g(x_k, u_k)}{\partial x_k}\bigg|_{x_k = \hat{x}_k}$

从而得到非线性系统线性化后只与状态向量有关的表达式，即

$$x_{k+1} = A_k x_k + [f(\hat{x}_k, u_k) - \hat{A}_k x_k] + w_k$$
$$y_k = \hat{C}_k x_k + [g(\hat{x}_k, u_k) - \hat{C}_k x_k] + v_k$$

$$(6-59)$$

注意式(6-59)中 $f(\hat{x}_k, u_k) - \hat{A}_k x_k$ 并非 x_k 的函数，$g(\hat{x}_k, u_k) - \hat{C}_k x_k$ 并非 x_k 的函数。

扩展卡尔曼滤波器预测方程为

$$\hat{x}^-_{k+1} = f(\hat{x}_k, u_k)$$
$$\hat{P}^-_{k+1} = A_k P_k A_k^{\mathrm{T}} + Q_k$$

$$(6-60)$$

扩展卡尔曼滤波器校正方程为

$$\left.\begin{array}{l} K_k = P_k^- H_k^{\mathrm{T}} (H_k P_k^- H_k^{\mathrm{T}} + R_k)^{-1} \\ \hat{x}_k = \hat{x}_k^- + K_k (z_k - h(\hat{x}_k^-, v_k)) \\ P_k = (I - K_k H_k) P_k^- \end{array}\right\}$$

$$(6-61)$$

式中，A 和 H 分别为 $f(\cdot)$ 和 $h(\cdot)$ 对状态 x 偏导的雅可比矩阵：

$$\left.\begin{array}{l} A_{[i,j]} = \dfrac{\partial f_{[i]}}{\partial x_{[j]}}(\hat{x}_k, u_k, 0) \\ H_{[i,j]} = \dfrac{\partial h_{[i]}}{\partial x_{[j]}}(\hat{x}_k, 0) \end{array}\right\}$$

$$(6-62)$$

对扩展卡尔曼滤波的讨论：

(1)从线性化的滤波方程可以看出，计算增益矩阵和协方差矩阵不能像线性滤波那样离线进行，而只能在线进行迭代。因此尽管滤波算法的形式与线性滤波相似，但实际的在线计算量要比线性滤波大得多。

(2)扩展卡尔曼滤波是基于用线性化模型来近似原来的非线性模型。近似程度的一种检验方法，是看滤波器的新息序列是否接近于白噪声，若新息序列愈接近于白噪声，则滤波器愈接近最优。

6.5.2 状态方程和观测方程的建立

由导航方程组可得到飞行高度的微分方程为

$$\dot{h} = u\sin\theta - v\cos\theta\sin\phi - w\cos\theta\cos\phi$$

$$(6-63)$$

由式(6-63)，考虑状态方程的封闭性原则，状态变量至少应包含有 $u, v, w,$ ϕ, θ, h。故选取状态变量为 $X = [u \quad v \quad w \quad \varphi \quad \theta \quad h]^{\mathrm{T}}$，建立状态方程如下：

$$
\begin{bmatrix} \dot{u} \\ \dot{v} \\ \dot{w} \\ \dot{\phi} \\ \dot{\theta} \\ \dot{h} \end{bmatrix} = \begin{bmatrix} vr - wq - g\sin\theta + a_x \\ -ur + wp + g\cos\theta\sin\phi + a_y \\ uq - vp + g\cos\theta\cos\phi + a_z \\ p + \tan\theta(r\cos\phi + q\sin\phi) \\ q\cos\phi - r\sin\phi \\ u\sin\theta - v\cos\theta\sin\phi - w\cos\theta\cos\phi \end{bmatrix} + w(t) \qquad (6-64)
$$

式中，p,q,r 为机体三轴的角速度信号；a_x,a_y,a_z 为机体三轴的加速度信号，分别作为滤波器的输入；$w(t)$ 为系统激励噪声序列。

量测方程建立的关键在于观测量的选取。由于静压与高度满足下式的函数关系，因此可将静压作为一个观测量：

$$
P_s = \begin{cases} 1.013\,25 \times 10^5 (1 - 0.225\,577 \times 10^{-4} h)^{5.255\,88} & h \leqslant 11\,000 \text{ m} \\ 2.263\,204 \times 10^4 \exp[-1.576\,885 \times 10^{-4}(h - 11\,000)] & 11\,000 \text{ m} < h \leqslant 20\,000 \text{ m} \\ 5.474\,849 \times 10^3 [1 + 4.615\,740 \times 10^{-6}(h - 20\,000)]^{-34.163\,22} & 20\,000 \text{ m} < h \leqslant 32\,000 \text{ m} \\ 8.680\,160 \times 10^2 [1 + 1.224\,579 \times 10^{-5}(h - 32\,000)]^{-12.201\,15} & 32\,000 \text{ m} < h \leqslant 47\,000 \text{ m} \\ \vdots \end{cases}
$$

$$(6-65)$$

同时考虑到迎角、侧滑角以及空速信号与机体三轴的速度分量 u,v,w 之间的解析关系，将迎角、侧滑角和空速信号作为观测量，另外选取滚转角和俯仰角作为观测量。综合上述分析，选取观测向量为 $\boldsymbol{Z} = \begin{bmatrix} v & \alpha & \beta & \phi & \theta & P_s \end{bmatrix}^{\mathrm{T}}$，则相应的观测方程如下：

$$
\begin{bmatrix} \alpha_m \\ \beta_m \\ v_m \\ \phi_m \\ \theta_m \\ P_{sm} \end{bmatrix} = \begin{bmatrix} \arctan\dfrac{w}{u} \\ \arcsin\dfrac{v}{\sqrt{u^2 + v^2 + w^2}} \\ \sqrt{u^2 + v^2 + w^2} \\ \phi \\ \theta \\ 1.013\,25 \times 10^5 \times (1 - 0.225\,577 \times 10^{-4} h)^{5.255\,88} \end{bmatrix} + \boldsymbol{v}(t)
$$

$$(6-66)$$

（注：文中仿真高度不超过 11 000 m，故选择静压的第一个表达式。）

式(6-66)中 $\boldsymbol{v}(t)$ 为量测噪声序列，假定为高斯白噪声。

利用以上的状态方程和量测方程构建扩展卡尔曼滤波器。

分析传感器的测量噪声模型。

(1)迎角传感器误差分析：假定迎角传感器的误差包括常值偏移和高斯白

噪声,即 $\delta_\alpha = \omega_\alpha + \varepsilon_\alpha$,其中 $\omega_\alpha \sim N(0,0.01)$ 的高斯白噪声,ε_α 为常值偏移,这里取 $0.3°$。

(2)侧滑角传感器误差分析:同样的,侧滑角传感器的误差包括常值偏移和高斯白噪声,即 $\delta_\beta = \varepsilon_\beta + \omega_\beta$,其中,$\omega_\beta \sim N(0,0.01)$ 的高斯白噪声,ε_β 为常值偏移,取为 $0.1°$。

(3)空速传感器误差分析:空速传感器误差包括常值偏移和高斯白噪声,取 $\delta_v = \varepsilon_v + \omega_v$,其中 $\omega_v \sim N(0,4)$ 为高斯白噪声,ε_v 为常值偏移,取 1.2 m/s。

(4)陀螺仪误差分析:对于陀螺仪,其误差包括常值偏移,一阶马尔可夫过程和高斯白噪声,即:$\delta_\phi = \delta_\theta = \omega + \varepsilon + \varepsilon_r$,$\omega \sim N(0.01/60,0.0001)$ 为高斯白噪声,$\varepsilon = 0.01°/h$,$\dot{\varepsilon}_r = -\dfrac{1}{\tau}\varepsilon_r + \omega_r$ 为一阶马尔可夫过程,相关时间取为 $1\,000$ s,ω_r 为高斯白噪声。

(5)静压管的误差分析:同样假定静压管的测量误差包括常值偏差和高斯白噪声,$\delta_{Ps} = \omega_{Ps} + \varepsilon_{Ps}$,$\omega_{Ps} \sim N(0,64)$,$\varepsilon_{Ps} = 8$。

6.5.3 仿真分析

设置飞机初始飞行状态:$[v,\alpha,\beta,p,q,r,\psi,\theta,\phi,h] = [150.148,$ $0.046\,495\,9,0,0,0,0,0,0.046\,495\,9,0,1\,000]$,它们的单位为 m/s($v$),rad($\alpha,\beta,\psi,\theta,\phi$),rad/s($p,q,r$)和 $m(h)$。

自动驾驶仪给定指令为

$[v,\alpha,\beta,p,q,r,\psi,\theta,\phi,h] = [150.148,0.046\,495\,9,0,0,0,0,0,$ $0.046\,495\,9,0,800]$。

假设过程噪声序列 $w(t) = 10$ randn(6,1),观测噪声序列 $v(t) = 3$ randn(6,1),过程噪声方差阵 $Q_k = 10^{-2} I_{6\times6}$,观测噪声方差阵为 $R_k = 10^{-2} I_{6\times6}$。初始估计误差协方差阵 $P_{k0} = I_{6\times6}$,离散化采样时间取 $T = 0.05$ s,T 为飞机模型的仿真步长。相应的仿真结果如图 6-36 所示。

由以上结果可知,在初始飞行高度为 $1\,000$ m,自动驾驶仪的给定值为 800 m 的设定条件下,真实飞行高度首先降到 680 m 左右,接着又上升到 900 m 左右,经过短暂的振荡后在 20 s 左右达到设定值 800 m。重构高度信号相对真实高度有一定的误差波动,但可以足够逼近真实高度值,最大误差约为设定高度信号的 0.7%(近似取 $5.6/800$),因此利用 EKF 算法可以得到比较满意的重构效果。

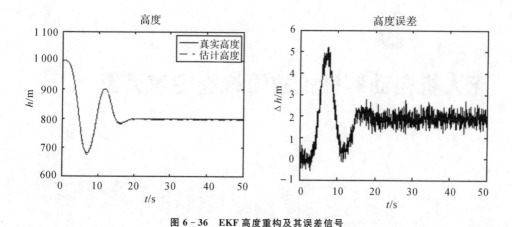

图 6 - 36   EKF 高度重构及其误差信号

|6.6 本 章 小 结|

　　本章主要研究了健康管理的故障诊断、决策和重构控制三个方面的问题:进行基于贝叶斯决策方法的故障辅助决策,以判断故障对飞行控制系统的危害程度,从而找到最佳的解决方案,以便于达到故障缓和的目的;进行了基于概率统计的实时在线的故障诊断决策方法研究,进行了飞行控制系统传感器和作动器的快速故障诊断;进行了基于神经网络自适应动态逆重构控制方法研究,完成作动器故障的实时重构控制;进行了基于卡尔曼滤波算法的传感器信息重构。通过以上内容的研究从而完成健康管理功能的故障缓和与重构控制。

第 7 章

无人机自动驾驶仪故障诊断专家系统

当前的地面维修缺乏自动化手段,通常是维修人员按照故障诊断手册和相应的测试步骤,在无人机自动驾驶仪系统故障诊断模式下,通过维修控制和显示操纵台进行试探性诊断。许多数据甚至是在地面测试获得的,并没有和实际飞行数据以及操控信息充分结合起来。同时这种方式缺乏和专家的互动。当维修人员根据自己的经验获知维修控制和显示操纵台的提示信息不完善或者错误时,无法对其诊断逻辑进行修改,专家经验受限。一个有着较为明确的故障模型,并结合一定的专家经验和实际飞行数据的诊断系统将在工程应用中产生更好的效果。但由于故障模式多样,而且故障因果关系较为复杂,通过定量故障建模的方式将是费时且艰巨的,所以较宜采用定性故障建模并结合专家经验的方法进行故障诊断。

本章通过研究无人机自动驾驶仪系统故障特点,由不同层级的故障事件进行合乎故障树模型的树关联知识获取,从而完成故障诊断专家系统的构建,并结合相应维护维修知识,提出了基于树结构的故障树数据库设计及其有限遍历推理算法,应用基于故障树的推理机制来实现对自动驾驶仪系统的故障诊断,设计了相应的算法和实例。

7.1 无人机自动驾驶仪系统特点

当前大部分的无人机自动驾驶仪系统是一个复杂的机电混合系统。因此涉及的故障模式较为多样。一般包括部件(unit)故障和线路(wire)故障,两种故

障对应不同的排故手册。由于系统部件按照更换可行性分为外场可更换组件 (Line Replace Unit，LRU)和内场可更换组件(Shop Replace Unit，SRU)，因此针对这两种组件的诊断和维修要求也不尽相同。本书设计的专家系统主要针对 LRU 及其之间连线进行故障诊断。

无人机自动驾驶仪系统不仅故障种类较多，且关联模式复杂。图 7-1 所示为一组无人机自动驾驶仪系统的结构示意图。

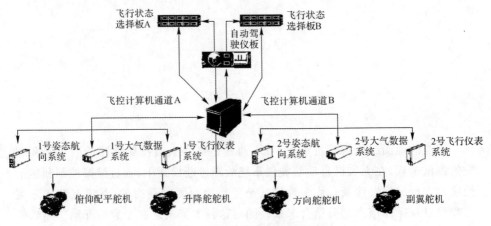

图 7-1　无人机自动驾驶仪系统结构图

为了对故障进行有效的定位和诊断，必须明确各故障信息间逻辑关系，故将故障信息分为故障征兆和故障原因两类。

故障征兆通常来自机内自检信息，它通常表现为相应 LRU 的故障字、离散字和模式字。该类信息显示了相关 LRU 的状态，当然包括有效和失效信息，但仅仅通过这类信息进行故障树的建立是远远不够，因为它们无法体现深层故障原因。比如，当检测到一个 BIT 故障信息时，它表示的是大气数据总线故障，但是仅仅通过该信息断定大气数据总线发生故障是不合理的。原因是，相关 LRU 或线路产生故障时(大气数据计算机和飞行控制计算机故障)，即便大气数据总线正常，其相关 BIT 信息也会显示该类总线故障。所以，为严谨起见，BIT 信息仅作为故障征兆信息。

而故障原因信息则是根据故障征兆信息所直接指向目标的相关 LRU 或线路，某些原因可通过 BIT 检测到，比如一些总线信息，有些则不能被确定。以"自动驾驶仪断开"为例，飞行控制系统的某个模式字显示自动驾驶仪自动断开，该故障信息直接指向的是驾驶仪控制板的连接杆断开，但由于其相关 LRU 和线路较复杂，因此其故障原因并不一定是连接杆断开，而是有可能导致"连接杆断开"的深层原因。该故障信息所牵涉的故障信息逻辑结构如图 7-2 所示。其各故障原因的关系是"可兼或"。

相对于顶级的"自动驾驶仪自动断开"信息,图 7-2 中的其他信息确实在层级上更为具体地揭示了顶级故障征兆的原因,但作为 LRU 的定位信息来说略显宽泛,应该以图 7-2 中的故障原因为新的起点,一直搜索下去,定位到 LRU。因此图 7-2 中的故障原因又重新成为更具体的故障原因的征兆,可以看出,中间层级的原因和征兆没有明确的界限。最终,本书把顶级故障信息定义为"系统级故障征兆",把中间层级的故障信息定义为"故障征兆",把底层(LRU 或相应线路)的故障信息定义为"故障原因"。这将在建立故障树时得到应用。

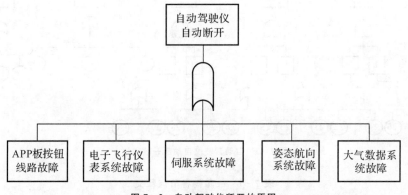

图 7-2　自动驾驶仪断开的原因

ARINC429 标准(航空无线电公司)规定了航空电子设备及有关系统间的数字数据传输要求,其通信采用带有奇偶校验的 32 位信息字。以某型飞机的 ARINC429 信息字为例,大致分两大类:①是 BNR(二进制)类型,一些参数如航向、高度、油量用该格式编码,主要表征数值信息;②是 DISC(离散)类型,主要对状态信息和诊断信息进行编码,表征逻辑信息。后者是故障状态判别的直接依据。以该型飞机的飞行控制系统模式字为例进行说明。该数据是一个 DISC 类型数据,其部分信息解析为俯仰配平实效、自动驾驶仪断开、升降舵配平故障、方向舵配平故障。

当数据表示检测到故障信息时,模式字的相应位为 1,反之则为 0。不同位的数据表征检测到的故障信息可能是同一层级的,如果故障诊断中需要查找其他故障信息,比如大气数据计算机信息、姿态航向系统信息等等,可以通过查询相应的 ARINC429 的 DISC 信息字得到是否发生故障的信息。

根据上述对诊断信息逻辑结构和飞机故障信息表示分析,可以设计一个故障树模型以表征整个系统的故障信息及其相关联系,如图 7-3 所示。

图 7-3 中最顶级的故障征兆是以飞行控制系统的自动驾驶仪为核心的,它

所表征的是"自动驾驶仪自动断开";逻辑符号"⌂"表示"与"逻辑,"⌒"表示"或"逻辑;方块节点表示"系统级故障征兆"和"故障征兆",圆形节点表示"故障原因",节点的释义见表7-1。

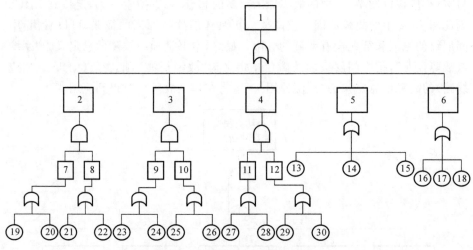

图7-3 自动驾驶仪自动断开故障树

表7-1 故障树各节点释义

编 号	故障信息含义	故障信息性质
1	自动驾驶仪自动断开	系统级故障征兆
2	大气数据系统故障	故障征兆
3	姿态航向系统故障	故障征兆
4	飞行仪表系统故障	故障征兆
5	伺服系统故障	故障征兆
6	操作面板故障	故障征兆
7	1号大气数据系统故障	故障征兆
8	2号大气数据系统故障	故障征兆
9	1号姿态航向系统故障	故障征兆
10	2号姿态航向系统故障	故障征兆
11	1号EFIS系统故障	故障征兆
12	2号EFIS系统故障	故障征兆
13	舵机到FCC线路故障	故障原因

续表

编　号	故障信息含义	故障信息性质
14	舵机故障	故障原因
15	飞行控制计算机(FCC)失效	故障原因
16	自动驾驶仪板(APP)故障	故障原因
17	模式选择板(MSP)A 失效	故障原因
18	模式选择板(MSP)B 失效	故障原因
19	1 号大气数据计算机失效	故障原因
20	1 号大气数据总线失效	故障原因
21	2 号大气数据计算机失效	故障原因
22	2 号大气数据总线失效	故障原因
23	1 号姿态航向计算机失效	故障原因
24	1 号姿态航向数据总线失效	故障原因
25	2 号姿态航向计算机失效	故障原因
26	2 号姿态航向数据总线失效	故障原因
27	1 号显示处理器单元故障	故障原因
28	1 号飞行仪表总线故障	故障原因
29	2 号显示处理器单元故障	故障原因
30	2 号飞行仪表总线故障	故障原因

　　根据已构建故障树,可以设计相应的数据表,并以此为核心设计关系数据库,便于在故障诊断专家系统中进行操作。数据表结构见表 7 - 2。

表 7 - 2　故障树数据表

字段名	数据类型	说　明
ID	数字	用于识别故障树各节点代码
eventName	文本	节点故障信息
parent	数字	节点的上一级 ID
number_parent	数字	节点上级节点个数
number_children	数字	节点的子事件个数
logicalgate	文本	与兄弟节点的逻辑关系
Parameter	文本	32 位信息字名
ParaValue	数字	故障事件对应的 32 位信息字的 16 进制数值表示
Detection	文本	检测方法
Maintenance	文本	参考指定维护手册

|7.2 系统结构和功能|

基于故障树推理的无人机自动驾驶仪故障诊断专家系统的总体结构如图 7-4所示。该系统的工作主要分为飞行数据的接收和处理、故障诊断以及故障知识学习三个过程。下面结合工作过程,对系统的各部分功能进行说明。

1. 数据接收和预处理模块

该模块主要接收来自飞行数据服务器发送的数据,将接收到的数据按不同的参数名分类,存储至工作内存中。

2. 工作内存

该模块本质上是一个数据存储体,但不是数据库,而是以飞行数据参数命名的数据文件。由于飞机飞行数据量极大,以数据库形式存储浪费存储空间,故采用数据文件形式存储,所存储的数据作为故障诊断的"事实"依据。

3. 故障知识库

该模块是一个以故障树数据表(构建形式见表7-2)为核心的数据库。该数据库为故障诊断提供"逻辑"和"规则"依据。

4. 故障诊断推理机

以故障树数据表为"规则"依据,以工作内存为"事实"依据,模块通过故障树遍历推理得到诊断结论。

5. 解释机制

记录推理过程,向用户解释推理思想,并显示相应诊断结果。

6. 故障诊断结果库

用于存储飞机型号、飞行时间和故障情况(故障征兆、故障出现时间、故障原因和维护方法),便于查阅和知识的再获取。

7. 知识获取模块

主要针对故障知识库进行数据库操作的模块,专家可以通过该模块更改故障树结构,比如修改增删节点或修改故障信息相关参数值。

8.操作界面

人(用户和专家)机(故障诊断系统)交流的媒介。通过该媒介用户可以根据自己的需要和意愿命令系统进行诊断,比如选择不同的故障树或不同的诊断方式(自动遍历或者分布查询),而专家主要通过该界面进行模块(7)的相关操作。

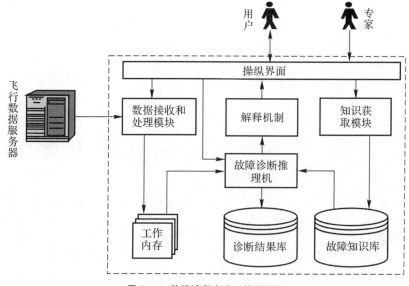

图 7 - 4 故障诊断专家系统结构图

|7.3 关键模块的实现|

该专家系统实现过程中,包含关键技术的模块主要是,数据接收和预处理、知识获取以及故障诊断和解释机制。现就其具体实现进行详细论述。

7.3.1 数据接收和预处理

飞机飞行数据(包括 BIT 信息)通过机载通信系统发送至地面,通常存储在数据库管理服务器中。本书论述的专家系统作为一个针对无人机自动驾驶仪系统进行故障诊断的终端,必须通过建立 TCP 连接和数据库管理服务器进行交

互,从而选择本系统需要的相关数据,以便进行对系统的故障诊断。

服务器发送的数据包中一般包含两组信息:机型机号信息和参数信息。机型机号信息包含飞机机型;参数信息的个数根据飞机不同进行定义,一般都有几百个。每个参数信息包含两组子信息:参数数据信息和参数值数据流信息。前者主要包括参数名、数据类型、采样频率和数据流中的参数值个数。

机型机号信息结构定义为:

```
structAircrfMsg
{
    char AircrfName[8];         //飞机机型
    char AircrfNum[12];         //飞机机号
    char StartTime[20];         //起飞时间
    char EndTime[20];           //结束时间
    int ParaNum;                //参数个数
}
```

参数信息结构定义为:

```
structParamMsg
{
    char PName[16];             //参数名
    long Type;                  //参数类型,连续量或开关量
    long OutType;               // 输出方式
    charSysType[40];            //该参数所属系统
    int   PDataNum;             //该参数数据的个数
}
```

数据接收和预处理模块主要通过两个过程完成对无人机自动驾驶仪系统的参数信息获取:数据接收并存储至指定数据文件。其算法流程图如图 7 - 5 所示。

当数据就绪时,先判定 PDataNum 是否为 0,若为 0,则接收并存储机型机号信息和参数数据信息。由于已经将 PDataNum 预置为 0,故先读取机型机号信息和参数数据信息,并令接收计数加 1,获取参数个数值。当读取参数数据信息时,将 PDataNum 变量值更新。当进行循环的下一个接收时,执行参数值数据流接收并写入指定数据文件,之后再将 PDataNum 置 0,以便读取下一个参数的数据信息。整个循环过程直至接收计数等于参数个数 ParaNum 为止。

存储过程将所需的数据写入以参数名命名的数据文件中。首先在接收参数数据信息过程中,将其中的参数名 PName 和指定参数名进行匹配,若确定为所

需参数,打开以该参数名命名的文件,写入飞行起讫时间,便于结合频率信息求得故障发生时间。当进行循环的下一个接收时,写入的目的文件即为上一个循环打开的以该参数名命名的文件。

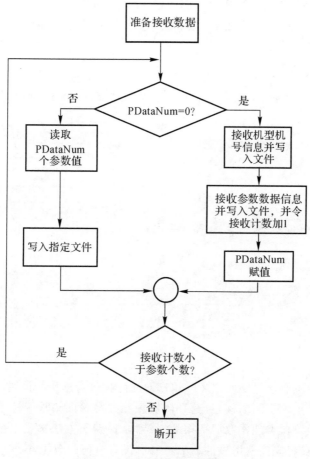

图 7 - 5 飞行数据接收流程图

7.3.2 知识获取

此处的知识,主要指基于故障树形式的诊断规则和逻辑。该类知识虽然有一个广义的架构,但随着工程对象的不同,其组成甚至结构都会产生变化。因此,针对无人机自动驾驶仪系统,设计一个相应的知识获取模块,以便于专家对故障诊断系统进行必要的知识更新。

和其他"知识"区别的是,故障树知识更需要结构上的明晰性,如此方能便于专家了解故障树的逻辑并进行更新,因此故障树的结构必须得到直观的显示。本系统采用树控件显示故障树结构,树控件则表示故障树节点事件信息。专家在选择故障树后,先对故障树进行遍历显示,再通过刷新故障树表中的数据对所选树进行访问,借助一系列操作(删除、插入和修改)使故障知识得到更新。系统界面如图 7-6 所示。

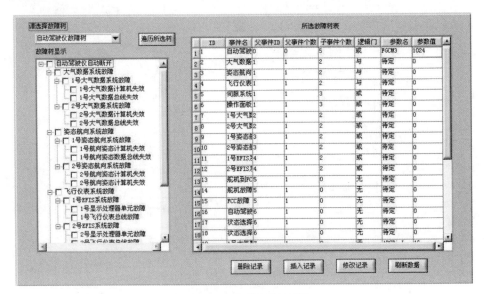

图 7-6　知识获取模块界面

显示逻辑主要通过访问故障知识库对故障树进行遍历。该遍历算法也是故障诊断算法和解释机制的核心,其具体实现在故障诊断模块论述中进行详细说明。如果把故障树类比作数据结构的树结构,该遍历方法本质上是对树进行先序遍历访问,获得先序遍历事件的 ID 序列,设置专门的数组 index[eventID],数组元素为和 eventID(知识库中的事件 ID)对应的树控件的 ID,使故障树事件和树控件一一绑定。其后根据先序遍历得到的 ID 序列依次添加至"故障树"显示框中。如图 7-7 所示,由于采用先序遍历,所以一个故障事件的父事件总是先于其出现在显示框中,因此可以借助已经插入至显示框中的父事件对应的树项控件 ID,将其子事件树项插入其子位置中。

知识更新操作包括删除记录、插入记录、修改记录和刷新数据(用于显示),一个记录存储了一个故障树事件节点的属性值。所有操作借助表格控件和数据库接口函数完成,这些工具在程序中均有封装,故不再赘述。

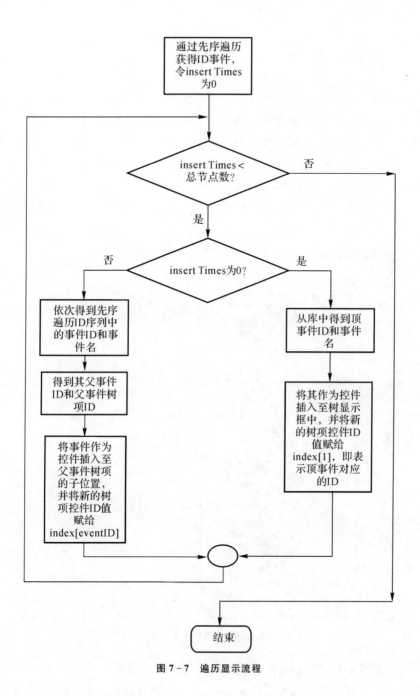

图 7-7　遍历显示流程

7.3.3　推理机制

　　首先,通过接收到的数据文件对在表 7-2 中定义的系统级故障征兆进行列举,列举信息包括故障征兆名和故障发生时间。由于在数据接收和预处理过程中,数据已经依参数名存至数据文件。因此,只要根据故障知识库中的各故障事件节点对应的参数名相应的数据文件,将数据文件中的参数值和故障树知识库中的 ParaValue 值进行比对,比对采用"按位与"方法。若比对成功,则将相应故障征兆和故障发生时间记录,作为故障诊断依据。如图 7-8 所示,得到故障现象为"自动驾驶仪自动断开"。

图 7-8　故障树诊断界面

　　故障诊断和解释机制的核心为针对树的先序遍历算法。在选择系统级故障征兆后,按下"诊断"键,以故障现象为起点进行遍历,遍历函数 traverse 包含两个参数:顶事件 ID——topID 和整型数组 IDRootfirst[ ]。其中顶事件 ID 即为得到的故障征兆对应的故障树事件 ID,IDRootfirst[ ]即以顶事件作为根节点,经过先序遍历得到 ID 序列,详细的遍历流程如图 7-9 所示。

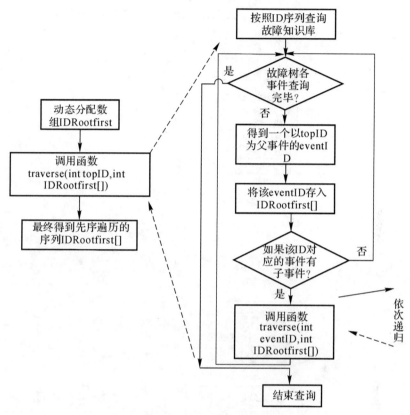

图 7-9　遍历函数流程图

图 7-10 所示为故障诊断流程示意图,由于得到故障征兆为"自动驾驶仪自动断开"及其发生时刻,并得到其 ID 为 1。则在故障知识库中以该 ID 为起点进行先序遍历,根据图 7-3 中的 ID 分配,经过先序遍历 ID 序列 IDRootFirst 的元素依次应为 1,2,7,19,20,8,21,22,3,9,23,24,10,25,26,4,11,27,28,12,29,30,5,13,14,15,6,16,17,18。元素个数 NumRelative 为 30。接下来开始进行诊断,除去起点事件本身,即跳过 IDRootFirst[0] 对应的事件 1,从 IDRootFirst[1] 即事件 2 开始,从故障知识库中读取其参数名和参数值。依参数名打开相应的数据文件,查找故障发生时刻的对应数值,将其和知识库中的参数值进行匹配。如果匹配,将该事件 ID 记录至匹配事件 ID 序列。在匹配完所有相关事件后,诊断完成,进入解释流程。

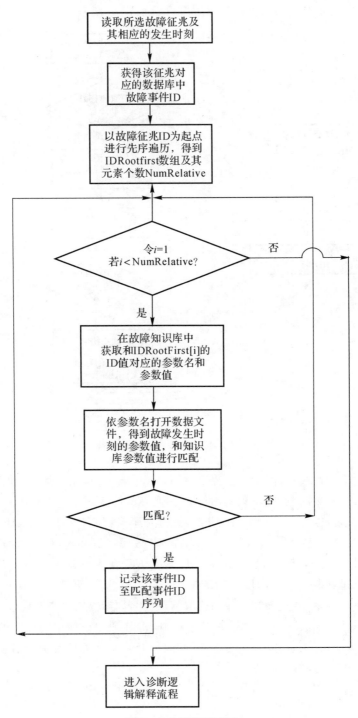

图 7 – 10　故障诊断流程

7.3.4 解释机制

由于专家系统应用的领域专家知识包含许多经验性信息,因此通过解释机制阐明诊断逻辑和策略可以有效的地提高专家系统透明度。目前较为常用的专家系统解释方法有预置文本法、执行跟踪法、策略解释法、自动程序员法等。本系统采用执行跟踪法。解释机制分为两个部分:故障树遍历显示和诊断结论。前者在故障诊断流程执行过程中即已经得到匹配事件的 ID 序列,再通过遍历显示故障树并框选故障树相应事件的树控件进行可视化解释,具体通过框选匹配的 ID 序列对应的树控件实现。后者则利用已得到的匹配序列以及符合故障树的逻辑语言组成诊断结论文本。

解释流程主要通过遍历显示对故障树逻辑进行说明,和 7.2 节中介绍的遍历显示不同的是要对匹配事件 ID 序列中的各事件 ID 对应的树控件进行框选,以此表示该匹配事件和故障树中其他事件的逻辑关系,其具体实现是在当找到父事件节点后插入完毕时,将 index[eventID] 中的 eventID 和匹配事件 ID 序列的各 ID 进行匹配,若匹配,说明 eventID 是匹配事件 ID 序列的元素,那么新插入的树控件应被框选,否则,不框选。

解释机制的界面显示如图 7-8 所示,首先"自动驾驶仪自动断开"作为列举信息是检测到的系统级故障征兆,其对应树控件必须被框选;匹配事件 ID 序列包含 19,21 和 22 三个 ID,对应表 7-2 中的"1 号大气数据计算机失效"。

|7.4 本 章 小 结|

本章通过研究无人机自动驾驶仪系统的组成结构、故障逻辑关系和 BIT 检测,设计了定性的故障树诊断模型,并制定了故障树数据表。该表中不仅明确了故障事件的逻辑关系,还将故障事件和 BIT 参数进行了绑定,因此不仅为故障诊断提供了明确的诊断规则,还为通过试飞数据进行故障树推理奠定了基础。通过采用接收并处理飞行数据服务器发送过来的飞行数据信息,专家系统的工作内存表现为以参数名命名的数据文件,这不仅使得专家系统的诊断有据可依,同时较之于数据库存储更节省内存。

第 8 章

基于模型方法的无人机作动器健康管理

应用于健康管理的方法有很多种,这些方法一般分为两大类:基于模型的方法和基于数据驱动的方法。其中,基于模型的方法通常使用被监测系统的数学模型,模型可以是物理模型或者历史统计模型。而数据驱动的方法是基于模式识别理论基础或者基于神经网络的智能技术。在基于数据驱动的方法中,神经网络由于其强大的非线性映射能力,被广泛应用于各种系统的健康管理当中。

在基于模型的方法中,假设可以得到系统的精确数学模型,使用残差作为特征。这个方法的一个前提条件是,当系统中存在故障时,残差足够大;当系统运行正常或出现正常扰动、噪声时,残差较小。产生残差的主要方法有参数估计、观测器和奇偶关系。在模型方法中,常常会采用一些统计技术,用来定义故障的检测阈值。基于模型的方法一般用于系统精确数学模型可以获得的情况。基于模型方法的一个优点是它能够把对系统的物理理解应用到系统的监测当中;另一个优点是在许多情况下,系统特征的变化与模型参数密切相关。因而,能够在变化的参数和所选择的预测特征之间建立一个函数映射。而且,如果对系统性能降级的了解更加深入以后,模型能够自适应地增加识别精度并能够发现微小故障。

8.1 基于模型方法的健康管理

基于模型的方法把系统的物理模型、先进的参数辨识技术与故障检测和预测算法结合起来,实现对系统内部主要故障发生时间的预测。基于模型的预测

提供了一个能够进行早期故障检测的鲁棒性健康管理方法。因为能够通过基于模型的方法对物理的故障模式建模,所以故障分类结果的可信度很高,对竞争性故障模式的分类能力很强。基于模型的方法采用系统的一个数学动态模型,这个模型与系统的物理过程直接联系起来。通过监视物理上有意义的参数,基于模型的方法提供了一个极好的早期故障检测能力,即使当系统运行满足最小运行要求时,很小的参数变化(可能意味着故障的早期进程)仍然能够被检测和追踪。系统的健康分类和预测都是通过监视这些物理参数来实现的。

基于模型方法的预测和健康管理过程如图 8-1 所示。

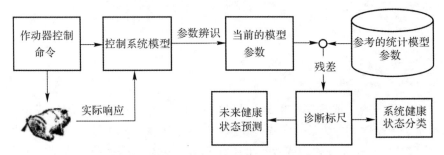

图 8-1　基于模型的作动器预测和健康管理流程图

8.1.1　诊断和预测方法

在基于模型的方法中,需要建立被监控系统的一个有效模型,用来模拟系统对输入信号的响应。使用先进的优化算法来平衡对模型参数的回归估计,直到模拟模型的响应与实际测量响应之间的误差最小。然后,这些回归估计模型参数和由一个参考统计数据库决定的基准(健康的)模型参数之间的残差被用做系统的特征或诊断标尺。

在基于模型的方法中,这些诊断标尺被用来分类被监控系统或部件的当前健康以及预测系统的故障——失效特征。一般地,这些诊断标尺的作用有:

- 使用分类器(神经网络、模糊系统、映射等)辨识和分类可能故障模式;
- 评估与辨识故障模式相关的部件损伤水平;
- 使用先进的故障建模方法预测故障进程和故障失效时间。

在基于模型方法的预测框架中,也允许采用其他的预测方法,例如可以把直接的故障物理模型等结合到预测框架中。在对故障机制和受影响的部件的理解知识足够充分的情况下,可以构建一个适当的物理故障模型并在给定未来的运行条件下,用来产生对特定部件故障发生时间的预测。目前,这种方法已经被应用到直升机变速箱的故障预测当中。对飞行控制系统作动器而言,作动器的疲劳损伤、液压泵内部部件的疲劳和电动机线圈的退磁都可以使用故障物理预测模型。

基于模型的方法也可以采用先进的知识融合策略,综合各种故障模式(每一个故障的发生概率不同、实现剩余使用寿命的预测)。基于模型的方法一般会返回一个预测向量或一组剩余寿命预测值,每个预测结果有一个相应的置信度,通过这种方式可以得出系统或部件的剩余寿命预测,最终用户或者维修人员根据预测的结果,可以确定在给定任务下的、一个合适的系统危险等级,也可以评估系统相应的剩余有用寿命。基于模型的方法是通用的,很容易扩展到许多系统。基于模型的方法不仅仅能够应用到作动器系统的健康管理中,而且对各个关键的、寿命有限的、机械、电子或液压系统都有效。

8.1.2　作动器故障模式

以无人机作动器系统为例进行分析,作动器故障模式根据使用以及作动器类型的不同而不同,然而,工程经验表明,在故障和预测特定方面存在一些共同的故障模式。典型的作动器故障模式主要是机械以及相关的液压系统。这些故障可以通过给定输入信号下的预期输出响应来反映,这为基于模型的方法的应用提供了基础。在进行作动器健康监测和健康预测之前,必须对作动器各种组成部件的故障模式进行分析。

8.1.3　系统建模和参数辨识

基于模型方法的主要思想是基于物理的数学模型在故障检测和预测中的使用。必须对被监控系统进行建模并精确模拟系统在给定指令信号下的响应。另外,开发的模型能够被用来模拟系统部件的故障,而省去了在实际硬件中加入故障产生的相关的成本。在基于模型的方法中,主要有两种方法来实现模型:使用静态模型或者动态模型。在静态模型中,模型被优化后用来预测系统的正常运行。因为模型的特征是静态的,当实际系统向故障发展时,模型匹配系统实际输出的能力变得越来越不精确。模拟的响应和实际的响应之间不断增大的误差被用来确定系统的总体健康状态。因而,可以选择一个动态的建模方案。在一个动态建模方法中,模型本身是连续更新的,以最小化模型响应和实际系统响应之间的误差。这是通过使用特定的模型参数、预先辨识来实现的。模型参数可以通过参数估计方法来动态地更新,并校准实际系统。基于模型的方法有下面的

优点：

·可以进行多个特定参数辨识,这些参数都反映了系统的实际物理特征;

·基于模型的方法用来建立基准系统所需要的数据量相对比较小,因而能够建立一个更小和更易管理的知识库;

·能够使得健康管理系统学习新系统(必须是类似的系统)的特征;

·允许参数估计和诊断阈值方法的直接应用。

基于模型方法的一个主要优点是能够辨识反映系统的实际物理特征参数。这种辨识允许更直接和有效的确定故障发展模式。作为基于模型方法的一部分,这些参数被用作诊断标尺,用来确定系统的当前状态和预测主要故障机制的故障失效进程。为了验证基于模型的方法,可以建立被监控系统的仿真模型。另外,使用建立的模型对被监控系统的主要故障模式进行大量的分析,最终确定能够反映系统实际故障的物理参数,例如,对作动器而言,摩擦阻尼系数可以作为一个诊断标尺。

参数估计是在给定某个预期输出状态下,自动辨识系统参数的过程。在基于模型的方法中,参数估计是辨识模型参数(即诊断标尺)的过程。这个过程可以通过一个递归程序来执行,程序重复改变参数,直到模型输出与实际系统匹配。

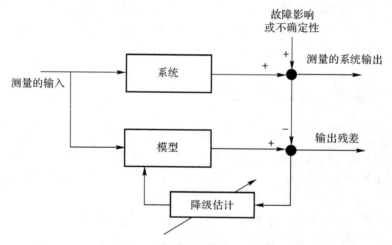

图 8-2 基于模型的作动器性能降级辨识

图 8-2描述了基于模型的诊断和预测的关键概念。实际系统的输出响应(时间和性能变量)是正常系统响应与故障影响和不确定性共同作用的结果。基于模型分析和故障辨识的一条途径是把这个方法转换成一个辨识故障影响(继而辨识故障)的优化问题,故障的影响会产生预期和实际响应之间的误差。这个

可以表示为

$$E(\bar{a}) = y_i - f(x_i, \bar{a}) \qquad (8-1)$$

使用上面的方程,迭代过程可以被看成一个误差最小化问题,因而,可以应用一个合适的优化程序。现在存在很多自动辨识的优化技术,包括一些非线性方程的最速下降法,例如递推最小二乘估计法和最小二乘估计一次完成算法。另外,也可以采用一些全局搜索方法,例如遗传算法和模拟退火算法,这些算法都是模型在线辨识的很好的选择。而且,需要不断开发混合的算法,减少迭代步数并达到全局搜索。

8.1.4　健康预测

分类和预测是任何健康管理监视方案中关键的一个步骤,基于模型的方法采用一个分类系统,把模型参数转换成每个故障模式损害的当前水平。一旦故障被检测和当前损害水平被评估,就开始执行预测过程以预测故障发展为完全失效的进程。故障预测是健康管理过程中最不确定的一步,因为在预测未来发生的事情时存在很多不确定性,因而,通过应用先进的方法和评估预测结果的置信度,基于模型的方法比基于统计的方法更能给系统维护者提供更多大量的部件健康状态信息。基于趋势的方法或者进化预测的方法被证明在评估和预测燃气涡轮发动机中缓慢的机械降级非常有效。特别地,在作动器的健康预测中也非常有吸引力。基于趋势的方法主要根据当前时刻系统的健康特征(用模型参数的形式表征)与已知故障在多维特征参数空间中的相似程度来评估系统的健康状态。这种方法需要大量的传感器信息,这些信息是评估系统或子系统当前状态所需要的。另外,进化预测程序在基于模型的健康管理结构中使用得非常好。

如图8-3所示为基于趋势的方法在二维参数空间中的应用,从原点开始(代表初始的、正常的运行状态),当系统由于某种类型的故障造成性能降级时,特征参数的分布开始发生改变。在图8-3中,标志2%故障的点和标志4%故障的点代表在故障条件下系统特征参数在特征空间中的分布。随着时间的变化,从时刻1到时刻2,特征参数开始发生变化。特征参数的变化路径可以用来评估和预测系统未来的健康状态。

在故障失效预测中,需要知道当前健康状态发展到系统功能完全失效(即故障)的剩余时间。在基于模型的方法中,故障失效预测主要是通过预测系统降级程度的发展趋势来实现的。进行系统降级发展的趋势可以采用指数平滑的方法,指数平滑法可以跟踪系统的特征趋势。指数平滑方法详见第5.4节。

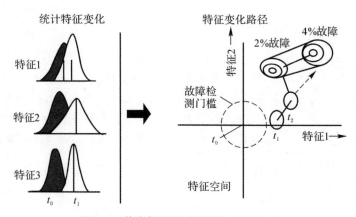

图 8-3　故障发展进程在特征空间中的变化

|8.2　应 用 算 例|

8.2.1　作动器的仿真模型

研究对象选用如下的伺服作动器分系统,该伺服作动系统主要由功率放大器、控制器、直流电机、液压缸等部件组成。其非线性仿真模型如图 8-4 所示。

在图 8-4 中,各模块和信号的功能介绍如下:

Command:指令模块为输入给作动器的指令信号;

X_c:作动器参考位置信号;

X_e:参考位置信号 X_c 与位置反馈信号 X_{fb} 的误差:

$$X_e = X_c - X_{fb}$$

A_6:位置反馈增益;

X:作动器的位置信号;

A_1:电压信号,包含饱和环节;

$$V = \begin{cases} k_1 X_e, & \text{如果 } k_1 X_e < V_0 \\ V_0, & \text{其他} \end{cases}$$

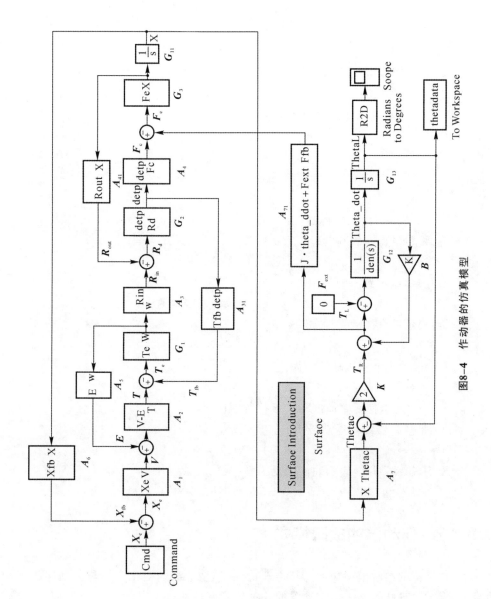

图8-4 作动器的仿真模型

A_2：永磁直流电机的输入电压到电机转矩的转换；

$$\begin{cases} V(t)=Li'(t)+Ri(t)+E(t) \\ E(t)=C_b w(t) \\ T(t)=C_m i(t) \end{cases}$$

T：电机电枢产生的转矩；

G_1：代表直流电机转动部分的动力学方程；

$$T_e=J_m w'(t)+B_m w(t)；J_m \text{ 为转动惯量，} B_m \text{ 为阻尼系数；}$$

A_3：泵，表示电机速度到液体流量的转换；

$$R_{in}(t)=w(t)(D_m/2\pi)$$

$$R_d(t)=R_{in}(t)-R_{out}(t)$$

A_{31}：加在直流电机上的负载转矩：

$$T_{fb}(t)=(D_m/2\pi)\delta_p(t)$$

G_2，A_4 和 G_3：代表执行器；

G_2：表示执行器的刚度；

$$\delta'_p(t)A^2/K_{act}+\delta_p(t)C_t=R_{in}(t)$$

A_4：表示压差到力的转换；

$$F_c(t)=A\delta_p(t)；F_c \text{ 为执行器产生的力；}$$

G_3：表示活塞的动力学方程；

$$F_E(t)=M_p X''(t)+B_p X'(t)$$

A_{41}：表示流出液压缸的液体流速；

$$R_{out}(t)=AX'(t)$$

G_{11}：积分器，把活塞速度转换成执行器位置；

A_7：把执行器线性运动转换成转动运动；

$$\theta_c(t)=X(t)/h$$

K，B，G_{12} 和 G_{13}：表示舵面的动力学；

$$J\theta''(t)+B\theta'(t)+K\theta(t)=K\theta_c(t)-F_{ext}(t)$$

8.2.2　作动器的故障模式

作动器的数学模型表述了其物理特性，模型参数的变化直接与作动器的某些特定的物理状态相关。作动器的几种故障模式见表 8-1。

表 8－1　作动器的几种故障模式

故障描述	模型参数的变化			
	B_m	K_{act}	C_t	B_p
F_1:液压缸摩擦的异常增加	↑			↑
F_2:执行器出现机械损伤	↓	↓		
F_3:电机退磁	↓		↓	

从表 8－1 可以看出:当作动器出现液压缸内摩擦的异常增加时,液压缸内摩擦的增加会使得模型系数——阻尼系数 B_m 发生一定程度的增大,通过监测阻尼系数 B_m 的变化,就可以监测到液压缸内摩擦异常增加的故障;作动器结构的完整性可以通过刚度系数 K_{act} 来表征,K_{act} 的减小将表明作动器机械部分出现了某种形式的机械损伤,例如疲劳或出现裂缝;而电机的退磁可以用参数 B_m 和电机转矩常数 C_t 来标识。

8.2.3　健康特征提取

为了进行健康管理,首先需要提取表征每种故障情况下的特征,在提取故障特征时,为了简单起见,并不需要监测作动器的整个模型,只需要监测作动器模型中某些特定的模块,这样能减少后续的参数估计的复杂性,继而减少整个健康管理系统的复杂度。上述被监测的模块包含了反映作动器内部异常的特定模型参数。而且,这些模块的输入和输出在实际过程中都可以通过测量而得到,这些参数为后续的健康管理提供了基础。

根据前面的介绍,表 8－1 中的三类故障可以通过监测模型中的某些特定参数来实现。在采用模型的方法来进行作动器的健康监测时,系统的健康特征就是这些参数的实际值与参考模型的参数值之间的残差,因此,在进行特征提取时,需要采取参数辨识的方法(具体实现参阅第 3.3 节),根据实际过程中测量得到的模型输入和输出,得到上述模型的实际参数值,以此构造系统的健康特征。值得注意的是,上述三个模型的参数并不能够通过直接测量得到,在进行参数辨识的时候,根据模型的输入和输出数据辨识得到的结果也并不直接是所需要的模型参数,因此,需要对辨识结果进行一些转换才能够用于特征提取。针对表 8－1列出的几种故障,与表 8－1 中的三类故障相关的模块包括以下几种。

1. 模块 G_1

模块 G_1 的传递函数为

$$G_1(s) = \frac{w(s)}{T(s)} = \frac{1}{J_m s + B_m} \tag{8-2}$$

式中,w 为电机的转速;T 为电机产生的力;J_m 为电机转子的转动惯量;B_m 为电机的黏滞阻尼系数。根据 G_1 的传递函数,得到以下的差分方程:

$$w(i) = \theta_1 w(i-1) + \theta_2 T(i) \tag{8-3}$$

式中,$\theta_1 = J_m/(J_m + \Delta B_m)$;$\theta_2 = \Delta/(J_m + \Delta B_m)$;$i = 1, 2, \cdots$,是离散时间;$\Delta$ 是离散时间步长。

在式(3-10)中,θ_1 和 θ_2 的值可以通过辨识得到,根据式(3-10),系统的物理参数 J_m 和 B_m 可以通过下式求出,有

$$\left. \begin{array}{c} J_m = \Delta \theta_1/\theta_2 \\ B_m = (1-\theta_1)/\theta_2 \end{array} \right\} \tag{8-4}$$

模块 G_1 的辨识结构图如图 8-5 所示。

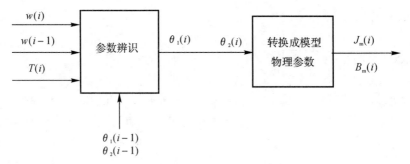

图 8-5 模块 G_1 的辨识图

2. 模块 G_2

$$G_2(s) = \frac{\delta p(s)}{R_d(s)} = \frac{1}{(A^2/K_{act})s + C_t} \tag{8-5}$$

式中,δp 为液压缸的压力差;R_d 为流入与流出液压缸的流速差;K_{act} 为作动器的机械刚度;A 为活塞的有效面积;C_t 为液压泵的漏泄系数。根据 G_2 的传递函数,得到如下的差分方程:

$$\delta p(i) = \theta_3 \delta p(i-1) + \theta_4 R_d(i) \tag{8-6}$$

式中,$\theta_3 = (A^2/K_{act})/(A^2/K_{act} + \Delta C_t)$;$\theta_4 = \Delta/(A^2/K_{act} + \Delta C_t)$;$i = 1, 2, \cdots$,是离散时间;$\Delta$ 是离散时间步长。

式(8-6)中,θ_3 和 θ_4 的值可以通过辨识得到,根据式(8-6),系统的物理参数 K_{act} 和 C_t 可以通过下式求出,则有

$$K_{act} = A^2 \theta_4/(\Delta \theta_3)$$

$$C_{\mathrm{t}} = (1 - \theta_3)/\theta_4 \tag{8-7}$$

模块 G_2 的辨识结构图如图 8-6 所示。

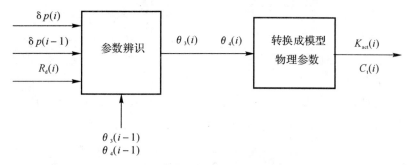

图 8-6 模块 G_2 的辨识图

3. 模块 G_3

$$G_3(s) = \frac{X(s)}{F_{\mathrm{eint}}(s)} = \frac{1}{M_{\mathrm{p}}s + B_{\mathrm{p}}} \tag{8-8}$$

式中，F_{eint} 为作用在泵上的力的积分；X 为作动器的位置；M_{p} 为活塞的惯性；B_{p} 为活塞的阻尼系数。根据 G_3 的传递函数，得到如下的差分方程：

$$X(i) = \theta_5 X(i-1) + \theta_6 F_{\mathrm{eint}}(i) \tag{8-9}$$

式中，$\theta_5 = (M_{\mathrm{p}}/(M_{\mathrm{p}} + \Delta B_{\mathrm{p}})$；$\theta_6 = \Delta/(M_{\mathrm{p}} + \Delta B_{\mathrm{p}})$；$i = 1, 2, \cdots$，是离散时间；$\Delta$ 是离散时间步长。

式(8-9)中，θ_5 和 θ_6 的值可以通过辨识得到，根据式(8-9)，系统的物理参数 M_{p} 和 B_{p} 可以通过下式求出，则有

$$\left.\begin{array}{l} M_{\mathrm{p}} = \Delta \theta_5/\theta_6 \\ B_{\mathrm{p}} = (1 - \theta_5)/\theta_6 \end{array}\right\} \tag{8-10}$$

模块 G_3 的辨识结构图如图 8-7 所示。

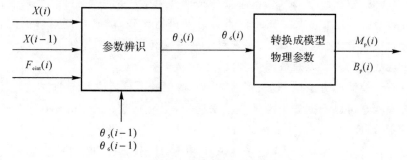

图 8-7 模块 G_3 的辨识图

根据辨识结果，得到系统的实际模型参数 J_m，B_m，K_{act}，C_t，M_p 和 B_p 以后，就可以构造出系统当前时刻的健康特征，系统的健康特征为

$$\boldsymbol{H}_{feature} = \begin{bmatrix} \Delta J_m & \Delta B_m & \Delta K_{act} & \Delta C_t & \Delta M_p & \Delta B_p \end{bmatrix} \qquad (8-11)$$

式中，$\Delta J_m = J_m - J_{mref}$，$\Delta B_m = B_m - B_{mref}$，$\Delta K_{act} = K_{act} - K_{actref}$，$\Delta C_t = C_t - C_{tref}$，$\Delta M_p = M_p - M_{pref}$，$\Delta B_p = B_p - B_{pref}$；$J_{mref} \sim M_{pref}$ 分别为基准模型参数，即正常情况下的参考模型参数。

由此可见，系统的健康特征 $\boldsymbol{H}_{feature}$ 是由模型参数的变化量所构成的一个矢量，矢量的每一维对应系统的不同特征参数，这个不同的特征参数就构成了一个多维的特征参数空间。

总的来说，在基于模型的方法中，系统健康特征的提取步骤如下：

Step 1：获取系统中特定模块的输入输出数据，这些特定模块包含了能够反映作动器内部异常的模型参数；

Step 2：根据获得的模块输入输出数据，进行参数辨识，并把辨识结果转换成模型的物理参数；

Step 3：比较实际模型参数与基准模型参数，构造系统当前时刻的健康特征矢量，这个特征矢量就是提取出来的系统健康特征。

8.2.4 健康评估

采用基于模型的方法进行健康评估时，首先需要确定系统正常情况下以及每种已知故障发展进程（例如从 2% 故障发展到 100% 完全故障）对应的健康特征在其特征参数空间中的分布，这些分布是根据经验数据事先确定的。图 8-3 所示为系统某种故障的发展进程在二维特征参数空间中的分布情况。

当系统出现异常时，健康管理系统会重新测量并确定系统当前的特征参数分布，当前的参数分布确定以后，需要在特征参数构成的多维空间中，把当前的参数分布与各种已知故障情况下的参数分布进行比较，以确定测量数据与各种故障分布之间的重叠程度，最终实现对当前系统健康状态的评估，即当前时刻系统所出现故障的种类以及故障的程度。

在基于模型的方法中，健康管理系统获取新的系统健康状态数据后，系统当前的健康状态可以根据如下两个参数来确定：累积指数（Cumulative Index，CI）和进化指数（Evolutionary Index，EI）。

累积指数是一个标量，表征了系统健康从初始状态（t_0 时刻）发展到最终状态（t 时刻）的过程中，系统健康的全局性的变化。累积指数的计算公式为

$$\text{CI}_{0,t} = -\frac{\beta_t - \beta_0}{\beta_0} = -\frac{\Delta\beta_{0,t}}{\beta_0} \qquad (8-12)$$

进化指数也是一个标量,表征了系统健康从一个中间状态(t_i)发展到另一个中间状态(t_{i+1})时,系统健康的局部性的变化。进化指数的计算公式为

$$\text{EI}_{t_i,t_{i+1}} = -\frac{\beta_{t_{i+1}} - \beta_{t_i}}{\beta_{t_i}} = -\frac{\Delta\beta_{t_i,t_{i+1}}}{\beta_{t_i}} \qquad (8-13)$$

在式(8-12)和式(8-13)中,β 为可靠性指数,β 跟当前时刻系统健康状态的特征分布与已知历史故障的特征分布之间的欧氏距离有关。β 的计算公式为

$$\beta = \frac{|\overline{F} - \overline{C}|}{\sqrt{\sigma_f^2 + \sigma_c^2}} \qquad (8-14)$$

式中,$\overline{F}$,σ_f 分别为已知历史故障在特征空间中的分布均值和标准差;$\overline{C}$,σ_c 为当前时刻系统健康特征在特征空间中的分布均值和标准差。

累积指数 CI 和进化指数 EI 这两个可靠性敏感指数都表征了系统健康状态的变化,当 CI 和 EI 等于 0 时,表示系统没有出现健康降级;当 CI 和 EI 为正时,表示系统出现了健康降级;当 CI 和 EI 为负时,表示系统的健康有了改善。

因而,当系统出现异常时,需要计算在当前时刻,系统对各种已知故障的累积指数 CI 和进化指数 EI,根据 CI 和 EI 的变化,就可以确定系统当前的健康状态,即当前时刻系统所出现故障的种类以及故障的程度。

系统健康状态的评估方法如下:

假设:已知故障种类为 2‰F_1,2‰F_2 和 2‰F_3,当前时刻为 t_2,当前时刻系统的健康状态对已知故障 F_j 的累积指数和进化指数分别为 $\text{CI}_{t_2}(F_j)$ 和 $\text{EI}_{t_2}(F_j)$,可靠性指数为 β_{2j},$j=1,2,3$;在历史时刻 t_0,t_1,系统的健康状态对已知故障 F_j 的累积指数、进化指数以及可靠性指数分别为 $\text{CI}_{t_0}(F_j)$,$\text{EI}_{t_0}(F_j)$ 和 β_{0j},$\text{CI}_{t_1}(F_j)$,$\text{EI}_{t_1}(F_j)$ 和 β_{1j},$j=1,2,3$。

如果累积指数 $\text{CI}_{t_i}(F_j)$ 和进化指数 $\text{EI}_{t_i}(F_j)$($i=0,1,2$;$j=1,2,3$)的值为负,表明在时刻 t_i,系统的健康状态正在远离故障 F_j;如果累积指数 $\text{CI}_{t_i}(F_j)$ 和进化指数 $\text{EI}_{t_i}(F_j)$($i=0,1,2$;$j=1,2,3$)的值为正,表明在时刻 t_i,系统的健康状态正朝故障 F_j 移动。

如果时刻 t_i 和故障 F_j 的特征参数分布都为正态分布时,系统在时刻 t_i 的健康状态与已知故障 F_j 的相关程度可以通过如下的相关概率来确定:

$$P_{ij} = 2\Phi(-\beta_{ij}) = 2\Phi\left(-\frac{|\overline{F_j} - \overline{C_i}|}{\sqrt{\sigma_{f_j}^2 + \sigma_{c_i}^2}}\right) \qquad (8-15)$$

式中,P_{ij} 为在时刻 t_i,系统特征分布对已知故障 F_j 的置信度;β_{ij} 为时刻 t_i,系统对故障 F_j 的可靠性指数;$\overline{F_j}$,σ_{f_j} 分别为已知历史故障 F_j 在特征空间中的分布均

值和标准差；$\overline{C_i}$，σ_{c_i} 为在时刻 t_i，系统健康特征在特征空间中的分布均值和标准差；Φ 为标准正态累积分布。

综上所述，在基于模型的方法中，系统的健康评估步骤如下：

Step 1：确定所有已知故障 $F_j(j=1,2,\cdots)$ 的特征分布，以及当前时刻 t_i 的系统特征分布；

Step 2：计算当前时刻 t_i 相对已知故障 F_j 的可靠性指数 β_{ij}、累积指数 $\mathrm{CI}_{t_i}(F_j)$ 和进化指数 $\mathrm{EI}_{t_i}(F_j)$；

Step 3：根据 $\mathrm{CI}_{t_i}(F_j)$ 和 $\mathrm{EI}_{t_i}(F_j)(j=1,2,\cdots)$ 的取值，确定系统当前时刻健康状态与哪种已知故障的相关性最大，即当前时刻系统的故障类型和故障程度。

8.2.5 健康预测

健康预测是健康管理中非常重要的一步，也是健康管理系统的一个显著特征。健康预测的目的是预测系统未来的健康状态并确定系统从当前的健康状态发展为功能完全失效的时间。

在基于模型的方法中，随着系统性能的不断降级，系统当前状态的特征分布与故障分布区域（表示系统功能完全失效）之间的欧氏距离会越来越小。在系统的特征空间中，使用统计趋势分析方法，通过跟踪和延伸每个特征参数的变化路径和趋势，把每个特征的变化趋势在特征空间中融合起来，就可以确定系统从当前的健康状态发展到故障区域（功能完全失效）的时间。

在进行系统健康预测时，可以采用指数平滑法来跟踪和预测系统特征参数在特征空间中的未来进程。用指数平滑法预测对系统的特征参数进行预测时，首先，基于特征参数的当前值和历史值，可以做一步或多步预测，然后对预测值进行平滑处理，并用于下一步的预测。

假设当前时刻为 t，下面介绍采用双重指数平滑法预测 t 时刻以后系统健康特征发展趋势的步骤：

Step 1：对特征参数 $H_{\mathrm{feature}}(i)(i=1,2,\cdots,6)$，设定初值 b_1 和 S_1，S_1 取 $H_{\mathrm{feature}}(i)$ 在初始时刻的实际值，b_1 的取值有以下几种方法：

$$
\left.
\begin{aligned}
b_1 &= y_2 - y_{2-1} \\
b_1 &= [(y_2 - y_1) + (y_3 - y_2) + (y_4 - y_3)]/3 \\
b_1 &= (y_t - y_1)/(t-1)
\end{aligned}
\right\}
\qquad (8-16)
$$

式中，y_j 为 $H_{\mathrm{feature}}(i)$ 在第 j 时刻的实际值。

Step 2：根据公式（5-3）计算特征参数 $H_{\mathrm{feature}}(i)$ 在 t_k 时刻的平滑值 S_k，（k

＝2,3,…),目的是消除滞后。

Step 3:根据公式(5-4)更新特征参数 $H_{\text{feature}}(i)$ 在 t_k 时刻的趋势值。

Step 4:根据公式(5-5)计算 $H_{\text{feature}}(i)$ 在 t_{k+1} 时刻的预测值 F_{k+1} 或 t_{k+m} 时刻的预测值 F_{k+m}。

Step 5:$i＝i+1$,对特征参数 $H_{\text{feature}}(i+1)$ 进行预测,回到 Step 1。

Step 6:计算所有特征参数的预测值以后,在特征参数组成的特征空间中,预测特征的发展趋势,根据预测的特征趋势,采用健康评估方法,计算系统的未来健康状态,直到特征参数达到故障所在特征区域,即系统完全失效,这个最终时刻与时刻 t 之间的差值就是系统的剩余使用寿命。

8.2.6 人机界面

建立"基于模型的飞行控制系统作动器健康管理"的仿真软件的主界面如图8-8所示。

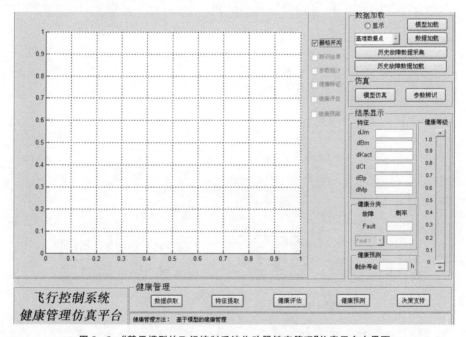

图 8-8 "基于模型的飞行控制系统作动器健康管理"仿真平台主界面

在"加载所有数据点"的情况下,"特征提取"结果显示如图8-9所示。

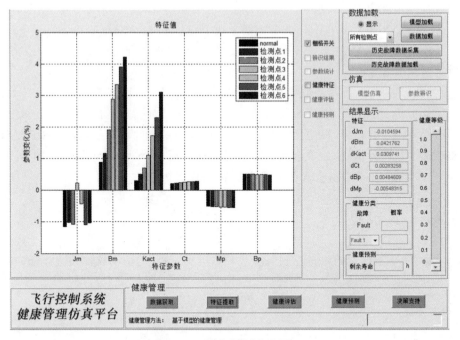

图 8-9 "特征提取"结果显示

"健康评估"结果显示如图 8-10 所示。

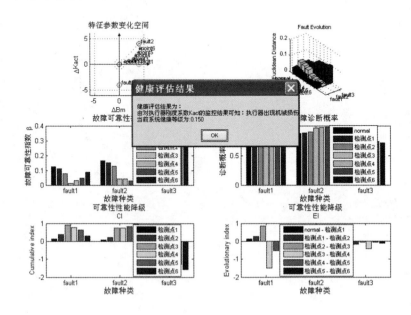

图 8-10 "健康评估"结果显示

特征参数变化曲线如图 8 - 11 所示。

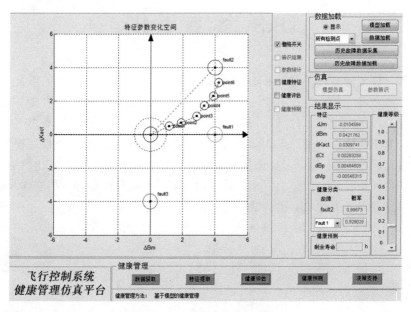

图 8 - 11   特征参数变化曲线

"健康预测"结果显示如图 8 - 12 所示。

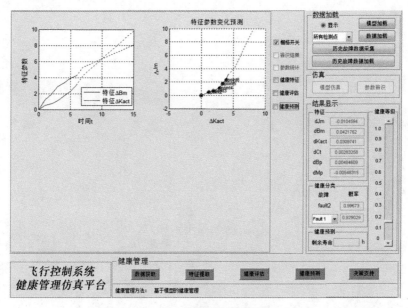

图 8 - 12   "健康预测"结果显示

|8.3 本章小结|

　　基于模型的方法通过对系统的故障模式建模,监视有物理意义的系统参数,提供了一个极好的早期故障检测能力。使用基于模型方法的一个前提条件是,当系统存在故障时,残差足够大;而系统运行正常或出现正常扰动、噪声时,残差很小。基于模型方法的优点:①能够把对系统的物理理解融合到监视过程当中;②一般情况下,特征矢量的变化与模型参数密切相关,因而能够在变化的参数和所选择的预测特征之间建立一个函数映射;③通用性很好,很容易扩展到其他类似的系统。基于模型的方法的缺点是,通常需要建立被监视系统的一个有效的数学模型,因此,一般用于可以获得系统精确数学模型的情况。

第 9 章

基于数据驱动的无人机作动器健康管理

基于数据驱动的方法是一种数据挖掘方法或机器学习方法,这种方法通过历史数据学习系统行为的模型,数据驱动的方法综合了现有的以及新的诊断和预测技术,基于数据驱动的方法的一个重要优点是它并不需要目标系统的任何物理模型,而是根据历史数据模拟系统行为,因而算法运行更快、开发费用相对低。在这个方法中,系统的健康状态可以通过对特定数据特性或特征进行监控来隐性表示,这些特定数据或特征被用来评估被监控系统真正的健康状态,因此,在数据驱动的方法中,信号的处理依赖于系统运行数据的质量和数量。

|9.1 基于数据驱动的健康管理|

数据驱动方法是基于来自模式识别理论的统计和学习技术,包括多变量统计方法(例如静态和动态主元分析、线性和二次判别式、偏最小二乘法和规范变量分析)、基于设计网络的黑盒方法(例如概率神经网络、决策树、多层感知器、径向基函数和学习矢量量化)、图模型(贝叶斯网络、隐马尔可夫模型)、自组织特征映射、信号分析(滤波器、自回归模型、快速傅里叶变化等)。基于数据驱动的健康管理方法不需要建立系统精确的数学模型,而是依赖于一个假设:除非系统中发生故障情况,否则数据的统计特征不发生改变。基于数据驱动方法的优点是数据驱动方法能够将高维带噪声的数据转化为低维信息,以用来诊断和预测。其缺点是这个方法严重依赖于系统中数据的质量和数量。

数据驱动的方法可以使用传统的数值算法,例如线性回归或卡尔曼滤波、决策、主元分析、快速傅里叶变换等方法,也可以使用机器学习和数据挖掘的人工智能算法,例如神经网络、决策树和支持向量机等。基于数据驱动的预测方法包含人工神经网络技术、贝叶斯网络、数据挖掘技术、模糊逻辑、小波分析、卡尔曼滤波、回归、统计方法等。

9.1.1 基本结构和流程

采用基于数据驱动方法进行飞行控制系统健康管理时,需要获取飞行控制系统中某些参数(包括电压、电流和位置等)方面的数据信息,这些参数可以通过某个数据缓存记录下来。在数据驱动的方法中,通过一定的周期采集系统的运行数据,这些数据作为系统的原始数据信息,通过采用不同的特征算法可以提取出与系统健康相关的健康特征。一个健康评估系统能够把提取出来的健康特征值与系统的当前状态联系起来。有时候,基于数据驱动的方法也可以使用先进的融合策略,把健康评估器的输出与其他方法的输出融合起来,产生一个融合的健康状态评估。最后,健康管理中的预测模块会存储系统运行过程中的健康状态信息,以便进一步地预测系统的剩余使用寿命。基于数据驱动的预测和健康管理过程如图 9-1 所示。

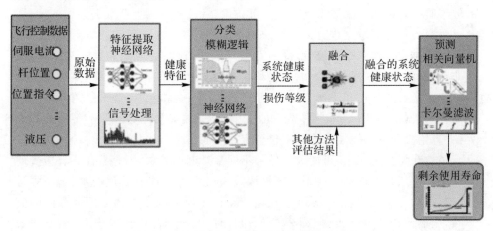

图 9-1 基于数据驱动的预测和健康管理流程图

9.1.2 基本内容和过程

与所有的健康管理系统一样,基于数据驱动的飞行控制系统作动器健康管

理的基本过程同样包括数据获取、数据处理、健康评估和预测四个基本过程。

1. 数据获取

为了设计基于数据驱动的健康管理系统,首先需要与飞行控制系统作动器相关的大量数据集,包括飞行过程中作动器正常工作时的数据、作动器在不同降级水平下的运行数据。获得数据的方法有以下两种。

· 以往维修过程中获取的作动器正常数据和已知性能降级水平下的数据,这些数据集能够反映作动器的不同故障级别;

· 在实验室内,对作动器进行物理仿真,采集到正常的数据,并人为地对作动器加不同等级的故障,获取不同故障级别下的数据。

所获取的数据可以用来开发算法,因为这些数据都表征了作动器的故障发展进程,并且,这些数据也可以用来测试开发的预测和健康管理算法。

2. 数据处理

特征提取是系统状态监控和健康管理中普遍的一个步骤,它是基于数据驱动的预测推理技术的核心概念。在飞行控制系统健康管理的七层结构中,信号处理层的主要任务就是对数据获取层获取到的原始数据进行特征提取,为后继的健康监控和预测提供数据支持。一般来说,特征表现为一些数据集或信息,是通过对原始传感器数据进行某些处理而得到的,这些数据和信息与系统的健康状态密切相关。在一个系统/部件的寿命周期内,存储的原始数据非常多,信息量非常大,由于对数量如此大的数据和信息的处理和储存能力有限,进行特征提取是非常必要的。在几乎所有正在开发的健康监控系统中,由于存储空间限制的原因,数据都要经过简化,主要原因是因为提取的特征可以用来表征故障的先兆,并且绝大部分的原始数据都不包含有意义的信息。

虽然在特征提取中,可能采用各种不同复杂度的算法,但是特征在健康管理框架中的作用是一样的。一个特征提取算法可以与其他的处理技术结合,同时进行数据的分析,提取出一系列特征值。特征提取减少了需要处理和存储的信息量,因而节约了内存和改善了算法的运行时间。当前,基于数据驱动的方法采用两个已经经过证明了的技术来产生特征:信号处理和神经网络(黑盒)建模。这两种技术都是在固定时间窗内采集的数据的基础上运行的,从而使得这种方法向机载运行转化变得容易。另外,当前一个特征提取的热点是应用小波分析的方法,小波能从大量的高维数据中提取出低维的特征。在预测和健康管理系统的总体结构中,这些特征提供了能够表征系统降级的有意义的信息。

对飞行控制系统的健康管理来说,同样要采取一种特征提取方法来提取与系统健康相关的特征。在基于数据驱动方法的飞行控制系统健康管理中，可以通过不同的特征提取方法（例如信号处理技术、动压、电信号分析、神经网络、小波分析等）产生许多特征，但为了系统的简单化，一般只需选取最有意义和可靠的健康状态特征。在得到系统状态特征以后，就可以采用分类算法把提取出来的特征值映射到正确的系统降级水平上。本节中主要采用神经网络和小波包分解的方法进行系统的健康特征提取。

　　神经网络是模拟生物神经系统和生物自适应学习的一种计算方法，它能够把一组输入（例如原始传感器测量值）映射到单个输出（或预测值）上。神经网络用作特征提取算法的主要思想是利用神经网络进行黑盒建模来模拟系统的某个特定输出值，通过比较神经网络的模拟值与实际测量值之间的误差来产生特征，这个特征就是神经网络提取的特征值。现在，有的研究者已经开发了一个神经网络误差跟踪方法，用来检测和分类液压泵中的气蚀。通过使用许多神经网络，成功地实现了对液压泵中气蚀磨损引起的不断增加的损伤的分类。这些工作表明，神经网络不仅在执行时间序列预测中很有效，而且能够对液压系统的非线性特性进行有效的建模。

　　对于复杂的飞行控制系统，神经网络可以用来对部件的内部动力学建模，根据测量到的系统数据来模拟系统的输出，则神经网络的模拟输出值与实际测量值之间的误差就是"跟踪误差"特征，这个特征可以被用来表征飞行控制系统部件的健康状态。在飞行控制系统健康管理的过程中，采用神经网络进行特征提取的一个基本前提是，如果用"健康"的数据成功训练一个神经网络，实现了对飞行控制系统中一些分系统或部件的精确建模，则用神经网络进行输出跟踪时，"跟踪误差"精度的降低就表明系统内部发生了比较大的变化，意味着系统内部部件可能出现了损伤或发生了故障，导致系统性能降级。神经网络特征提取的流程如图9-2所示。

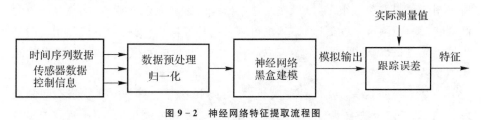

图9-2　神经网络特征提取流程图

　　需要指出的是，根据不同的应用目的，还可以采用其他数据处理方法对神经网络提取出来的特征进行进一步的处理。

　　神经网络用于飞行控制系统作动器特征提取的一般步骤如下：

Step 1:采集一定时间内的传感器数据,例如作动器指令信号、电机电枢电流与电压等信号,以及作动器的实际输出。

Step 2:把采集的传感器信号作为神经网络的输入,作动器的实际输出为网络输出,以此对网络进行训练。在训练过程中,网络的目标函数为作动器实际输出值与网络输出的均方误差。

Step 3:在系统运行过程中,比较作动器的实际输出与网络的模拟输出,它们之间的残差("跟踪误差")即为当前时刻的特征值。

Step 4:由于用神经网络提取的残差信号数据量比较大,在本节采用小波包分析的方法对提取出来的残差信号进行小波包分解,求出各频率段的能力,以此作为系统的健康特征向量。

3. 健康评估

健康评估是任何一个健康管理系统中一个重要的步骤。在基于数据驱动的方法中,同样需要采用一个评估系统把数据处理层提取的健康特征转换为系统的当前健康状态。为了产生一个精确的、可靠的系统健康估计,健康评估器必须学习每个特征与系统健康状态之间的关系(一般为非线性的)。用于健康评估的方法很多,神经网络、模糊逻辑都是很好的选择。

由于没有充分的专家知识,在本节仍然采用神经网络作为数据驱动方法的健康评估手段,神经网络用于健康评估的详细过程在 3.2 节中已经进行了详细的介绍,这里不再赘述。

4. 健康预测

在完成系统的健康状态评估以后,健康管理系统需要进一步对系统未来的健康状态进行预测,进而实现系统的剩余使用寿命预测。在数据驱动的方法中,所采用的预测方法有很多,可以使用一个传统的跟踪或趋势算法,来跟踪历史的健康状态和预测未来的健康状态,也可以采用神经网络、支持向量机和相关向量机这类先进的预测算法。本节采用卡尔曼滤波算法来完成系统的健康状态预测。

在基于数据驱动方法的预测模块中,可以开发一个基于特征状态空间的跟踪算法(如卡尔曼滤波器),进行系统的"性能降级-功能完全失效"预测。卡尔曼滤波这类状态估计技术通过最小化"状态转换方程"和测量值之间的误差来预测系统未来的特征行为。对一个已知的或提取的特征 f,可以用下式建立一个状态矢量,有

$$x = \begin{bmatrix} f & \dot{f} & \ddot{f} \end{bmatrix}^{\mathrm{T}} \tag{9-1}$$

然后,可以在基于某个模型的基础上,使用一个状态转换方程来更新这些状态。在本节中,采用常用的牛顿模型来表征特征位置、速度和加速度之间的关系,其简单的运动学方程可以表示为

$$f(n+1) = f(n) + \dot{f}(n)t + \frac{1}{2}\ddot{f}(n)t^2 \tag{9-2}$$

式中,f 为特征;t 为状态更新的时间间隙。

在上述模型的基础上,可以采用一个跟踪滤波方法来跟踪和平滑特征值并预测特征的发展趋势。

在基于数据驱动的健康管理中,健康评估的结果 —— 系统健康指数就可以作为一个特征,可以采用式(9-2)的方法对其进行跟踪。然后,采用一个卡尔曼滤波算法预测这个系统健康指数的未来进程,即系统的未来健康状态。

|9.2 仿真设计|

9.2.1 作动器的仿真模型

根据上文提出的算法,应用如下的飞行控制系统电液伺服作动器为研究对象进行算法的仿真验证,以控制阀的输入 u 为输入,活塞杆的位移量 x_p 为输出的电液伺服作动器非线性数学模型为

$$\left.\begin{aligned}
\dot{x}_p &= v_p \\
\dot{v}_p &= \frac{1}{m}(J_m B_p - J_m M_p - B_m v_p - F_L) \\
\dot{P}_1 &= \frac{\beta_h}{V_1}\left(k_{act} C_t x_v \sqrt{\frac{2(P_s - B_p)}{\rho}} - J_m v_p\right) \\
\dot{P}_2 &= \frac{\beta_h}{V_2}\left(-k_{act} C_t x_v \sqrt{\frac{2(M_p - P_e)}{\rho}} + J_m v_p\right) \\
\dot{x}_v &= v_v \\
\dot{v}_v &= -w_v^2 x_v - 2\xi_v w_v v_v + k w_v^2 u
\end{aligned}\right\} \tag{9-3}$$

式中,m,B_m,J_m 和 β_h 分别表示活塞的质量、阻尼系数、有效面积和压力系数;F_L 表示外部载荷;B_p 和 M_p 分别表示活塞两端的压力;V_1 和 V_2 表示体积;k_{act} 和 C_t 为伺服阀的流量系数和面积梯度;P_s 为提供的液压源压力;P_e 为活塞腔中的压力;ρ 为流体密度;ξ_v 和 w_v 分别表示电磁阀的阻尼和自然频率。具体的参数值见

表 9-1。

表 9-1　电液伺服作动器参数

参　　数	符　　号	数　　值
压力源	P_e	17.2 MPa
活塞的质量	m	12 kg
阻尼系数	B_m	350 N·s/m
活塞的有效面积	J_m	633 mm²
体积	$V_1 + V_2$	463 mm³
流体密度	ρ	847 kg/mm³
流体体积系数	β_h	689 MPa
流量系数	k_{act}	0.6
面积梯度	C_t	20.75 mm²/mm
自然频率	w_v	150 Hz
阻尼	ξ_v	0.7

　　当作动器发生故障时,会表现在系统的特征参数上,根据系统的输入输出数据可进行特征提取。基本的故障模式如下:活塞机械损伤、液压缸漏油、伺服阀故障、电机发生故障。当作动器出现活塞机械损伤时,可以用阻尼系数 B_m 和面积 J_m 来标识;液压缸漏油时故障的典型特征是压力 B_p 和 M_p;伺服阀发生故障时 k_{act} 和 C_t 会发生明显变化;电机发生故障时 ξ_v 和 w_v 会发生明显变化。上述 8 个参数组成了作动器故障的特征参数,用 $F = (B_m, J_m, B_p, M_p, k_{act}, C_t, \xi_v, w_v)$ 表示。

9.2.2　健康特征提取

　　根据上述的研究内容,代入电液伺服作动器的参数进行仿真分析,设置活塞机械损伤故障,根据系统的输入输出数据进行特征提取。

　　所有已知历史故障的特征数据为 $F = (B_m, J_m, B_p, M_p, k_{act}, C_t, \xi_v, w_v)$,对应的故障种类为活塞机械损伤、液压缸漏油、伺服阀故障、电机发生故障,故障程度为 $T\%$。这些特征数据及对应的故障种类和程度构成了一个数据集。

　　使用神经网络进行特征提取时,首先需要采用正常的系统数据训练神经网络,使得神经网络的输出与模型的输出一致。

　　在本节中,神经网络使用作动器输入指令信号 u、液体流速 v_p、液压缸两端

压差 P_e、活塞的移动速度 v_v 作为网络的输入，舵偏角 θ（作动器输出转换成舵面的偏角）前几个时刻的值（以前的测量值）作为网络的额外输入，这个额外输入参量可以用来改善网络训练的精度。此外，考虑到实际数据的非线性特性，采用一个滑动窗口的输入方式来改善网络训练的精度，取滑动窗口大小为 n。这样，网络每个输入参数都由前 $n-1$ 时刻的测量值和当前时刻的测量值组成。网络总共包含 6 个输入参数，因而，网络共有 $6n$ 个输入（6 个输入参数 × n 个输入数据点）。

采集系统正常运行情况下的传感器数据，并把采集到的传感器数据转换成神经网络训练所要求的形式。网络训练完成以后，在系统的健康监测过程中，在一个固定的时间窗内，通过比较神经网络的模拟输出值与实际测量值之间的残差来构造残差序列，这个残差序列就是神经网络提取的特征。

根据上文的算法进行作动器健康特征提取，应用仿真对象进行算法的实现，首先需要加载历史数据，设置故障点；然后应用前文的算法 3.2 进行特征网络训练，应用算法 3.3 进行评估网络的训练，最后根据训练结果进行特征的提取，并对提取的特征进行简单的评估。以飞行控制系统作动器活塞机械损伤为例进行仿真分析，仿真结果如图 9-3～图 9-7 所示。

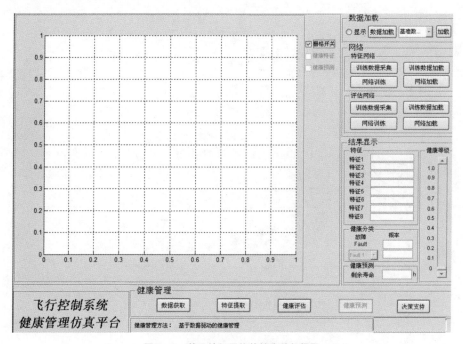

图 9-3　基于神经网络的健康特征提取

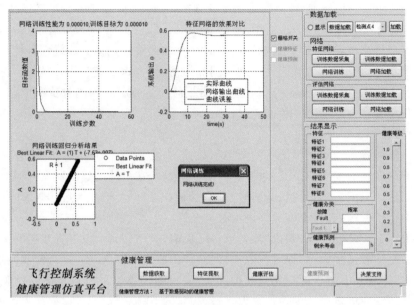

图 9-4　特征网络的训练结果图

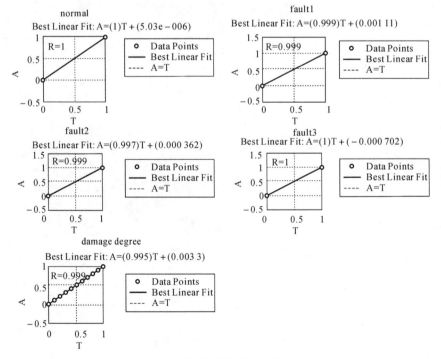

图 9-5　评估网络训练结果

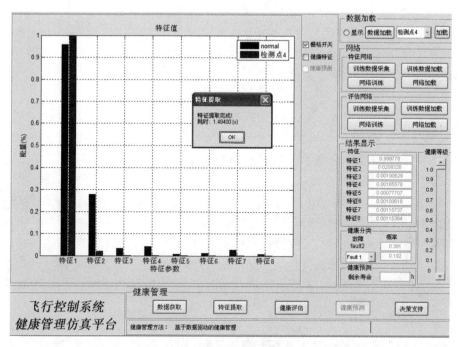

图 9-6　特征提取结果

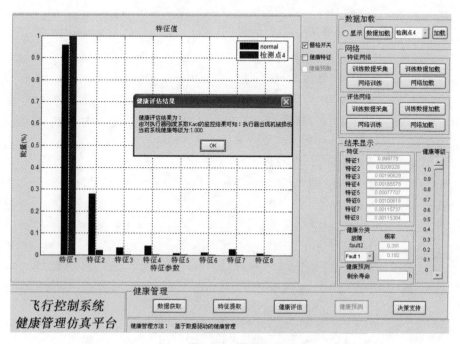

图 9-7　诊断结果

由图 9-4 和图 9-5 可以看出,本书设计的神经网络算法能够快速精确地进行学习,回归分析表明学习精度达到了很高的要求;图 9-6 特征提取结果可以看出,8 组特征值对应着系统的 4 种故障模式,其中特征 1 故障形式明显,根据直方图直接可以判断故障情况;最后应用评估网络进行故障诊断,图 9-7 显示健康诊断结果。

从仿真结果可以看出基于神经网络的健康特征提取算法能够很好地完成对系统的特征提取,经过训练后的神经网络精确可靠,都能很好地完成对系统的健康特征提取和评估。总结基于神经网络的健康特征提取方法可以得到如下结论:神经网络健康特征提取是一种数据驱动技术,网络的训练需要大量数据支持;该方法综合了已有的和先进的诊断和预测技术,可以通过对特定数据特征进行监控以实现对系统健康特征的提取;该方法并不需要目标系统的任何物理模型,而是根据历史数据模拟系统行为,因而开发费用相对较低;该方法能够将高维带噪声的原始数据转化为低维信息,用于诊断和预测,大大降低了算法的运行要求。由于神经网络具有高度的非线性映射能力,所以,神经网络在健康管理中的应用非常广泛。

9.2.3 基于数据聚类的健康评估

以上述描述的飞行控制系统电液伺服作动器作为研究对象进行分析,代入相应的参数进行仿真计算,当作动器发生故障时,会表现在系统的特征参数上,根据系统的输入输出数据可进行特征提取。基本的故障模式如下:活塞机械损伤、液压缸漏油、伺服阀故障、电机发生故障。当作动器出现活塞机械损伤时,可以用阻尼系数 B_m 和面积 J_m 来标识;液压缸漏油时故障的典型特征是压力 B_p 和 M_p;伺服阀发生故障时 k_{act} 和 C_t 会发生明显变化;电机发生故障时 ξ_v 和 w_v 会发生明显变化。上述 8 个参数组成了作动器故障的特征参数,用 $F = (B_m, J_m, B_p, M_p, k_{act}, C_t, \xi_v, w_v)$ 表示。

设置活塞机械损伤、液压缸漏油、伺服阀故障三种故障,对应的故障特征为 $F = (B_m, J_m, B_p, M_p, k_{act}, C_t)$,根据系统的输入输出数据进行健康评估。首先设置液压缸故障,采集特征数据信息,对特征数据进行归一化处理,如图 9-8 所示,然后采用算法进行聚类分析。将数据分为四类,如图 9-9 所示,分别代表系统正常、活塞机械损伤、液压缸漏油和伺服阀故障,同时在监测点 B_p 和 M_p 参数改变量最大,得到系统健康特征状况如图 9-10 和图 9-11 所示,从而得出液压缸漏油故障,并且得出健康等级为 0.2,如图 9-12 所示。

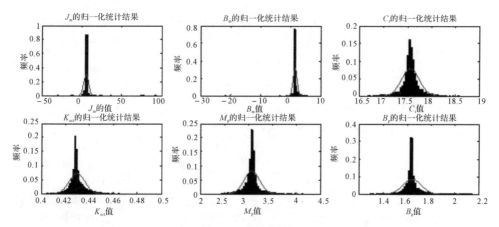

图 9-8 数据预处理

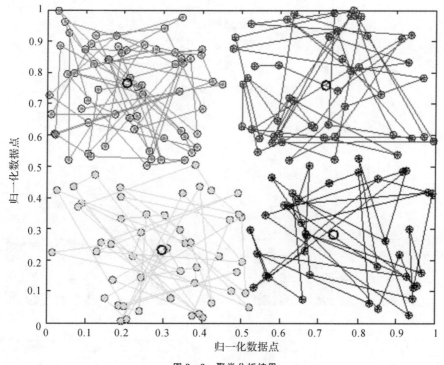

图 9-9 聚类分析结果

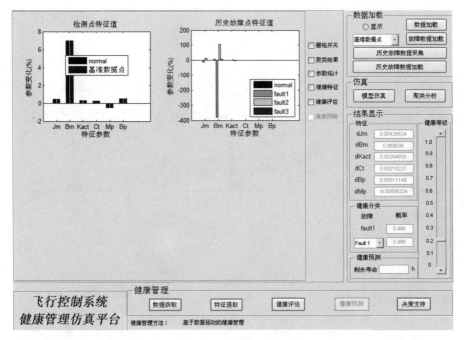

图 9-10　特征参数直方图

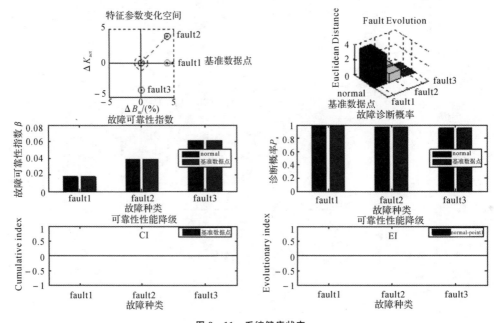

图 9-11　系统健康状态

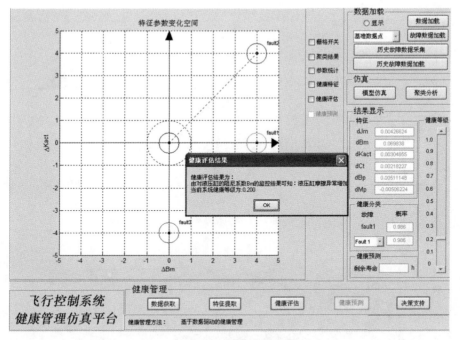

图 9-12　健康评估结果

　　设置活塞机械损伤、液压缸漏油、电机故障三种故障,对应的故障特征为 $F=(B_m,J_m,B_p,M_p,\xi_v,w_v)$,根据系统的输入输出数据进行健康评估。仿真结果如图 9-13～图 9-17 所示。设置电机故障,此次增设检测点,即增加数据量,采集特征数据信息,对特征数据进行归一化处理,如图 9-13 所示,然后采用算法4.2 进行聚类分析。将数据分为四类,如图 9-14 所示,分别代表系统正常、活塞机械损伤、液压缸漏油和电机故障,同时在监测点 ξ_v 和 w_v 参数改变量最大,得到系统健康特征状况如图 9-15 和图 9-16 所示,从而得出电机故障,并且得出健康等级为 0.25,如图 9-17 所示。

　　通过上述仿真结果可以看出,本书提出的算法能很好地进行系统的健康评估,进化模糊 K 均值聚类算法能够很好地完成对特征参数的聚类。本书仅仅讨论了单一故障情况下的健康评估方法,对于多种并发故障等复杂的故障情况,还要进行大量的深入研究。

209

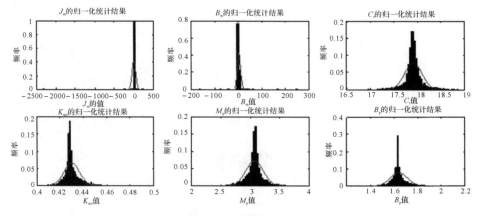

图 9 - 13　数据预处理

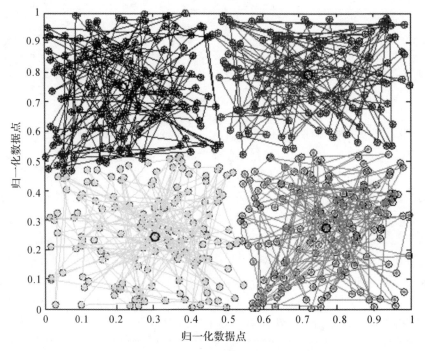

图 9 - 14　聚类分析结果

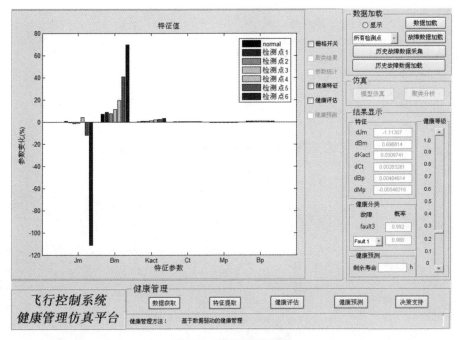

图 9 - 15 特征参数直方图

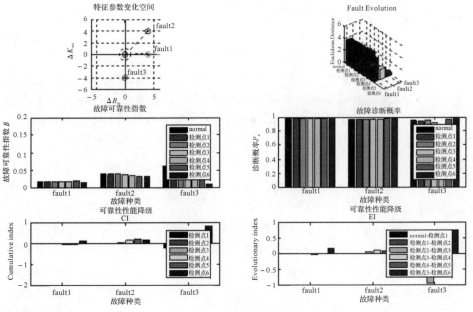

图 9 - 16 系统健康状态

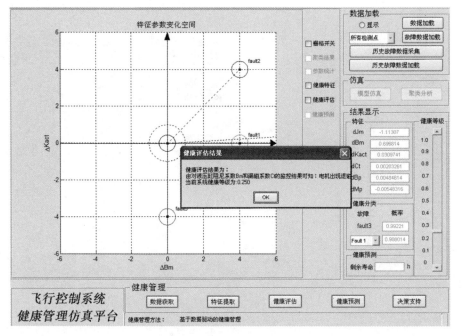

图 9 – 17   健康评估结果

9.2.4   指数平滑健康预测

根据仿真设计,以飞行控制系统作动器为研究对象进行仿真分析,当作动器发生故障时,会表现在系统的特征参数上。分别设置活塞机械损伤故障、液压缸漏油故障、伺服阀故障和电机故障四种故障模式,对应的故障特征参数为 $F = (B_m, J_m, B_p, M_p, k_{act}, C_t, \xi_v, w_v)$,根据系统的输入输出数据进行健康预测。

随着系统性能的不断降级,系统当前状态的特征分布与故障分布区域(表示系统功能完全失效)之间的距离会越来越小。进行系统健康预测时,采用指数平滑法来跟踪和预测系统特征参数在特征空间中的未来进程。首先,基于特征参数的当前值和历史值,应用三次指数平滑法进行预测,然后对预测值进行平滑处理,并用于下一步的预测。计算所有特征参数的预测值以后,在特征参数组成的特征空间中,预测特征的发展趋势,根据预测的特征趋势,计算系统的未来健康状态,直到特征参数达到故障所在特征区域,即系统完全失效,这个最终时刻与系统当前状态时刻之间的差值就是系统的剩余使用寿命。分别设置活塞机械损伤、液压缸漏油、伺服阀故障和电机故障四种故障模式,相应的预测结果如图

9 - 18～图 9 - 21 所示。

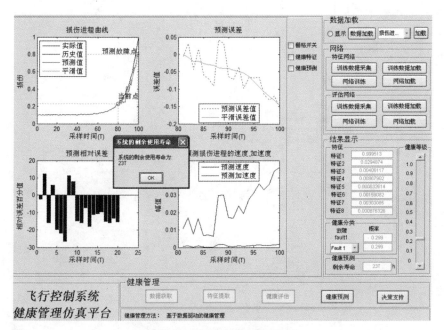

图 9 - 18　活塞机械损伤健康预测

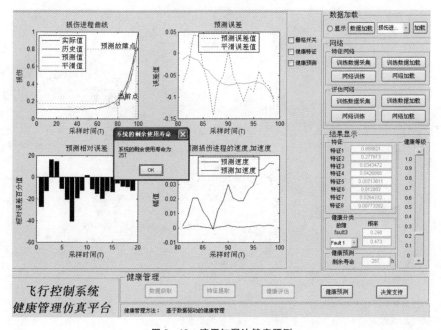

图 9 - 19　液压缸漏油健康预测

无人机健康管理

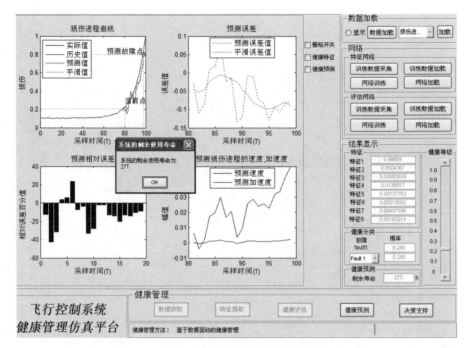

图 9-20 伺服阀故障健康预测

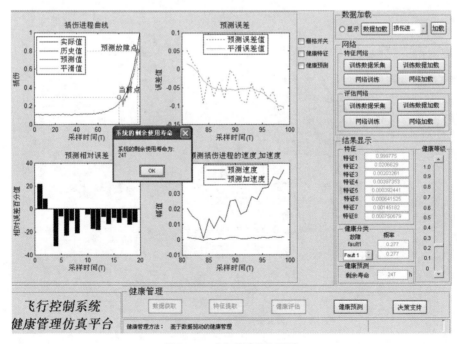

图 9-21 电机故障健康预测

根据上述仿真结果可以看出,指数平滑法操作简单,适应性强。指数平滑法综合了系统运行中的各个时期数据的影响,这种影响按时间由近及远逐渐减小,按指数递减规律进行加权平均;指数平滑技术估计预测模型中参数,通过平滑和修匀数据,能抵消或减弱异常数据对参数估计值的影响,从而使得预测模型具有鲁棒性;指数平滑系数 a 的选取对算法的预测效果影响很大,一般规律是 a 取值较小则平滑作用较强,取值较大则预测偏差较小,通常情况下需要进行多次尝试才能得到满意的效果。本书对健康预测的研究仅仅是在理想情况下进行算法的验证,实际中如何有效地利用数据资源、如何对系统进行有效的健康预测,是需要进行深入研究的问题。

9.3 本章小结

数据驱动的方法综合了已有的和先进的诊断和预测技术,可以通过对特定数据特征进行监控实现对系统健康状态的评估。基于数据驱动的方法依赖于一个假设:除非系统出现故障情况,否则数据的统计特征相对不改变。基于数据驱动的方法的优点:①并不需要目标系统的任何物理模型,而是根据历史数据模拟系统行为,因而开发费用相对较低;②能够将高维带噪声的原始数据转化为低维信息,用于诊断和预测,大大降低了算法的运行要求。基于数据驱动的方法的缺点是,这个方法严重依赖于系统运行数据的质量和数量。

第 10 章

总　结

　　无人机是一个复杂的综合系统,是推力系统、计算机、控制、通信、信息处理、传感器以及导航等若干技术不断发展的高度集成的系统。随着无人机技术的快速发展,系统越来越复杂,机载设备的交联也越来越广泛。为了改善系统的维修性和测试性,现在的机载系统在设计过程中大量采用机内自检测(BIT)、故障监控和申报等技术,但是远远不能满足对系统维护与监控的需要。基于此,在无人机中急需大力发展具有故障诊断、预测、缓和和重构功能的健康管理系统。

　　健康管理是指检验和监控系统健康状况,采取正确适当的措施以维护系统执行其功能或安全运行的能力。无人机健康管理的基本要求为在足够的时间内,充分检测异常和未知异常,及时对系统的健康状况做出反应,通过分析数据和执行决策分析,提供正确的健康管理措施,以便对系统异常、降级或故障进行有效的决策、缓和、修复和重构能力,从而增加系统安全和可靠性。根据无人机测试分析特性,采用数据驱动方法能够获得满意的健康管理效果。数据驱动的方法综合了先进的诊断和预测技术,可以通过对特定数据特征进行监控实现对系统健康状态的评估。数据驱动方法直接来源于监控系统采集的数据,在无人机各个子系统中,BIT 测试系统得到的数据以及飞行数据采集系统采集的数据中包含大量系统运行的信息,这些信息中包括系统正常运行和降级运行的信息,使用这些数据信息是进行系统健康管理的基础,围绕这些数据展开的故障诊断、健康特征提取、健康评估、剩余使用寿命预测、故障缓和、修复与重构构成了整个健康管理技术的研究内容。

　　本书以无人机系统健康管理为主线,详细介绍了无人机健康管理技术的研究背景、研究内容、基本架构,以及健康特征提取、健康评估、健康预测、故障诊

断、故障缓和与重构方法。

本书虽然对无人机系统健康管理方法进行了研究,进行了健康特征提取、健康评估、健康预测和故障诊断、缓和与重构设计。但是由于健康管理技术还处于发展阶段,涉及的知识领域比较多,同时无人机系统是一个复杂的、综合的、集成的和外部紧密交联的系统,对无人机系统健康管理的研究还处于初级研究阶段,无论在理论研究还是在应用研究方面都还有大量的工作需要进行,根据目前的研究领域和笔者的研究总结,在本领域还存在以下一些问题有待于进一步研究和探索:

(1)健康管理技术涉及特征提取、健康评估、健康预测和故障诊断、缓和、修复与重构,研究内容较多,涉的知识面很广,要很好地完成体系结构的构建和关键技术的突破是一项艰巨的任务,必须根据研究对象制定详细的研究方案,才能完成对该系统健康管理体系的构建与设计。

(2)现在的无人机系统在设计过程中大量采用机内自检测、故障监控和申报等技术,这些技术在一定程度上缓解了由于系统复杂程度提高而带来的维护维修方面的问题,但是对于深层故障机理和对系统未来运行情况没有进行过多的关注,同时这些测试数据和信息是分散储存、各自管理的,没有形成一个在系统级别综合管理和利用这些数据信息的综合体系结构。那么未来对无人机系统检测、监控、维护和维修将向着健康管理系统方向发展。

(3)健康特征提取方法依赖于对系统特征量和特征提取方法的选择,不同的特征量所表现的系统健康行为不同,因此必须根据系统实际的运行和可靠性关系,寻找能够准确反映系统健康特征的特征向量;特征提取方法主要分为基于模型的方法和基于信息处理的方法,这两种方法各有优劣,选择中要根据研究对象的特点进行应用,对于无人机系统,系统运行中形成大量的测试数据和监控数据,包括状态信息和 BIT 测试结果,这些数据可以通过数据缓存过程记录下来,因此基于数据驱动的信息处理方法是进行健康特征提取的最理想选择。

(4)健康评估就是根据系统的健康特征信息评估系统的健康状况,给出带有置信度水平的系统健康状况的结论,并结合系统健康状况的历史信息、故障传播特性和系统运行特性,定性评估故障的影响,进而预报系统未来的健康状态。健康评估的显著特征就是基于系统的测试数据和历史数据进行信号处理与分析的,同时还需要系统大量的统计特性以确定系统的健康等级,健康评估的难点就是健康等级的划分以及对健康状态的实时跟踪与评估,同时针对具有交联关系系统多故障的发生或性能同时降级情况的健康评估也是一个难点问题。

(5)健康预测的目的是预测系统未来的健康状态并确定系统从当前的健康状态发展到功能完全失效的时间。基于数据驱动的健康预测完全依赖系统统计

数据和预测模型的准确性,因此选择什么样的预测方法直接决定了预测的精度和效果,实际中应该根据具体研究对象选用相应的预测方法。同时在实现系统的健康状态评估和剩余有用寿命预测以后,如何根据得到的预测结果,做出正确的决策以辅助维修,还需要大量的研究工作。

(6)健康管理的决策、缓和、修复和重构能力是健康管理研究的重要内容,健康管理系统应该在最短时间内,及时对系统的健康状况做出反应,通过分析数据和执行决策分析,提供正确的健康管理措施,以便对系统异常、降级或故障进行有效处理,从而增加系统安全和可靠性。这就要求系统要有足够快的反应时间和决策能力,快速准确的修复手段和重构能力。

(7)健康管理技术虽然已经应用于一些工程系统的子系统或部件,但还远没有达到完全工程实用化的程度。如何应用健康管理技术,提高工程系统的安全性、可维护性和可支持性,减少维修费用,这是一个长期的理论结合实践的过程。

(8)随着航空电子综合化和集成化程度的提高,未来的健康管理系统将是一个集成信息采集和处理、分析、决策一体化的综合智能系统。

本书对无人机系统健康管理技术进行了相应的介绍和简单研究,对健康管理所涉及的特征提取、评估、预测、缓和与修复技术进行了初步的研究,实际可行性还需要进行工程验证。由于健康管理技术涉及的领域比较广泛,还有大量的研究工作需要深入开展,希望本书的内容能够为我国航空工业中无人机系统技术发展添点微薄之力。

参考文献

[1] SONG B L, LEE J. Framework of Designing an Adaptive and Multi - Regime Prognostics and Health Management for Wind Turbine Reliability and Efficiency Improvement [J]. International Journal of Advanced Computer Science and Applications, 2013,4(2):142 - 150.

[2] WANG C J, LIU Y Z, HAN Y Q. The PHM Research of Vessels Equipment Based on Condition[J]. Advanced Materials Research, 2012, 20(19):750 - 755.

[3] LEN L. Using the Prognostic Health Management Program on the Air Force Next Generation Reusable Launch Vehicle[C]. AIAA SPACE Conference & Exposition, 2012(10):2234 - 2244.

[4] PECHT M G. Prognostics and Health Management [J]. Solid State Lighting Technology and Application Series,2013,30(1):373 - 393.

[5] MOHAMMAD AZAM, MOISES SOTO, JAMES MONTE, et al. Facilitation of Designing and Embedding Complex Tests for Real - time Health Management [C]. Infotech at Aerospace 2011. St. Louis, Missouri, 2011.

[6] FERNANDO FIGUEROA, KEVIN MELCHER. Integrated Systems Health Management for Intelligent Systems[C]. Infotech at Aerospace 2011. St. Louis,Missouri, 2011.

[7] SUSAN A F, KAI GOEBEL, KHANH V T,et al. Integrating Systems

Health Management with Adaptive Controls for a Utility – scale Wind Turbine[C]. Infotech at Aerospace 2011. St. Louis,Missouri, 2011.

[8] FITZWATER L M ,DAVIS C L ,TORNG T Y ,et al. Cost/Benefit Analysis for Integration of Non – Deterministic Analysis and In – situ Monitoring for Structural Integrity[C]. Proc. of 52nd AIAA Structures, Structural Dynamics and Materials Conference. Denver,Colorado, 2011.

[9] FELKE TIM, HADDEN GEORGE D, Miller David A , et al. Architectures for Integrated Vehicle Health Management[C]. Proc. of AIAA Infotech at Aerospace 2010. Atlanta,Georgia, 2010.

[10] ROEMER MICHAEL J ,DZAKOWIC JIM, ORSAGH ROLF F ,et al. Validation and Verification of Prognostic and Health Management Technologies [C]. Proc. of Aerospace Conference. IEEE,2005:3941 – 3947.

[11] REVELEY MARY S,BRIGGS JEFFREY L,THOMAS MEGAN A,et al. An Examination of Commercial Aviation Accidents and Incidents Related to Integrated Vehicle Health Management[C]. Proc. of 9th AIAA Aviation Technology, Integration, and Operations Conference (ATIO) and Air. Hilton Head,South Carolina, 2009.

[12] FERNANDO FIGUEROA, JOHN SCHMALZEL, MARK WALKER, et al. Integrated System Health Management: Foundational Concepts, Approach, and Implementation [C]. AIAA Infotech at Aerospace Conference and AIAA Unmanned Unlimited Conference. Seattle, Washington: BiblioGov,2009.

[13] BROWN EDWARD R, MOORE ERIN ELAINE, MCCOLLOM NEAL N, et al. Prognostics and Health Management A Data – Driven Approach to Supporting the F – 35 Lightning Ⅱ [C]. Proc. of Aerospace Conference. IEEE,2007:1 – 12.

[14] WILLIAM HARDMAN, ANDREW HESS, DAVID BLUNT. A USN Development Strategy and Demonstration Results for Propulsion and Mechanical Systems Diagnostics, Prognostics and Health Management [C]. Proc. of Aerospace Conference. IEEE, 2001(6):3059 – 3068.

[15] LAVRETSKY E, CHIDAMBARAM B . Health Monitoring of an Electro – Hydraulic System Using Ordered Neural Networks[C]. Proc.

of the 2002 International Joint Conference on Neural Networks. Honolulu, HI, USA: IEEE, 2002.

[16] MILLAR RICHARD C. A Systems Engineering Approach to PHM for Military Aircraft Propulsion Systems [C]. Aerospace Conference. Montana: IEEE, 2007.

[17] VOLPONI A I. Data Fusion for Enhanced Aircraft Engine Prognostics and Health Management[J]. NASA Technical Reports Server, 2005, 2 (1): 40 - 55.

[18] KELLER K, SWEARINGEN K, SHEAHAN J, et al. Aircraft Electrical Power Systems Prognostics and Health Management[C]. Proc. of the Power Systems Conference. Nevada: IEEE, 2006: 1 - 12.

[19] AZZAM HESHAM. Structural Health Monitoring[J]. MJA Dynamics Briefing, 1997, 20(3): 27 - 47

[20] ROEMER M J, BYINGTON C S. Prognostics and Health Management Software for Gas Turbine Engine Bearings [C]. Proceedings of the ASME Turbo Expo. New York, 2007: 795 - 802.

[21] WILKINSON C, HUMPHREY D, VERMEIRE B, et al. Prognostic and Health Management for Avionics[J]. IEEE Aerospace Conference Proceedings, 2004, 19(5): 3435 - 3447.

[22] AHLSTROM K, TORIN J. Future Architecture of Flight Control Systems[J]. IEEE Aerospace and Electronic Systems Magazine, 2002, 17(12): 21 - 27.

[23] DREYER S L. Air vehicle integrated diagnostics [C]. Proc. of Autotestcon. San Antonio, TX, USA: IEEE, 2004: 511 - 517.

[24] CHRISTOPHER BOWMAN, CHRIS TSCHAN. Condition - Based Health Management (CBHM) Architectures[C]. Proc. of Infotech at Aerospace 2011. St. Louis, Missouri: Infotech, 2011.

[25] SRIRAM PATTABHIRAMAN, CHRISITAN GOGU, NAM HO KIM, et al. Synchronizing Condition - based Maintenance with Necessary Scheduled Maintenance[C]. AIAA Structures, Structural Dynamics and Materials Conference, 2012.

[26] CAO LIJUN, WANG XINGGUI, QIN JUNQI, et al. Fault Forecast Expert System Based on Integration of Case and Rule Reasoning[J].

Computer Engineering,2006,32(1):208-210.

[27] STEPHEN B JOHNSON, JOHN C DAY. System Health Management Theory and Design Strategies[C]. Proc. of Infotech at Aerospace 2011. St. Louis, Missouri, 2011.

[28] ERIK REED, JOHANN SCHUMANN, OLE J MENGSHOEL. Verification and Validation of System Health Management Models using Parametric Testing[C]. Proc. of Infotech at Aerospace 2011. St. Louis, Missouri, 2011.

[29] HAMMOND WALTER E, JONES W G. Vehicle Health Management Technology Needs [C]. AIAA Space Programs and Technologies Conference. Huntsville, AL: AIAA, 1992:26.

[30] GORDON B AASENG. Blueprint for an Integrated Vehicle Health Management System[C]. Proc. of 20th. Conference on Digital Avionics Systems. Daytona Beach,FL,USA:IEEE, 2001.

[31] CASTRIGNOJ A , ENGEL S J, GILMARTIN B J . Vehicle Health Management: Architectures and Technologies [J]. Technology Review Journal,2006,28(3):29-44.

[32] DAVID S BODDEN, WES HADDEN, BILL E GRUBE, et al. Prognostics and Health Management as Design Variable in Air-Vehicle Conceptual Design[J]. Journal of Aircraft,2006, 43(4): 1053-1058.

[33] BYINGTON CARL S, WATSON MATTHEW, EDWARDS DOUGLAS, et al. In-Line Health Monitoring System for Hydraulic Pumps and Motors[C]. Proc. of Aerospace Conference. IEEE,2003(7): 3279-3287.

[34] KIRBY KELLER, KEVIN SWEARINGEN, JIM SHEAHAN, et al. Aircraft Electrical Power Systems Prognostics and Health Management [C]. Proc. of Aerospace Conference. IEEE ,2006.

[35] KELLER KIRBY, JORDAN B, AMO A . Aircraft Electrical Power Systems Prognostics and Health Management[C]. Proc. of Society of Automotive Engineers Conference. Reno Nevada,2004.

[36] GLASS B, CHUN W, JAMBOR B, et al. Integrated System Health Management (ISHM) Architecture Design[C]. Proc. of AIAA Infotech at Aerospace 2010. Atlanta, Georgia, 2010.

[37] DIMITRY GORINEVSKY，AZARY SMOTRICH，ROBERT MAH，et al. Open Architecture for Integrated Vehicle Health Management[C]. Proc. of AIAA Infotech at Aerospace 2010. Atlanta，Georgia，2010.

[38] HEATON ANDREW E，FAN IP－SHING，LAWSON CRAIG，et al. Assessing Vehicle Health Management Requirements for Unmanned Air Systems[C]. Proc. of Infotech at Aerospace 2012. Garden Grove，California，2012.

[39] JONATHAN S LITT，DONALD L SIMON，SANJAY GARG，et al. A Survey of Intelligent Control and Health Management Technologies for Aircraft Propulsion Systems [J]. Journal of Aerospace Computing，Information，and Communication，2004，20(1)：543－563.

[40] SYRI J KOELFGEN，JAMES J FABER. Using the Integrated Vehicle Health Management Research Test and Integration Plan Wiki to Identify Synergistic Test Opportunities [C]. Proc. of AIAA Infotech at Aerospace 2010. Atlanta，Georgia：AIAA，2010.

[41] FREDERICK BEAMER，MARIO G PERHINSCHI，MATTHEW CUNNINGHAM，et al. Development of a Simulation Environment to Support Aircraft Health Management Education[C]. Proc. of AIAA Atmospheric Flight Mechanics Conference. Portland，Oregon：AIAA，2011.

[42] ABHINAV SAXENA，INDRANIL ROYCHOUDHURY，JOSE R CELAYA，et al. Requirements Flowdown for Prognostics and Health Management[C]. Infotech at Aerospace 2012. Garden Grove，California，2012.

[43] 许丽佳. 电子系统的故障预测与健康管理技术研究[D]. 成都：电子科技大学，2009.

[44] 马宁，吕琛. 飞机故障预测与健康管理框架研究[J]. 华中科技大学学报（自然科学版），2009，37(1)：207－209.

[45] 常琦，袁慎芳. 飞行器综合健康管理(IVHM)系统技术现状及发展[J]. 系统工程与电子技术，2009，31(11)：2652－2657.

[46] 曾声奎，Michael G P，吴际. 故障预测与健康管理(PHM)技术的现状与发展[J]. 航空学报，2005，26(5)：626－632.

[47] 景博，黄以锋，张建业. 航空电子系统故障预测与健康管理技术现状与发

展[J]. 空军工程大学学报(自然科学版),2010,11(6):1-6.

[48] 胡雷. 面向飞行器健康管理的新异类检测方法研究[D]. 长沙:国防科技大学,2010.

[49] 戎翔,民航发动机健康管理中的寿命预测与维修决策方法研究[D]. 南京:南京航空航天大学,2008.

[50] 宁东方,章卫国,李斌. 一种飞控系统健康管理专家系统的设计[J]. 测控技术,2007,26(6):76-79.

[51] 刘林. 电传飞行控制系统[M]. 北京:国防工业出版社,2003.

[52] MICHAEL J ROEMER, CARL S BYINGTON, GREGORY J K, et al. An Overview of Selected Prognostic Technologies with Reference to an Integrated PHM Architecture[C]. Proc. of the First International Forum on Integrated System Health Engineering and Management in Aerospace. Wiley, Interscience, 2005.

[53] PATRICK W KALGREN, MARK BAYBUTT, ANTONIO GINART, et al. Application of Prognostic Health Management in Digital Electronic Systems[C]. Proc. of Aerospace Conference. IEEE, 2007:1-9.

[54] CARL S BYINGTON, PATRICK W KALGREN, ROBERT JOHNS, et al. Embedded Diagnostic Prognostic Reasoning and Information Continuity for Improved Avionics Maintenance[C]. Autotestcon 2003. IEEE Systems Readiness Technology Conference. IEEE, 2003: 320 - 329.

[55] FATIH CAMCI, G SCOTT VALENTINE, KELLY NAVARRA. Methodologies for Integration of PHM Systems with Maintenance Data [C]. Proc. of Aerospace Conference. IEEE, 2007. 1-9.

[56] GEBRAEEL N Z, LAWLEY M A, LI R, et al. Residual - life Distributions from Component Degradation Signals: a Bayesian approach [J]. IIE Transactions, 2005, 37(6): 543-557.

[57] NAGI GEBRAEEL. Sensory - Updated Residual Life Distributions for Components With Exponential Degradation Patterns [J]. IEEE Transactions on Automation Science and Engineering, 2006, 3(4): 382 - 393.

[58] 夏立群,田一松,王可. 浅谈作动器健康管理技术[J]. 系统仿真学报,2009,2(8):295-299.

无人机健康管理

[59] 陈银超,杨伟. 基于贝叶斯决策的电传飞控系统状态监测与健康管理[J]. 计算机测量与控制,2012,36(6):29-33.

[60] 李书明,李鹏. 四余度舵机故障预测及健康管理系统[J]. 装备制造技术, 2011,20(12):78-80.

[61] 杨洲,景博,张劼,等. 自动驾驶仪 PHM 系统健康评估方法研究[J]. 仪器仪表学报,2012,28(8):1765-1772.

[62] 张竞凯,章卫国,刘小雄,等. 一种基于故障树的自动驾驶仪故障诊断专家系统设计[J]. 测控技术,2010,29(10):88-92.

[63] 张竞凯,章卫国,刘小雄,等. 基于贮备门 DFT 的飞控系统可靠性分析方法[J]. 计算机测量与控制,2013,21(1):142-145.

[64] 王俊刚. 飞行驾驶仪故障自动诊断系统的设计[D]. 西安:西安电子科技大学,2009.

[65] GREGORY PROVAN. An Open Systems Architecture for Prognostic Inference during Condition-Based Monitoring[C]. Proc. of Aerospace Conference. IEEE, 2003,7:3157-3164.

[66] 孙博,康锐,谢劲松. 故障预测与健康管理系统研究和应用现状综述[J]. 系统工程和电子技术, 2007, 10(29): 1762-1766.

[67] DAI JING, ZANG PING, LI XINGSHAN, et al. A Review on Reasoning Techniques Implementing Integrated Health Management [C]. Proc. of ICEMI'2007. IEEE,2007,3695-3698.

[68] CLUTZ THOMAS C. A Framework for Prognostics Reasoning[D]. Ohio: Air Force Air University, 2002.

[69] BETTY GLASS, WENDELL CHUN, BRUNO JAMBOR, et al. Integrated System Health Management (ISHM) Architecture Design [C]. Proc. of AIAA Infotech at Aerospace 2010. Atlanta, Georgia, 2010.

[70] DREES R, YOUNG N. Role of BIT in Support System Maintenance and Availability[J]. IEEE Aerospace and Electronic Systems Magazine, 2004,19(8):3-7.

[71] 宋翔贵,张新国. 电传飞行控制系统[M]. 北京:国防工业出版社,2003.

[72] 温熙森,徐永成,易晓山. 智能机内测试理论与应用[M]. 北京:国防工业出版社,2002.

[73] 池程芝. 基于余度策略的容错飞行控制技术研究[D]. 西安:西北工业大

学，2012.

[74] WATSON M，BYINGTON C S. Improving the Maintenance Process and Enabling Prognostics for Control Actuators Using CAHM Software [C]. Proc. of the IEEE Aerospace Conference. New York：IEEE，2006.

[75] BYINGTON C S，WATSON M，EDWARDS D，et al. A Model – Based Approach to Prognostics and Health Management for Flight Control Actuators [C]. Proc. of Aerospace Conference. IEEE，2004，6：3551 – 3562.

[76] JIANHUI LUO，MADHAVI NAMBURU，KRISHNA PATTIPATI，et al. Model – based Prognostic Techniques[C]. Proc. of IEEE Systems Readiness Technology Conference. IEEE，2003：330 – 340.

[77] PETER A SANDBORN，CHRIS WILKINSON. A Maintenance Planning and Business Case Development Model for the Application of Prognostics and Health Management (PHM) to Electronic Systems[J]. Microelectronics Reliability，2007，47(12)：1889 – 1901.

[78] SKORMIN V A，APONE J，DUNPHY J J. On – line Diagnostics of a Self – Contained Flight Actuator[J]. IEEE Transactions on Aerospace and Electronic Systems ，1994，30(1)：186 – 196.

[79] RAVI KAPADIA，MARK WALKER. HEALTHMAP™： A Model – based Framework for On – line Prognostics and Health Management (PHM)[C]. Proc. of AIAA Infotech at Aerospace 2010. Atlanta，Georgia，2010.

[80] BYINGTON C S，WATSON M，EDWARDS D. Data – Driven Neural Network Methodology to Remaining Life Predictions for Aircraft Actuator Components [C]. Proc. of Aerospace Conference. IEEE，2004 (6)：3581 – 3589.

[81] ROEMER M J，BYINGTON C S，KACPRZYNSKI G J，et al. An Overview of Selected Prognostic Technologies with Reference to an Integrated PHM Architecture[C]. Proc. of the First International Forum on Integrated System Health Engineering and Management in Aerospace. Wiley，Interscience，2005.

[82] FRANK KÖSTER. A data – driven Approach to Support the Development of Agents Assisting the Assessment and Diagnosis of Man/

Machine Interactions[C]. Proc. of 12th International Symposium on Aviation Psychology. Dayton (OH), USA, 2003. 674 - 679.

[83] MICHAEL E MALLEY. A Methodology for Simulating the Joint Strike Fighter's (JSF) Prognostics and Health Management System[D]. Alabama: Air University, 2001.

[84] ROEMER M J, KACPRZYNSKI G J, ORSAGH R F. Assessment of data and knowledge fusion strategies for prognostics and health management[C]. Aerospace Conference, 2001, IEEE Proceedings. IEEE, 2001(6): 2979 - 2988.

[85] MARK A SCHWABACHER. A Survey of Data - Driven Prognostics [C]. AIAA, Infotech at Aerospace. Arlington, Virginia, 2005.

[86] EDWARD BALABAN, ABHINAV SAXENA, SRIRAM NARASIMHAN, et al. Experimental Validation of a Prognostic Health Management System for Electro - Mechanical Actuators[C]. Infotech at Aerospace 2011. St. Louis, Missouri, 2011.

[87] BALA CHIDAMBARAM, DANIEL D GILBERTSON, KIRBY KELLER. Condition - Based Monitoring of an Electro - Hydraulic System Using Open Software Architectures[C]. Aerospace Conference, 2005 IEEE. IEEE, 2005:3532 - 3539.

[88] NAMBURU S M, WILCUTTS M, CHIGUSA S, et al. Systematic Data-driven Approach to Real - time Fault Detection and Diagnosis in Automotive Engines[C]. Autotestcon,2006 IEEE. IEEE, 2006:59 - 65.

[89] NIKHIL M VICHARE, MICHAEL G PECHT. Prognostics and Health Management of Electronics[J]. IEEE Transactions on Components and Packaging Technologies, 2006, 29(1): 222 - 229 .

[90] BARTON P H . Prognostics for Combat Systems of the Future[C]. Autotestcon, 2006 IEEE. IEEE, 2006:599 - 604.

[91] ARAIZA MICHAEL L, KENT ROGER, ESPINOSA RAY. Real - time, Embedded Diagnostics and Prognostics in Advanced Artillery Systems[C]. Autotestcon Proceedings,2002 IEEE. IEEE, 2002:818 - 841.

[92] SKORMIN V A. Data Mining Technology for Failure Prognostic of Avionics[J]. IEEE Transactions on Aerospace and Electronic Systems,

2002，38(2)：388 – 400.

[93] ROEMER MICHAEL J. An Overview of Selected Prognostic Technologies with Reference to an Integrated PHM Architecture[J]. Impact Technologies，2008,28(4)：35 – 39.

[94] ROEMER MICHAEL J，Nwadiogbu E O，Bloor G. Development of Diagnostic and Prognostic Technologies for Aerospace Health Management Applications[C]. IEEE Aerospace Conference . IEEE，2001 (6)：3139 – 3147.

[95] MANZAR ABBAS，ALDO A FERRI，MARCOS E ORCHARD，et al. An Intelligent Diagnostic/Prognostic Framework for Automotive Electrical Systems [C]. Proceedings of the 2007 IEEE Intelligent Vehicles Symposium. Istanbul，Turkey,2007：352 – 357.

[96] ANDREW SCOTT . Electro – mechanical Diagnostics/prognostics[C]. Autotestcon, 2007 IEEE. IEEE，2007：340 – 348.

[97] HESHAM AZZAM，IAIN HEBDEN，FRANK BEAVEN，et al. Fusion and Decision Making Techniques for Structural Prognostic Health Management[C]. Aerospace Conference,2005 IEEE. IEEE，2005：3763 – 3774.

[98] SEAN MARBLE，BROGAN P MORTON. Predicting the Remaining Life of Propulsion System Bearings[C]. Aerospace Conference，2006 IEEE. IEEE，2006. 8 pp.

[99] ETHAN PHELPS， PETER WILLETT， THIAGALINGAM KIRUBARAJAN,et al. Predicting Time to Failure Using the IMM and Excitable Tests [J]. IEEE Transactions on Systems，Man，And Cybernetics – Part A：Systems And Humans，2007, 37(5)：630 – 642.

[100] ZHANG D H , ZHANG J B , LUO M , et al. Proactive Health Management for Automated Equipment：from Diagnostics to Prognostics[C]. Proc. of 8th International Conference on Control，Automation,Robotics and Vision. Kunming，China，2004：479 – 484.

[101] ANTONIO GINART，IRTAZA BARLAS，JONATHAN GOLDIN,et al. Automated Feature Selection for Embeddable Prognostic and Health Monitoring （PHM） Architectures [C]. Autotestcon，2006 IEEE. IEEE，2006：195 – 201.

[102] PRADEEP SHETTY, DINKAR MYLARASWAMY, THIRUMARAN EKAMBARAM. A Hybrid Prognostic Model Formulation System Identification and Health Estimation of Auxiliary Power Units[C]. Aerospace Conference,2006 IEEE. IEEE, 2006:10.

[103] WU WEI, HU JINGTAO, ZHANG JILONG. Prognostics of Machine Health Condition using an Improved ARIMA – based Prediction method [C] . Industrial Electronics and Applications, 2007. ICIEA 2007. 2nd IEEE Conference on . IEEE,2007:1062 – 1067.

[104] SU YUCHUAN, CHENG FANTIEN, HUNG MINHSIUNG, et al. Design and Implementation of an Intelligent Prognostics System [C]. Proceedings of the 2005 IEEE International Conference on Automation Science and Engineering. Edmonton, Canada:IEEE, 2005:273 – 278.

[105] GREGORY J KACPRZYNSKI, MICHALE J ROEMER, GIRISH MODGIL, et al. Enhancement of Physics – of – failure Prognostic Models with System Level Features, [C]. Aerospace Conference Proceedings. IEEE, 2002:2919 – 2925.

[106] KAI GOEBEL, NEIL EKLUND, PIERINO BONANNI. Fusing Competing Prediction Algorithms for Prognostics [C]. Aerospace Conference,2006 IEEE. IEEE, 2006:10.

[107] HUDAK S J, ENRIGHT M P,MCCLUNG R C, et al. A Probabilistic Analysis of the Benefits of In – Service Fatigue Damage Monitoring for Turbine Engine Prognosis[C]. Proc. of 45th AIAA/ASME/ASCE/ AHS/ASC Structures, Structural Dynamics & Materials Conference. Palm Springs, California, 2004:4684 – 4690 .

[108] KARL M REICHARD1, EDDIE C. Crow, Chris Rogan. Integrated System Health Management in Unmanned and Autonomous Systems [C]. Proceedings of the AIAA Infotech at Aerospace 2007 Conference and Exhibit. Rohnert Park, California, 2007.

[109] CAI LIN, HUANG YUANCAN,CHEN JIABIN. A Genetic – Based Fuzzy Clustering Algorithm for Fault Diagnosis in Satellite Attitude Determination System [C]. Proceedings of the Sixth International Conference on Intelligent Systems Design and Applications IEEE. Jinan,China,2006. 834 – 837.

[110] DOWSLAND K，DIAZ B. Heuristic Design and Fundamentals of the Simulated Annealing[J]. Intelligence Artificial，2003(48)：65 - 69.

[111] 李丽莉. 差分进化算法及在飞行控制系统故障诊断中的应用[D]. 西安：西北工业大学，2010.

[112] 李敏强，寇纪落，林丹，等. 遗传算法的基本理论与应用[M]. 北京：科学出版社，2002.

[113] 魏静萱. 解决全局优化问题的几种进化算法[D]. 西安：西安电子科技大学，2006.

[114] 周明，孙树栋. 遗传算法原理及应用[M]. 北京：国防工业出版社，2002.

[115] 张彤，王宏伟，等. 变尺度混沌优化方法及其应用[J]. 控制与决策，1999，14(3)：285 - 287.

[116] 骆晨钟，邵惠鹤. 采用混沌变异的进化算法[J]. 控制与决策，2000，15(5)：557 - 560.

[117] 章萌. 差分进化算法及在飞行控制系统设计中的应用[D]. 西安：西北工业大学，2011.

[118] CHETAN KULKARNI，JOSE CELAYA，GAUTAM BISWAS. Prognostics Health Management and Physics Based Failure Models for Electrolytic Capacitors[C]. Infotech at Aerospace 2012. 2012. vol：AIAA - 2012 - 2602.

[119] BARTRAM GREGORY W，MAHADEVAN SANKARAN. Integrating Heterogeneous Information in Diagnosis and Prognosis [C]. 54th AIAA/ASME/ASCE/AHS/ASC Structures，Structural Dynamics，and Materials Conference，2013.

[120] DAWN AN，JOO HO CHOI，NAM HO KIM. Options for Prognostics Methods：A Review of Data - driven and Physics - based Prognostics[J]. 54th AIAA/ASME/ASCE/AHS/ASC Structures，Structural Dynamics，and Materials Conference，2013.

[121] RAJESH NEERRUKATTI，YINGTAO LIU，KUANG LIU，et al. Fatigue Life Prediction Using Hybrid Prognosis for Structural Health Monitoring[C]. Infotech at Aerospace. Garden Grove，CA，2012.

[122] WILKINSON C，HUMPHREY D，VERMEIRE B，et al. Prognostic and Health Management for Avionics [C]. Aerospace Conference IEEE. IEEE，2004：3435 - 3447.

[123] SANDBORN P，PECHT M. Introduction to Special Section on Electronic Systems Prognostics and Health Management［J］. Microelectronics reliability，2007，47(12)：1847－1848.

[124] SCANFF E，FELDMAN K L ，GHELAM S ，et al. Life Cycle Cost Impact of Using Prognostic Health Management (PHM) for Helicopter Avionics[J]. Microelectronics Reliability，2007，47(12)：1857－1864.

[125] MARK SCHWABACHER，KAI GOEBEL. A Survey of Artificial Intelligence for Prognostics ［J］. AAAI Fall Symposium，2007：107－114.

[126] 刘 颖，严 军.基于时间序列 ARMA 模型的振动故障预测[J]. 化工自动化及仪表,2012,38(7):841－846.

[127] 吴庚申,梁 平,龙新峰. 基于 ARMA 的汽轮机转子振动故障序列的预测[J]. 华南理工大学学报,2005,33(7):67－73.

[128] LIU DATONG,PENG YU, PENG XIYUAN . Fault Prediction Based on Time Series with Online Combined Kernel SVR Methods［C］. Instrumentation and Measurement Technology Conference. 2009：1163－1166.

[129] SURVADEVARA N K,MUKHOPADHYAY S C ,RAYUDU R K. Applying SARIMA Time Series to Forecast Sleeping Activity for Wellness Model of Elderly Monitoring in Smart Home［C］. Sixth International Conference on Sensing Technology (ICST). IEEE,2012：157－162.

[130] RUI VASCONCELLOS，FLÁVIO MARQUES， MUHAMMAD HAJJ. Time Series Analysis and Identication of a Nonlinear Aeroelastic Section ［C］. 51st AIAA/ASME/ASCE/AHS/ASC Structures, Structural Dynamics,and Materials Conference,2010.

[131] GRIFFITH D TODD. Analytical Sensitivies of Principal Components in Time－Series Analysis of Dynamical Systems[J]. AIAA Journal, 2010,48：2099－2110.

[132] SASAKI H . Time Series Estimation of Rain－induced Attenuation using Simple Dual－frequency Radiometer ［C］. 29th AIAA International Communications Satellite Systems Conference (ICSSC－2011). Nara, Japan ,2011:14(6):1－11.

[133] 杨凤. 基于离线时间序列数据的设备突发大故障预测[D]. 成都:电子科技大学,2009.

[134] 艾红,周东华.动态系统的故障预测方法[J]. 华中科技大学学报,2009, 37(8):222-226.

[135] 克莱尔.时间序列分析及应用[M].潘红宇,译.北京:机械工业出版社, 2011.

[136] 博克斯.时间序列分析预测与控制[M].王成璋,译.北京:机械工业出版社,2011.

[137] 王丽贤. 时间序列预测技术研究[D]. 天津:天津理工大学,2011.

[138] 杨宇鹏. 基于时间序列的数据预测技术研究[D]. 长春:吉林大学,2010.

[139] 冯金巧,杨兆升,张林. 一种自适应指数平滑动态预测模型[J]. 吉林大学学报,2007,37(6):1284-1288.

[140] BILLAH BAKI, KING MAXW ELL L, SNYDER RALPH D, et al. Exponential Smoothing Model Selection for Forecasting [J]. International Journal of Forecasting, 2006, 22(2): 239-247.

[141] 安潇潇. ARMA 相关模型及其应用[D]. 秦皇岛:燕山大学,2010.

[142] 韩路跃,杜行检. 基于 MATLAB 的时间序列建模与预测[J]. 计算机仿真,2012,22(4):105-109.

[143] LIU DATONG, PENG YU, PENG XIYUAN. Online Fault Prediction Based on Combined AOSVR and ARMA Models[C]. Testing and Diagnosis IEEE Circuits and Systems International Conference on. Chengdu, China:IEEE, 2009:1-4.

[144] ZHAO JIE, XU LIMEI, LIU LIN. Equipment Fault Forecasting Based on ARMA Model[C]. Mechatronics and Automation ICMA 2007. International Conference on. Harbin, China ,IEEE,2007:3514-3518.

[145] LEITE F, BALEN T, HERVE M,et al. Using Bulk Built-In Current Sensors and Recomputing Techniques to Mitigate Transient Faults in Microprocessors[C]. Test Workshop,2009. LATW ,09. 10th Latin American . Buzios, Rio de Janeiro, Brazil , IEEE, 2009:1-6.

[146] JOHNSTON W, QUIGLEY J, WALLS L. Optimal Allocation of Reliability Tasks to Mitigate Faults During System Development[J]. IMA Journal of Management Mathematics,2006, 17 (2): 159-169.

[147] HUA BAI, AJJARAPU V. A Novel Online Load Shedding Strategy for

Mitigating Fault – Induced Delayed Voltage Recovery [J]. IEEE Transactions on Power Systems, 2011,2(1):294 – 304.

[148] WANG YUE, HUSSEIN I I. Bayesian – Based Decision – Making for Object Search and Classification[J]. IEEE Transactions on Control Systems Technology, 2011,19(6):1639 – 1647.

[149] LI QINGDONG, REN ZHANG, DAI SHICONG,et al. A New Robust Fault – Tolerant Controller for Self – Repairing Flight Control System [J]. Journal of the Franklin Institute, 2013, 350(9):2509 – 2518.

[150] ZHANG REN, WEI WANG, ZHEN SHEN. New Robust Fault – tolerant Controller for Self – repairing Flight Control Systems[J]. Journal of Systems Engineering and Electronics, 2011, 22 (1):450 – 458.

[151] FUYANG CHEN, BIN JIANG, CHANGAN JIANG. Self – repairing Control for UAVs via Quantitative Feedback Theory and Quantum Control Techniques[J]. Procedia Engineering, 2011,15:1160 – 1165.

[152] LOMBAERTS T J J, LOOYE G H N , CHU Q P,et al. Design and Simulation of Fault Tolerant Flight Control Based on a Physical Approach[J]. Aerospace Science and Technology, 2012, 23(1):151 – 171.

[153] LOMBAERTS T J J, CHU Q P, MULDER J A, et al. Modular Flight Control Reconfiguration Design and Simulation [J]. Control Engineering Practice, 2011, 19(6):540 – 554.

[154] ZHOU KUN, WANG LIXIN, TAN XIANGSHENG. Flying qualities reduction of Fly – by – wire Commercial Aircraft with Reconfiguration Flight Control Laws[J]. Procedia Engineering, 2011, 17:79 – 196.

[155] 朱大奇,刘永安. 故障诊断的信息融合方法[J]. 控制与决策,2007, 22 (12):1321 – 1328.

[156] 甘传付,黄允华. Bayes 信息融合方法在雷达故障诊断中的应用[J]. 火力与指挥控制,2004, 29(5):94 – 100.

[157] 刘震,林辉. 基于贝叶斯决策的机内测试虚警滤波技术[J]. 系统工程学报,2008, 23(1):125 – 128.

[158] SU HONGSHENG. A Decision Model for Transformer Fault Diagnosis and Maintenance Based on Rough Set and Fuzzy Set and Bayesian

Optimal Classifier[C]. Control Conference，2006. CCC 2006. Chinese. Harbin，China：IEEE，2006.

[159] 闻新，张洪钺，周露. 控制系统的故障诊断和容错控制[M]. 北京：机械工业出版社，2000.

[160] 李卫琪，陈宗基. 飞机俯仰角速率信号重构方法研究[J]. 飞行力学，2004，22(2)：26 - 29.

[161] 韩京清，王伟. 非线性跟踪-微分器[J]. 系统科学与数学，1994，14(2)：177 - 183.

[162] 王美仙. 飞行控制系统故障检测与隔离理论研究及实时软件开发[D]. 西安：西北工业大学，2002.

[163] MCCLURE D L，GLANZ J M，XU S，et al. Comparison of Epidemiologic Methods for Active Surveillance of Vaccine Safety[J]. Vaccine，2008，26(26)：3341 - 3345.

[164] KULLDORFF M，DAVIS R L，KOLCZAK M，et al. A Maximized Sequential Probability Ratio Test for Drug and Vaccine Safety Surveillance[J]. Sequential Analysis，2011，30(1)：58 - 78.

[165] 顾伟. 基于神经网络的容错飞行控制技术研究[D]. 西安：西北工业大学，2011.

[166] TANG BIWEI，FANG XIAOXING，CAI ZHIHAO，et al. Reconfigurable Flight Control for UAV with Multiple Control Effectors Based on Neural Network and Dynamic Inversio[C]. 2nd International Conference on Artificial Intelligen，Management Science and Electronic Commerce. DengFeng，China：IEEE，2011：2276 - 2281.

[167] TORU NAMBA，KENJI UCHIYAMA. Fault - Tolerant Adaptive Flight Control System Using Feedback Linearization［C］. AIAA Guidance，Navigation，and Control Conference. Portland，Oregon，USA：AIAA，2011.

[168] PRAVEEN SHANKAR，RAMA K Y，JOHN J B. Self - Organizing Radial Basis Function Networks for Adaptive Flight Control［J］. Journal of Guidance，Control，and Dynamics，2011，34(3)：783 - 794.

[169] JUNCHIRO KAWAGUCHI，TETSUJIRO NINOMIYA，YOSHIKAZU MIYAZAWA. Stochastic Approach to Robust Flight Control Design Using Hierarchy - Structured Dynamic Inversion[J].

Journal of Guidance, Control, and Dynamics, 2011, 34(5): 1573 - 1576.

[170] QUANG LAM, NHAN NGUYEN, MICHAEL OPPENHEIMER. Intelligent Adaptive Flight Control Using Optimal Control Modification and Neural Network as Control Augmentation Layer and Robustness Enhancer[C]. Infotech at Aerospace,2012.

[171] PODERICO M, MORANI G, SOLLAZZO A, et al. Fault - Tolerant Control Laws against Sensors Failures for Hypersonic Flight[C]. 18th AIAA/3AF International Space Planes and Hypersonic Systems and Technologies Conference. Launceston, Australia: IEEE,2012.

[172] LUIS CRESPO, SEAN KENNY, DAVID COX, et al. Analysis of Control Strategies for Aircraft Flight Upset Recovery[C]. AIAA Guidance,Navigation, and Control Conference. Boston, Massachusetts: AIAA,2012.

[173] CHRISTOPHER MILLER. Nonlinear Dynamic Inversion Baseline Control Law: Flight - Test Results for the Full - scale Advanced Systems Testbed F/A - 18 Airplane[C]. AIAA Guidance, Navigation, and Control Conference. Portland, Oregon, USA:AIAA,2011.

[174] TONG LI, YOUMIN ZHANG, BRANDON GORDON. Investigation, Flight Testing, and Comparison of Three Nonlinear Control Techniques with Application to a Quadrotor Unmanned Aerial Vehicle [C]. AIAA Guidance, Navigation, and Control Conference. Boston, Massachusetts: AIAA,2012.

[175] YANG NING, WU LIAONI, LIN QI. Adaptive flight control law based on neural networks and dynamic inversion for unmanned aerial vehicle[C]. Automatic Control and Artificial Intelligence (ACAI 2012) International Conference. Xiamen, China: IET,2012,355 - 358.

[176] CHETAN KULKARNI, JOSE CELAYA, GAUTAM BISWAS. Prognostics Health Management and Physics Based Failure Models for Electrolytic Capacitors[C]. Infotech at Aerospace. 2012.

[177] GREGORY W BARTRAM, SANKARAN MAHADEVAN. Integrating Heterogeneous Information in Diagnosis and Prognosis[C]. 54th AIAA/ASME/ASCE/AHS/ASC Structures, Structural

Dynamics, and Materials Conference. Boston, Massachusetts, USA: AIAA, 2013.

[178] WILKINSON C, HUMPHREY D, VERMEIRE B, et al. Prognostic and Health Management for Avionics [C]. Aerospace Conference IEEE. MT, USA: IEEE, 2004:3435 - 3447.

[179] SANDBORN P, PECHT M. Introduction to Special Section on Electronic Systems Prognostics and Health Management [J]. Microelectronics Reliability, 2007, 47(12): 1847 - 1848.

[180] MARK SCHWABACHER, KAI GOEBEL. A Survey of Artificial Intelligence for Prognostics [C]. AAAI Fall Symposium. AAAI, 2007,107 - 114.

[181] LIU DATONG, PENG YU, XIYUAN PENG. Fault Prediction based on Time Series with Online Combined Kernel SVR Methods [C]. Instrumentation and Measurement Technology Conference. Singapore, 2009:1163 - 1166.

[182] SURVADEVARA N K, MUKHOPADHYAY S C, RAYUDU R K. Applying SARIMA Time Series to Forecast Sleeping Activity for Wellness Model of Elderly Monitoring in Smart Home [C]. Sixth International Conference on Sensing Technology (ICST). Kolkata, India. 2012:157 - 162.

[183] HIROKI SASAKI. Time Series Estimation of Rain - induced Attenuation using Simple Dual - frequency Radiometer[C]. 29th AIAA International Communications Satellite Systems Conference (ICSSC - 2011). Nara, Japan: AIAA, 2011. DOI: 10. 2514/6. 2011 - 8040.

[184] 杨凤. 基于离线时间序列数据的设备突发大故障预测[D]. 成都:电子科技大学,2009.

[185] 王丽贤. 时间序列预测技术研究[D]. 天津:天津理工大学,2011.

[186] 杨宇鹏. 基于时间序列的数据预测技术研究[D]. 长春:吉林大学,2010.

[187] 冯金巧,杨兆升,张林. 一种自适应指数平滑动态预测模型[J]. 吉林大学学报,2007,37(6):1284 - 1288.

[188] BILLAH BAKI, KING MAXW ELL L, SNYDER RALPH D, et al. Exponential Smoothing Model Selection for Forecasting [J]. International Journal of Forecasting, 2006, 22(2): 239 - 247.

 无人机健康管理

[189] 李斌,章卫国,宁东方. 自组织神经网络信息融合在故障诊断中的应用 [J]. 信息与控制,2008,37(2): 186 – 190.

[190] HUANG ZHIYI, ZHANG WEIGUO, CHEN KANG, et al. A method of Neural Networks Controller Design for Electric Steering actuator [C]. Lecture Notes in Electrical Engineering. Jiaozuo, 2011: 1891 – 1898.

[200] HUANG ZHIYI, WEIGUO ZHANG, LIYUAN SUN, et al. Research on Actuator Fault Health Management Method Based on Fuzzy Cluster Analysis[C]. Lecture Notes in Electrical Engineering. Jiaozuo, 2011: 383 – 391.

[201] 黄志毅,刘小雄,章卫国. 基于数据驱动的健康管理技术研究[J]. 计算机测量与控制,2012,19(7):1307 – 1311.

[202] CHI CHENGZHI, ZHANG WEIGUO, LIU XIAOXIONG. Application of analytic redundancy – based fault diagnosis of sensors to Onboard Maintenance System[J]. Chinese Journal of Aeronautics, 2012, 25(2):236 – 242.

[203] 池程芝,章卫国,刘小雄. 基于贝叶斯信息融合的解析余度辅助机内测试决策[J]. 控制与决策, 2011,1(10):142 – 145.

[204] 邱岳恒,章卫国,赵鹏轩,等. 基于多模型简化 CDKF 的故障诊断方法 [J]. 北京航空航天大学学报,2013,39(7):262 – 267.

[205] 邱岳恒,章卫国,赵鹏轩,等. 多模型 UKF 方法及其在故障诊断中的应用 [J]. 计算机测量与控制, 2013,21(5):262 – 267.

[206] 张竞凯,章卫国,刘小雄,等. 基于贮备门 DFT 的飞控系统可靠性分析方法[J]. 计算机测量与控制, 2013,249(1):142 – 145.

[207] 张竞凯,章卫国,袁燎原,等. 一种基于逻辑代数模型的动态故障树不交化方法[J]. 西北工业大学学报,2014,32(1):106 – 110.

[208] 张竞凯,章卫国,刘小雄,等. 基于代数模型的飞控计算机可靠性分析方法[J]. 北京航空航天大学学报,2014,40(2):262 – 267.

[209] XIAOXIONG LIU, JUAN WANG, YAN WU. A method of Flight Performance Analysis for Aircraft Wing Fault [C]. The 2nd International Conference on Electronics, Communications and Control. Zhoushan,China:IEEE,2012.

[210] 刘小雄,邱岳恒,刘世民,等. 操纵面故障对飞行包线的影响研究[J]. 飞

行力学,2012,19(2):55-58.

[211] 刘小雄,孙逊,唐强,等.飞机机翼故障的动态飞行包线估算方法[C].中国制导、导航与控制学术会议.北京,2012:158-162.

[212] LIU XIAOXIONG, CHEN KANG, QIU YUEHENG, et al. A Method of Fault Diagnosis and Flight Envelop Assessment for Flight Control Systems[J]. Procedia Engineering, 2011, 15:147-151.

[213] LIU XIAOXIONG,SUN LIYUAN, HUANG ZHIYI,et al. Research of actuator fault health management method based on neural network[C]. Proc. of the 2011 International Conference of Soft Computing and Pattern Recognition,Dalian, China：IEEE,2011. 227-230.

[214] YUAN LIAOYUAN, ZHANG WEIGUO, LIU XIAOXIONG. Hierarchical combination reliability modeling method for fault tolerant sensor system[C]. 2013 2nd International Conference on Sensors, Measurement and Intelligent Materials. Guilin, China：ICSMIM , 2013. 532-541.

[215] 李鹏辉,刘小雄.基于无迹卡尔曼滤波的迎角/侧滑角估计方法[J]. 测控技术,2014,33(3):140-145.

[216] 刘小雄,徐恒,王亮亮,等.飞机翼面损伤的L1自适应重构控制方法研究[J].计算机测量与控制,2015,23(10):3415-3417.

[217] 王娟,刘小雄.基于优化配平的机翼故障飞机飞行性能分析[J]. 计算机工程与应用,2014,50(23):229-234.

[218] 袁燎原,章卫国,刘洋,等.混合余度传感器系统的可靠性建模与分析[J]. 西北工业大学学报, 2015, 33(1)：57-62.

[219] 袁燎原,章卫国,刘洋,等.基于分段信号假设检验的方差估计算法[J].传感器与微系统,2015,34(7):57-62.

[220] LIU XIAOXIONG, LI YU, MA QINGYUAN. Gust Alleviation Controller for Elastic Aircraft Based on L1 Adaptive Control[C]. Proceedings of 2017 Chinese Automation Congress, jinan, China, August 2017:755-759.

[221] MA QINGYUAN, LIU XIAOXIONG, LI CHUANG, et al. The Design of Longitudinal Control Augmentation System for Aircraft Based on L1 Adaptive Control, Proceedings of 2016 IEEE Chinese Guidance, Navigation and Control Conference,Nanjing, China, 2016：

712 - 716.

[222] HE QIZHI, ZHANG WEIGUO, LIU XIAOXIONG, et al. Information fusion and reconstruction of key sensors in a flight control system in constant wind field based on two stage EKF, 2016 IEEE Chinese Guidance, Navigation and Control Conference (CGNCC), Nanjing, China, 2016: 718 - 724.